Laplace-, Fourier- und z-Transformation

Helmut Ulrich · Hubert Weber

Laplace-, Fourier- und z-Transformation

Grundlagen und Anwendungen

10., erweiterte Auflage

Springer Vieweg

Helmut Ulrich
Wenzenbach, Deutschland

Hubert Weber
Regensburg, Deutschland

ISBN 978-3-658-03449-8 ISBN 978-3-658-03450-4 (eBook)
https://doi.org/10.1007/978-3-658-03450-4

Die Deutsche Nationalbibliothek verzeichnet diese Publikation in der Deutschen Nationalbibliografie; detaillierte bibliografische Daten sind im Internet über http://dnb.d-nb.de abrufbar.

Springer Vieweg

Die Auflagen 1 – 8 sind unter dem Titel „Laplace-Transformation" erschienen.

Springer Vieweg ist Teil von Springer Nature
Die eingetragene Gesellschaft ist Springer Fachmedien Wiesbaden GmbH
Die Anschrift der Gesellschaft ist: Abraham-Lincoln-Str. 46, 65189 Wiesbaden, Germany

Vorwort

Der Inhalt der vorliegenden Neuauflage wurde didaktisch und inhaltlich umfassend überarbeitet, wobei das grundlegende Konzept des Buches beibehalten wurde.

Vor allem die Fourier-Transformation wurde neu gestaltet und Ergänzungen, wie das Zeit-Bandbreite-Produkt, mit aufgenommen. Neu hinzu gekommen ist auch die Behandlung partieller Differentialgleichungen in Abschnitt 4.5.

Ziel des Buches ist es, die Prinzipien und Vorgehensweisen der auszuführenden Transformationen zu vermitteln und die Vorteile zu erkennen, die damit verbunden sind.

Während die Fourier-Transformation vor allem für die Frequenzanalyse verwendet wird, werden mit der Laplace-Transformation lineare und zeitinvariante Systeme behandelt und berechnet. Die im Zeitbereich oft nicht einfachen Differentialgleichungen, die das Systemverhalten beschreiben, gehen durch die Laplace-Transformation in algebraische Gleichungen über, die wesentlich einfacher zu lösen sind. Daraus ergeben sich wiederum die für ein System wichtige Übertragungsfunktion, das Input-/Outputverhalten von Signalen und Aussagen zur Systemstabilität. Durch diesen Vorteil erlangte die Laplace-Transformation große Bedeutung auf vielen Gebieten, wie der Elektro- und Informationstechnik, der Nachrichtentechnik, der Regelungstechnik, der Mechatronik und Physik.

Zur Beschreibung diskreter Signale und Systeme eignet sich die z-Transformation. Problemstellungen, wie etwa die Abtastung kontinuierlicher Signale, können damit elegant gelöst werden. Wichtige Begriffe, wie Übertragungsfunktion, Frequenzverhalten oder Input-/Outputverhalten, können mit der z-Transformation auf diskrete Signale und Systeme übertragen werden.

Die zahlreich vorhandenen Beispiele und Aufgaben dienen der praktischen Anwendung im Umgang mit diesen Methoden.

Meinem Kollegen, Prof. Dr. Manfred Leitz, möchte ich besonders danken für die wertvollen Diskussionen und Vorschläge, vor allem zum Abschnitt der Fourier-Transformation.

Der Begründer dieses Buches, Prof. Hubert Weber, ist Anfang 2016 bedauerlicher Weise verstorben. Ihm sei mit dieser Neuauflage ein ehrendes Gedenken gewidmet.

Regensburg, im September 2017 Helmut Ulrich

Inhaltsverzeichnis

1 Fourier-Reihen

Zusammenfassung *Periodische Funktionen und Signale können als Überlagerung von harmonischen Schwingungen dargestellt werden. Deren Frequenzen müssen ganzzahlige Vielfache der Grundfrequenz des periodischen Signals sein. Die Methode mit der man die entsprechenden Schwingungsanteile aufsummiert ist die Fourier-Reihe. Die Koeffizienten dieser Summe ergeben ein Linienspektrum, aus dem hervorgeht, aus welchen Frequenzanteilen sich das Zeitsignal zusammensetzt.*

1.1 Einführung

In vielen Bereichen der Physik und der Technik haben **harmonische Schwingungen** eine große Bedeutung. Harmonische Schwingungen werden durch eine Sinusfunktion der Art

$$f(t) = A\sin(\omega t + \varphi) \tag{1.1}$$

beschrieben. Hierbei ist A die Amplitude, ω die Kreisfrequenz und φ der Phasenwinkel.

Bei der Überlagerung derartiger harmonischer Schwingungen sind zwei Fälle zu unterscheiden:

1. Überlagert man harmonische Schwingungen der **gleichen Frequenz**, so erhält man wieder eine harmonische Schwingung derselben Frequenz. Amplitude und Phase werden dabei jedoch geändert.

   In der Wechselstromtechnik findet diese Tatsache häufig Verwendung. Durch Überlagerung von *sinusförmigen* Wechselspannungen der gleichen Frequenz, etwa der Netzfrequenz 50 Hz, erhält man wieder eine sinusförmige Wechselspannung der Frequenz 50 Hz.

2. Durch Überlagerung von harmonischen Schwingungen **verschiedener Frequenzen** kann man periodische Vorgänge erzeugen, die im Allgemeinen jedoch nicht sinusförmig sind. Die Frequenzen dieser Schwingungen müssen ganzzahlige Vielfache der Grundfrequenz des periodischen Vorgangs sein, d. h. ein rationales Frequenzverhältnis haben, weil nur dadurch gewährleistet ist, dass sich am Ende der Periodendauer alle Schwingungen genau wieder im ursprünglichen Anfangszustand befinden, so dass der Vorgang sich periodisch wiederholen kann.

Diese beiden Fälle sollen später noch genauer analytisch untersucht werden.

Es stellt sich jetzt die Frage, ob man auch umgekehrt eine beliebige **periodische** Funktion als eine Summe von harmonischen Schwingungen darstellen kann.

Diese Frage wurde von dem französischen Mathematiker Joseph B. Fourier (1768–1830) untersucht und eine Berechnungsmethode dafür angegeben. Die genauen Bedingungen hierfür wurden später von dem deutschen Mathematiker Peter Gustav Dirichlet (1805–1859) formuliert.

1.2 Reelle Fourier-Reihen

1.2.1 Grundbegriffe

Definition 1.1

Eine Funktion $f(t)$ heißt ***T*-periodisch** (periodisch mit der Periode *T*), wenn für alle Zeitpunkte *t* des Definitionsbereichs gilt:

$$f(t+T)=f(t) \tag{1.2}$$

Definition 1.2

Eine *T*-periodische Funktion $f(t)$ genügt den **Dirichletbedingungen**, wenn

1. $f(t)$ beschränkt ist,
2. $f(t)$ im Intervall $[0,T]$ höchstens endlich viele Unstetigkeitsstellen hat,
3. die Ableitung $f'(t)$ im Intervall $[0,T]$ bis auf höchstens endlich viele Stellen stetig ist.

Eine *T*-periodische Funktion $f(t)$, die den Dirichletbedingungen genügt, kann innerhalb einer Periodendauer *T* in endlich viele Teilintervalle zerlegt werden, auf denen $f(t)$ monoton und stetig verläuft. An Unstetigkeitsstellen treten nur **endliche** Sprunghöhen auf.

Diese Voraussetzungen sind bei den in den Anwendungen auftretenden periodischen Zeitfunktionen im Allgemeinen erfüllt.

Satz 1.1

Eine *T*-periodische Funktion, welche den Dirichletbedingungen genügt, lässt sich als **Fourier-Reihe** darstellen,

$$f(t)=a_0+\sum_{k=1}^{\infty}\left[a_k\cos(k\omega_0 t)+b_k\sin(k\omega_0 t)\right] \tag{1.3}$$

wobei $\omega_0=\dfrac{2\pi}{T}$ die Grundkreisfrequenz ist.

Gl. (1.3) lässt sich folgendermaßen physikalisch interpretieren:

Ein periodischer Vorgang kann in eine Summe von harmonischen Schwingungen zerlegt werden. Dabei können neben der Grundfrequenz nur ganzzahlige Vielfache dieser Frequenz auftreten. Man spricht in diesem Zusammenhang daher auch von **Fourier-Analyse**, bzw. **harmonischer Analyse**.

Satz 1.2

Eine Fourier-Reihe konvergiert an jeder Stetigkeitsstelle t_s der Zeitfunktion $f(t)$ gegen den Funktionswert $f(t_s)$ und an einer Unstetigkeitsstelle t_u gegen das arithmetische Mittel aus dem rechts- und linksseitigen Grenzwert der Zeitfunktion $f(t)$:

$$\frac{1}{2}\left[\lim_{\Delta t \to 0} f(t_u + \Delta t) + \lim_{\Delta t \to 0} f(t_u - \Delta t)\right]$$

Für die weiteren Überlegungen ist es zweckmäßig, durch die Substitution

$$x = \omega_0 t \qquad \text{mit} \qquad \omega_0 T = 2\pi$$

von einer T-periodischen Funktion $f(t)$, zu einer 2π-periodischen Funktion $f(x)$ überzugehen. Man hat dann den Vorteil, periodische Funktionen $f(x)$ zu betrachten, die alle die gleiche Peiode 2π haben.

Die Fourier-Reihe nach Gl. (1.3) geht damit über in die Form

$$f(x) = a_0 + \sum_{k=1}^{\infty}\left[a_k \cos(kx) + b_k \sin(kx)\right] \tag{1.5}$$

1.2.2 Berechnung der reellen Fourier-Koeffizienten

Für alle ganzzahligen, von Null verschiedenen Zahlen k im Intervall $[0,2\pi]$ gilt:

$$\int_0^{2\pi} \sin(kx)dx = 0 \quad \text{und} \quad \int_0^{2\pi} \cos(kx)dx = 0 \tag{1.6}$$

Für alle ganzzahligen, von Null verschiedenen Zahlen k und m gilt

$$\int_0^{2\pi} \sin(kx)\sin(nx)dx = \begin{cases} 0 & \text{für } k \neq n \\ \pi & \text{für } k = n \end{cases} \tag{1.7}$$

$$\int_0^{2\pi} \cos(kx)\cos(nx)dx = \begin{cases} 0 & \text{für } k \neq n \\ \pi & \text{für } k = n \end{cases} \tag{1.8}$$

$$\int_0^{2\pi} \sin(kx)\cos(nx)dx = 0, \quad \forall k,n \tag{1.9}$$

1. Berechnung des Fourier-Koeffizienten a_0 (konstantes Glied der Fourier-Reihe)

Durch Integration der Fourier-Reihe Gl. (1.5) über eine volle Periode 2π erhält man

$$\int_0^{2\pi} f(x)dx = \int_0^{2\pi} a_0 dx + \sum_{k=1}^{\infty}\left[a_k \int_0^{2\pi}\cos(kx)dx + b_k \int_0^{2\pi}\sin(kx)dx\right] = a_0 2\pi \ ,$$

da nach Gl. (1.6) die Integrale unter dem Summenzeichen den Wert Null haben.

Damit ergibt sich für das konstante Glied der Fourier-Reihe

$$a_0 = \frac{1}{2\pi}\int_0^{2\pi} f(x)dx \tag{1.10}$$

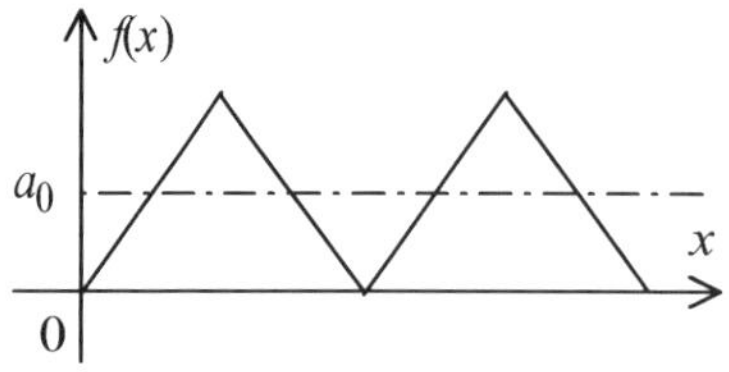

Bild 1.1 Mittelwert a_0 von $f(x)$

Gleichung (1.10) erlaubt eine anschauliche Interpretation des Fourier-Koeffizienten a_0 als linearen Mittelwert der periodischen Funktion $f(x)$.

Der vertikale Versatz einer periodischen Funktion $f(x)$ um den Mittelwert a_0, wird auch als **Offset** bezeichnet.

2. Berechnung der Fourier-Koeffizienten a_k $(k \geq 1)$

Wir gehen aus von Gl. (1.5) und wählen vorübergehend n als Summationsindex.

$$f(x) = a_0 + \sum_{n=1}^{\infty}\left[a_n \cos(nx) + b_n \sin(nx)\right]$$

Eine Multiplikation mit $\cos(kx)$ und anschließende Integration über eine Periode ergibt:

$$\int_0^{2\pi} f(x)\cos(kx)dx = a_0\int_0^{2\pi}\cos(kx)dx + \sum_{n=1}^{\infty} a_n\int_0^{2\pi}\cos(nx)\cos(kx)dx + \sum_{n=1}^{\infty} b_n\int_0^{2\pi}\sin(nx)\cos(kx)dx$$

Nach den Gleichungen (1.6), (1.8) und (1.9) haben alle Integrale den Wert Null, bis auf ein einziges in der Summe der a_n, nämlich wenn $n = k$ ist. Dafür gilt nach (1.8)

$$\int_0^{2\pi} f(x)\cos(kx)dx = a_k\int_0^{2\pi}\cos(kx)\cdot\cos(kx)dx = a_k\pi$$

Daraus folgt für die Fourier-Koeffizienten a_k:

$$a_k = \frac{1}{\pi}\int_0^{2\pi} f(x)\cos(kx)\,dx \qquad k = 1, 2, 3, \ldots \tag{1.11}$$

3. Berechnung der Fourier-Koeffizienten b_k

Multipliziert man Gl. (1.5) mit $\sin(kx)$ und integriert anschließend über eine volle Periode, so erhält man in gleicher Weise die Koeffizienten b_k:

$$b_k = \frac{1}{\pi}\int_0^{2\pi} f(x)\sin(kx)dx \qquad k = 1, 2, 3, \ldots \tag{1.12}$$

4. Verschiebung des Integrationsintervalls

Alle bei der Berechnung der Fourier-Koeffizienten auftretenden Integranden $I(x)$, nämlich $f(x)$, $f(x)\cos(kx)$ und $f(x)\sin(kx)$ sind 2π-periodische Funktionen. Daher gilt

$$\int_0^{2\pi} I(x)dx = \int_\alpha^{\alpha+2\pi} I(x)dx \tag{1.13}$$

Als Integrationsintervall kann daher ein beliebiges Intervall $[\alpha, \alpha + 2\pi]$, der Länge 2π, gewählt werden. Insbesondere ist es für manche Funktionen $f(x)$ günstiger, anstelle des Intervalls $[0, 2\pi]$, z. B. das Intervall $[-\pi, \pi]$ für Berechnungen zu verwenden.

5. Berechnung der Fourier-Koeffizienten gerader und ungerader Funktionen

Die Berechnung der Fourier-Koeffizienten gestaltet sich einfacher, wenn die periodische Funktion $f(x)$ eine Symmetrie besitzt, wenn sie also entweder eine gerade oder eine ungerade Funktion ist.

a) Ist $f(x)$ eine **gerade,** periodische Funktion, dann gilt $f(-x) = f(x)$.

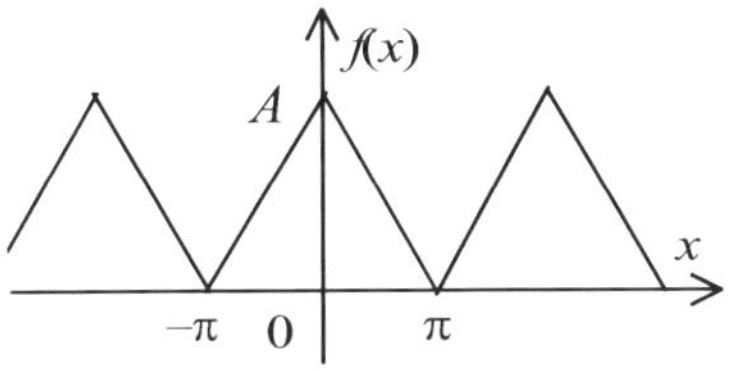

Bild 1.2 Gerade Funktion $f(x)$

Ist $f(x)$ eine gerade Funktion, so ist auch $f(x)\cos(x)$ eine gerade Funktion.

$f(x)\sin(x)$ dagegen ist eine ungerade Funktion.

Wählt man als Integrationsintervall $[-\pi, \pi]$, so erhält man für die Fourier-Koeffizienten:

$$a_0 = \frac{1}{2\pi}\left[\int_{-\pi}^{0} f(x)dx + \int_0^{\pi} f(x)dx\right] = 2\cdot\frac{1}{2\pi}\int_0^{\pi} f(x)dx = \frac{1}{\pi}\int_0^{\pi} f(x)dx$$

$$a_k = \frac{1}{\pi}\left[\int_{-\pi}^{0} f(x)\cos(kx)dx + \int_0^{\pi} f(x)\cos(kx)dx\right] = \frac{2}{\pi}\int_0^{\pi} f(x)\cos(kx)dx \tag{1.14}$$

$$b_k = \frac{1}{\pi}\left[\int_{-\pi}^{0} f(x)\sin(kx)dx + \int_0^{\pi} f(x)\sin(kx)dx\right] = 0, \quad \forall k$$

Eine gerade Funktion $f(x)$ wird allein durch die Koeffizienten a_0 und a_k bestimmt.
Die Fourier-Reihe einer geraden, periodischen Funktion ist eine reine „Kosinusreihe".

b) Ist $f(x)$ eine **ungerade** periodische Funktion, dann gilt $f(-x) = -f(x)$.

In diesem Fall ist $f(x) \cdot \cos(x)$ das Produkt einer ungeraden und einer geraden Funktion, was eine ungerade Funktion ergibt. Während $f(x) \cdot \sin(x)$ als Produkt von zwei ungeraden Funktionen eine gerade Funktion ergibt.

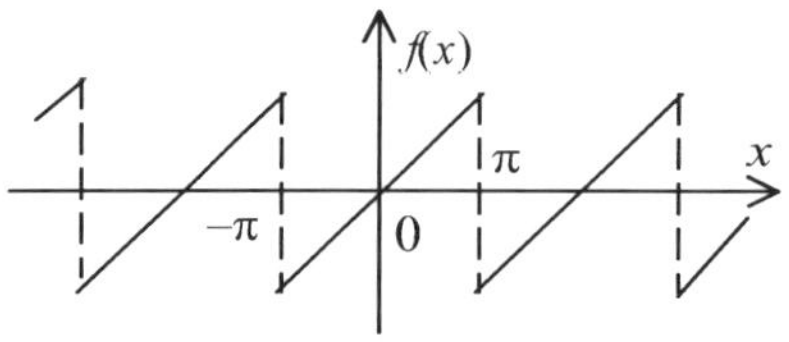

Bild 1.3 Ungerade Funktion $f(x)$

Verwendet man das Integrationsintervall $[-\pi, \pi]$ und berücksichtigt die entsprechenden Symmetrien wie oben gezeigt, so folgt

$$a_k = 0, \ \forall k \qquad \text{und} \qquad b_k = \frac{2}{\pi}\int_0^{\pi} f(x)\sin(kx)dx \tag{1.15}$$

Die Fourier-Reihe einer ungeraden Funktion ist eine reine „Sinusreihe“.

Durch Ausnützen von vorhandenen Symmetrien lässt sich der Rechenaufwand zur Berechnung der Koeffizienten einer Fourier-Reihe also wesentlich verringern.

Man wird daher eine vorgegebene periodische Zeitfunktion, deren Fourier-Reihe bestimmt werden soll, zuerst auf Symmetrien untersuchen. Auch die Tatsache, dass bei geraden Funktionen die Fourier-Koeffizienten a_k, bzw. bei ungeraden Funktionen die Fourier-Koeffizienten b_k durch Integrale von 0 bis π, anstelle der Integrale von 0 bis 2π berechnet werden, bedeutet in vielen Fällen eine Vereinfachung der Rechnung.

Übersicht

Periodische Zeitfunktion $f(t)$	Fourier-Koeffizienten
Zeitfunktion **ohne Symmetrie** 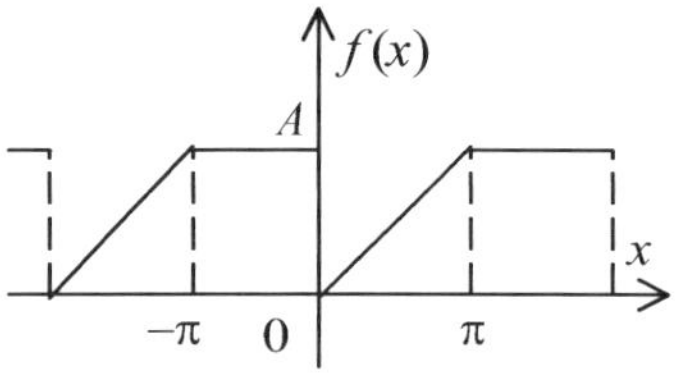	$a_0 = \frac{1}{2\pi}\int_0^{2\pi} f(x)dx$ $a_k = \frac{1}{\pi}\int_0^{2\pi} f(x)\cos(kx)dx$ $b_k = \frac{1}{\pi}\int_0^{2\pi} f(x)\sin(kx)dx$
Gerade 2π-periodische Funktion 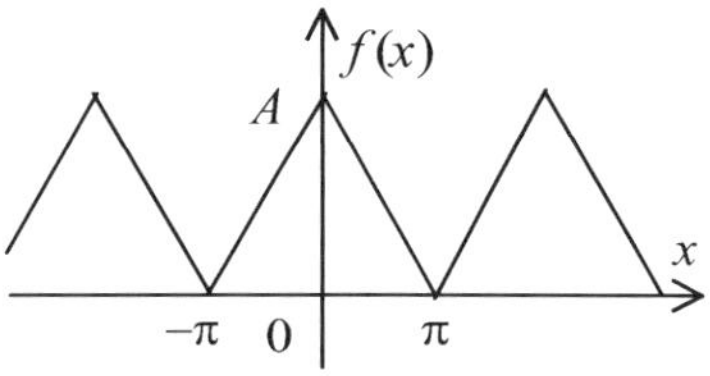	$a_0 = \frac{1}{\pi}\int_0^{\pi} f(x)dx$ $a_k = \frac{2}{\pi}\int_0^{\pi} f(x)\cos(kx)dx$ $b_k = 0, \ \forall k$
Ungerade 2π-periodische Funktion 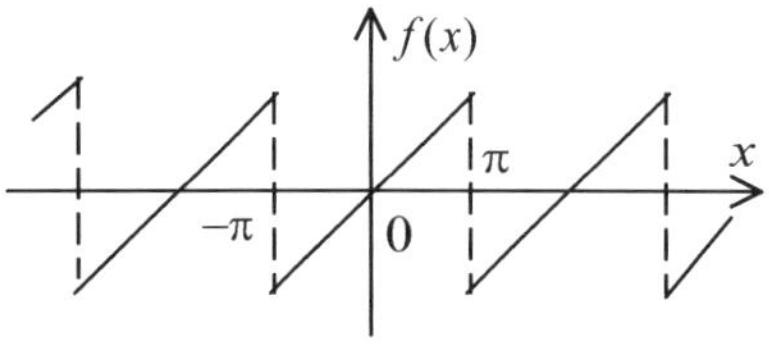	$a_0 = 0$ $a_k = 0, \ \forall k$ $b_k = \frac{2}{\pi}\int_0^{\pi} f(x)\sin(kx)dx$

1.2.3 Amplitudenspektrum

Sinus- und Kosinusglieder der gleichen Frequenz können zu einem resultierenden Sinusglied mit Phasenverschiebung zusammengefasst werden. Es gilt

$$\begin{aligned} a_k\cos(kx) + b_k\sin(kx) &= A_k\sin(kx + \varphi_k) \\ &= A_k\left[\sin(kx)\cos(\varphi_k) + \cos(kx)\sin(\varphi_k)\right] \end{aligned}$$

Ein Koeffizientenvergleich liefert

$$a_k = A_k \sin(\varphi_k) \quad \text{und} \quad b_k = A_k \cos(\varphi_k)$$

Daraus folgt

$$A_k = \sqrt{a_k^2 + b_k^2} \tag{1.16}$$

$$\tan(\varphi_k) = \frac{a_k}{b_k} \tag{1.17}$$

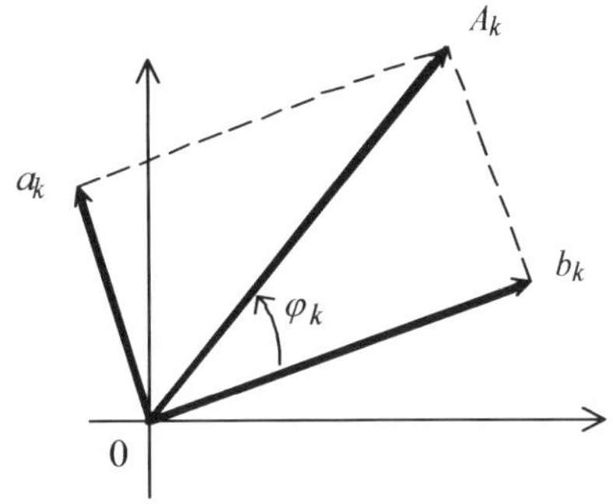

Bild 1.4 Zeigerdiagramm

Stellt man die in der Phase um 90° gegeneinander verschobenen Amplituden der Sinus- und Kosinusschwingungen a_k und b_k in einem Zeigerdiagramm dar, so kann man daraus A_k und φ_k nach Gleichung (1.16) und (1.17) bestimmen.

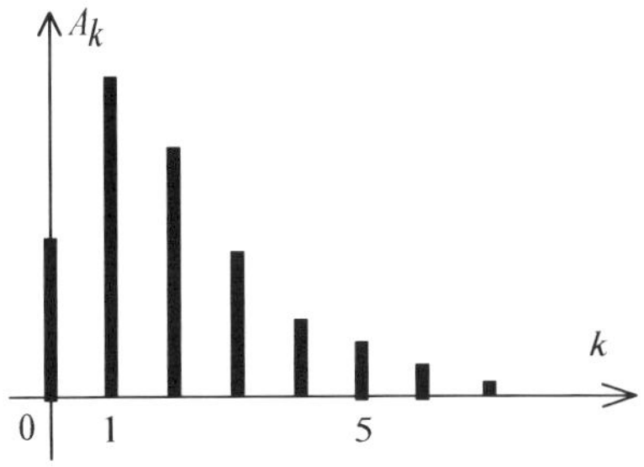

Bild 1.5 Amplitudenspektrum

Amplitudenspektrum.

Man erhält einen anschaulichen Überblick über die harmonischen Schwingungsanteile der Fourier-Reihe (1.5), wenn man die Amplituden A_k über den auftretenden Frequenzen in einem Diagramm darstellt.

Beispiel 1.1 Es soll die Fourier-Reihe der 2π-periodischen Rechteckfunktion bestimmt werden.

$$f(x)=\begin{cases}-A & \text{für } -\pi\le x<0\\ +A & \text{für } 0\le x<\pi\end{cases}$$

$$f(x+2\pi)=f(x)$$

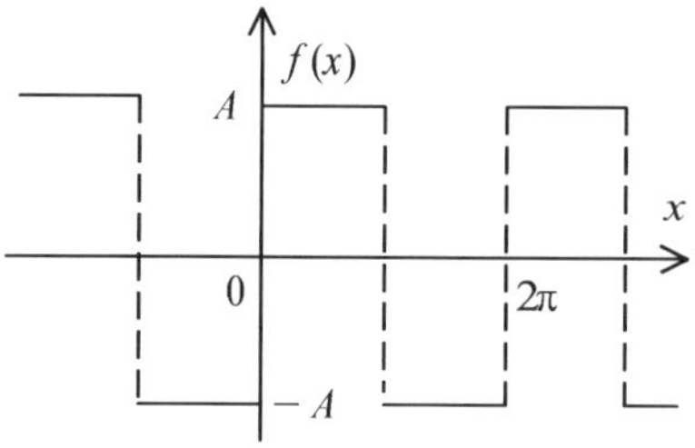

Bild 1.6 Periodische Rechteckfunktion

Da die Funktion symmetrisch zur x-Achse liegt, also keinen Offset hat, ist der lineare Mittelwert $a_0 = 0$. Weiter gilt, dass die Rechteckfunktion wegen $f(-x) = -f(x)$ ungerade ist, womit alle Koeffizienten $a_k = 0$ werden.

Es müssen daher nur die Fourier-Koeffizienten b_k berechnet werden. Dafür gilt

$$b_k = \frac{2}{\pi}\int_0^{\pi} f(x)\sin(kx)dx = \frac{2}{\pi}\int_0^{\pi} A\cdot\sin(kx)dx = \frac{2A}{\pi}\left[\frac{-\cos(kx)}{k}\right]_0^{\pi}$$

$$b_k = \begin{cases}\dfrac{4A}{\pi k} & \text{für } k=2n-1\\ 0 & \text{für } k=2n\end{cases} \qquad n\in\mathbb{N}$$

Die Fourier-Reihe lautet damit

$$f(x)=\frac{4A}{\pi}\left[\sin(x)+\frac{\sin(3x)}{3}+\frac{\sin(5x)}{5}+\frac{\sin(7x)}{7}+\frac{\sin(9x)}{9}+\ ....\right]$$

$$f(x)=\frac{4A}{\pi}\sum_{k=1}^{\infty}\frac{\sin(2k-1)x}{2k-1}, \qquad k\in\mathbb{N}$$

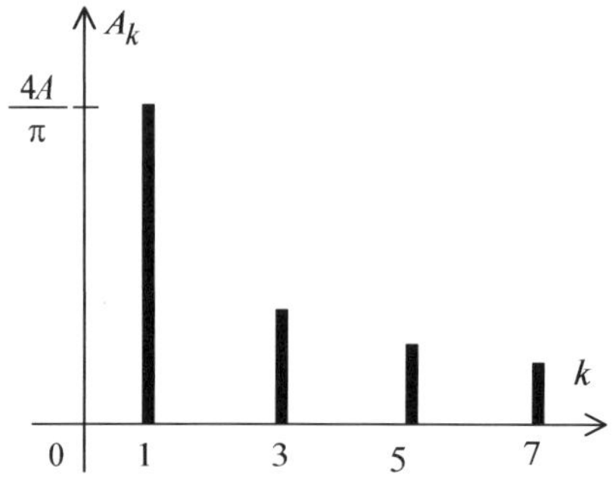

Im Amplitudenspektrum der Rechteckfunktion erkennt man, dass neben der Grundfrequenz ($k = 1$), nur die ungeradzahligen Vielfachen der Grundfrequenz mit abnehmender Amplitude auftreten.

Bild 1.7 Amplitudenspektrum Rechteckfunktion

Wird der Summationsindex der Fourier-Reihe endlich gewählt, d. h. nur bis zu einem beliebigen, endlichen Wert n ausgeführt,

$$f_n(x) = \frac{4A}{\pi}\sum_{k=1}^{n}\frac{\sin(2k-1)x}{2k-1}$$

so kann man sehen, wie sich die Näherungsfunktion $f_n(x)$ mit zunehmendem n dem Verlauf der Funktion $f(x)$ annähert. Bild 1.8 zeigt den Verlauf der Rechteckfunktion $f(x)$ und die Näherungsfunktion $f_n(x)$ für $n = 5$ und $n = 15$.

An den Unstetigkeitsstellen $x = 0,\ \pm\pi,\ \pm 2\pi, \ldots$ liefert die Fourier-Reihe den Wert $f(x) = 0$. Dies ergibt sich nach Satz 1.2 als Mittelwert der rechts- und linksseitigen Grenzwerte.

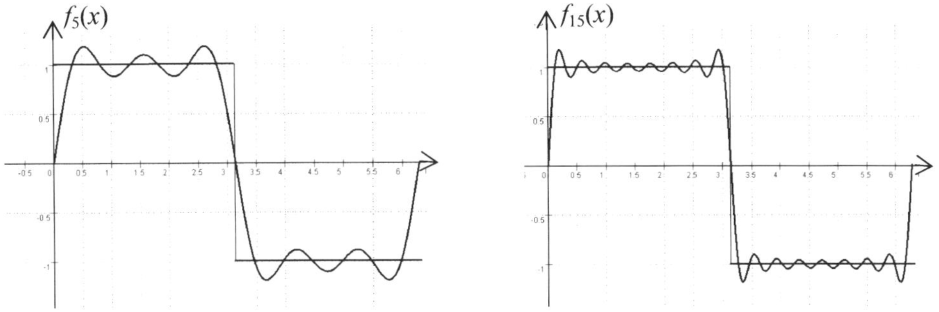

Bild 1.8 Näherungsfunktionen $f_n(x)$ für $n = 5$ und $n = 15$

Weiter zeigt sich, dass an den Sprungstellen Überschwinger auftreten, die auch mit zunehmenden n nicht verschwinden. Diese Überschwinger nennt man das Gibbs'sches Phänomen oder den Gibbs overshoot. Benannt nach dem amerikanischen Physiker Willard Gibbs (1839–1903), der das Phänomen aufgeklärt hat. Für $n \to \infty$ erreichen die Überschwinger einen Grenzwert von 17,9 % der Amplitudenhöhe der Rechteckfunktion.

Der Gibbs overshoot tritt auf bei Fourier-Reihen von periodischen Funktionen $f(x)$ mit Sprungstellen. Bei Fourier-Reihen von stetigen Funktionen ergeben sich keine Gibbs'schen Überschwinger.

Beispiel 1.2 Gegeben ist die 2π-periodische Funktion $f(x)$, die im Intervall $[-\pi, \pi]$ definiert ist durch

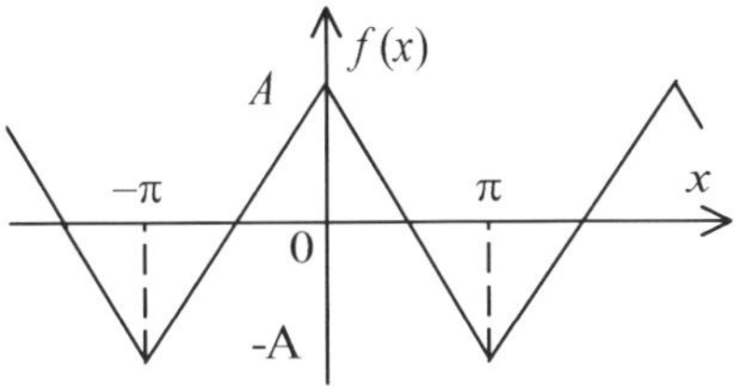

$$f(x) = \begin{cases} A + \dfrac{2A}{\pi}x & -\pi \le x < 0 \\ A - \dfrac{2A}{\pi}x & 0 \le x < \pi \end{cases}$$

$$f(x + 2\pi) = f(x)$$

Bild 1.9 Periodische Dreiecksfunktion $f(x)$

Da $f(x)$ eine gerade Funktion ist, sind alle $b_k = 0$.
Auch ohne Rechnung erkennt man, dass $a_0 = 0$ sein muß, da $f(x)$ symmetrisch zur x-Achse liegt, also keinen Offset hat.

Für die Koeffizienten a_k mit $k \geq 1$ erhält man:

$$a_k = \frac{2}{\pi}\int_0^{\pi} f(x)\cos(x)dx = \frac{2A}{\pi}\int_0^{\pi}\left(1-\frac{2}{\pi}x\right)\cos(kx)dx$$

$$a_k = \frac{2A}{\pi}\left[\frac{\sin(kx)}{k}\right]_0^{\pi} - \frac{4A}{\pi^2}\left[\frac{x\sin(kx)}{k}+\frac{\cos(kx)}{k^2}\right]_0^{\pi} = \frac{4A}{\pi^2 k^2}\left(1-\cos(k\pi)\right) = \frac{4A}{\pi^2 k^2}\left[1-(-1)^k\right]$$

$$a_k = \begin{cases} \frac{8A}{\pi^2 k^2}, & \text{für } k = \text{ungerade} \\ 0, & \text{für } k = \text{gerade} \end{cases}$$

Damit ergibt sich die Fourier-Reihe der periodischen Dreiecksfunktion:

$$f(x) = \frac{8A}{\pi^2}\left[\cos(x) + \frac{\cos(3x)}{9} + \frac{\cos(5x)}{25} + \frac{\cos(7x)}{49} + \cdots\right]$$

Die Fourier-Reihe der periodischen Dreiecksfunktion hat keine Sprungstellen. Es tritt kein Gibbs overshoot auf. Außerdem konvergiert sie schneller als die Fourier-Reihe der Rechteckfunktion von Beispiel 1.1, da hier die Amplituden proportional zu $1/k^2$ abnehmen.

Alternierende periodische Funktionen

Die Funktionen von Beispiel 1.1 und Beispiel 1.2 haben eine Gemeinsamkeit, sie sind sogenannte alternierende periodische Funktionen, mit der Eigenschaft $f(x+\pi) = -f(x)$.
Für alternierende, periodische Funktionen sind die Fourier-Koeffizienten

$$a_{2k} = 0 \text{ und } b_{2k} = 0$$

Es treten nur harmonische Schwingungen auf, deren Frequenzen ungeradzahlige Vielfache der Grundfrequenz sind.

1.3 Komplexe Fourier-Reihen

1.3.1 Grundlagen

Die aus dem Rechnen mit komplexen Zahlen bekannten Euler'schen Gleichungen, mit $j = \sqrt{-1}$ als imaginärer Einheit, lauten,

$$e^{jkx} = \cos(kx) + j\sin(kx) \tag{1.18}$$

$$e^{-jkx} = \cos(kx) - j\sin(kx) \tag{1.19}$$

Durch Addition, bzw. Subtraktion der beiden Gleichungen erhält man,

$$\cos(kx) = \frac{1}{2}\left(e^{jkx} + e^{-jkx}\right) \tag{1.20}$$

$$\sin(kx) = \frac{1}{2j}\left(e^{jkx} - e^{-jkx}\right) = -\frac{j}{2}\left(e^{jkx} - e^{-jkx}\right) \tag{1.21}$$

Die reelle Fourier-Reihe $f(x) = a_0 + \sum_{k=1}^{\infty}[\, a_k \cos(kx) + b_k \sin(kx)\,]$, geht unter Verwendung der Gleichungen (1.20) und (1.21) über in

$$f(x) = \sum_{k=0}^{\infty}\left[\frac{a_k}{2}\left(e^{jkx} + e^{-jkx}\right) - j\frac{b_k}{2}\left(e^{jkx} - e^{-jkx}\right)\right]$$

$$f(x) = \sum_{k=0}^{\infty}\left[\frac{a_k - jb_k}{2}\, e^{jkx} + \frac{a_k + jb_k}{2}\, e^{-jkx}\right]$$

Man kann die Terme mit e^{jkx} und e^{-jkx} zu einem Term zusammenfassen, wobei der Summationsindex k dann von $-\infty$ bis $+\infty$ läuft.

$$\boxed{f(x) = \sum_{k=-\infty}^{\infty} c_k\, e^{jkx}} \qquad (1.22)$$

Für die Koeffizienten dieser Reihe erhält man

$$c_k = \begin{cases} \dfrac{a_k - jb_k}{2} & \text{für } k > 0 \\ a_0 & \text{für } k = 0 \\ \dfrac{a_{-k} + jb_{-k}}{2} & \text{für } k < 0 \end{cases} \qquad (1.23)$$

Beachte: Für $k = 3$ ist $c_3 = \dfrac{a_3 - jb_3}{2}$, für $k = -3$ ist $c_{-3} = \dfrac{a_3 + jb_3}{2}$

Im Gegensatz zu den reellen Koeffizienten a_k und b_k sind die Koeffizienten c_k komplexe Zahlen. Es besteht für $k > 0$ der Zusammenhang:

$$c_k = \frac{a_k}{2} - j\frac{b_k}{2} \quad \Rightarrow \quad a_k = 2 \cdot \operatorname{Re} c_k \quad \text{und} \quad b_k = -2 \cdot \operatorname{Im} c_k \qquad (1.24)$$

Ist die 2π-periodische Funktion $f(x)$ eine gerade Funktion, (d. h. $b_k = 0$, für alle k), so sind die Fourier-Koeffizienten c_k reell.

Im Falle einer ungeraden, periodischen Funktion $f(x)$, ($a_k = 0$, für alle k), sind die Fourier-Koeffizienten c_k rein imaginäre Zahlen.

1.3.2 Berechnung der komplexen Fourier-Koeffizienten c_k

Multipliziert man die komplexe Fourier-Reihe $f(x) = \sum_{n=-\infty}^{\infty} c_n\, e^{jnx}$ mit dem Faktor e^{-jkx} und integriert anschließend über eine Periode, so erhält man

$$\int_0^{2\pi} f(x)\, e^{-jkx}\, dx = \sum_{n=-\infty}^{\infty} c_n \int_0^{2\pi} e^{j(n-k)x}\, dx$$

Für das Integral unter der Summe gilt: $\int_0^{2\pi} e^{j(n-k)x} dx = \left. \frac{e^{j(n-k)x}}{j(n-k)} \right|_0^{2\pi} = \begin{cases} 0, & \text{für } n \neq k \\ 2\pi, & \text{für } n = k \end{cases}$.

Von der gesamten Summe über n bleibt nur der Term für $n = k$ übrig

$$\sum_{n=-\infty}^{\infty} c_n \int_0^{2\pi} e^{j(n-k)x} dx = c_k \cdot 2\pi$$

Damit erhält man für die Koeffizienten c_k der komplexen Fourier-Reihe

$$c_k = \frac{1}{2\pi} \int_0^{2\pi} f(x) e^{-jkx} dx \tag{1.25}$$

Auch für die komplexe Fourier-Reihe kann jedes Integrationsintervall $[\alpha, \alpha + 2\pi]$ gewählt werden, wie unter Punkt 4. Verschiebung des Integrationsintervalls, erwähnt.

Zwischen den Amplituden der reellen und der komplexen Fourier-Reihe besteht der Zusammenhang:

$$|c_k| = |c_{-k}|, \quad |c_k| = \frac{1}{2}\sqrt{a_k^2 + b_k^2} = \frac{1}{2} A_k, \quad \text{für } k \neq 0$$
$$\text{und } c_0 = a_0, \quad \text{für } k = 0 \tag{1.26}$$

Wie in Bild 1.10 zu sehen ist, werden bei der komplexen Fourier-Reihe die Amplituden auf beide Seiten des Spektrums verteilt. Man bezeichnet daher diese Darstellung als **zweiseitiges Spektrum**, während man bei der reellen Fourier-Reihe von einem **einseitigen Spektrum** spricht.

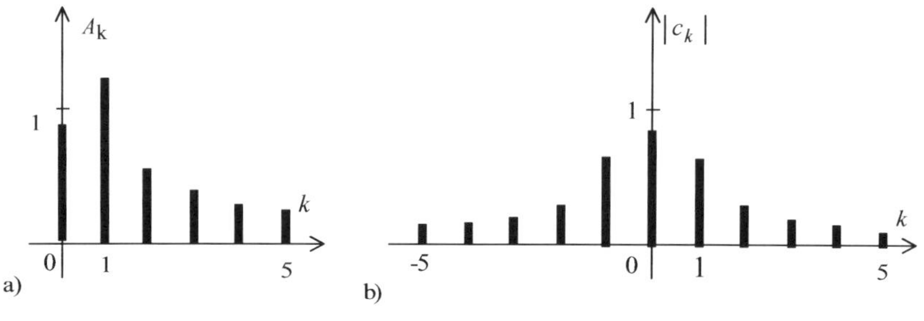

Bild 1.10 a) einseitiges Amplitudenspektrum b) zweiseitiges Amplitudenspektrum

Die Verteilung der c_k-Amplituden auf beide Seiten des Spektrums hat zur Folge, dass diese nur die halbe Höhe der A_k-Amplituden haben. Für $k = 0$ ist $c_0 = a_0$, der Mittelwert (Offset) in der reellen, wie in der komplexen Fourier-Reihe muß natürlich identisch sein.

Während einseitige Spektren vorzugsweise in der Messtechnik zur Anwendung kommen, eignen sich die zweiseitigen Spektren besonders für theoretische Betrachtungen. Wir werden im Abschnitt Fourier-Transformation darauf zurück kommen.

Beispiel 1.3 Es soll die komplexe, sowie die reelle Fourier-Reihe der 2π-periodischen Funktion nach Bild 1.11 berechnet werden.

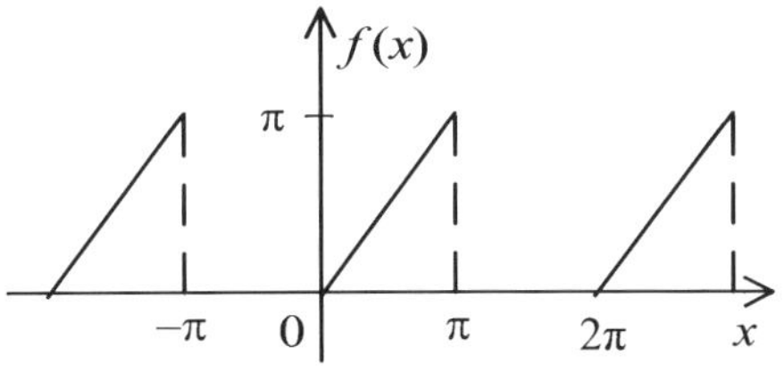

$$f(x)=\begin{cases}0 & \text{für} \quad -\pi\le x<0\\ x & \text{für} \quad 0\le x<\pi\end{cases}$$

$$f(x+2\pi)=f(x)$$

Bild 1.11 Periodische Funktion $f(x)$

Man erkennt, dass die Funktion $f(x)$ nicht symmetrisch zur x-Achse liegt, also einen Offset hat. Wir erhalten für c_0 als linearen Mittelwert:

$$c_0=\frac{1}{2\pi}\int_{-\pi}^{\pi}f(x)dx=\frac{1}{2\pi}\left[\int_{-\pi}^{0}0dx+\int_{0}^{\pi}xdx\right]=\frac{\pi}{4}$$

Für die Koeffizienten mit $k\ge 1$ erhält man:

$$c_k=\frac{1}{2\pi}\left[\int_{-\pi}^{0}0dx+\int_{0}^{\pi}xe^{-jkx}dx\right]=\frac{1}{2\pi}\left[\frac{e^{-jkx}}{k^2}(jkx+1)\right]_0^{\pi}=\frac{1}{2\pi}\left[\left(\frac{1+jk\pi}{k^2}\right)e^{-jk\pi}-\frac{1}{k^2}\right]$$

Unter Verwendung von $e^{-jk\pi}=(-1)^k$ erhalten wir für die

Komplexe Fourier-Reihe: $$f(x)=\frac{\pi}{4}+\frac{1}{2\pi}\sum_{\substack{k=-\infty\\k\neq 0}}^{\infty}\left[\frac{1}{k^2}\left((-1)^k-1\right)+j\frac{\pi}{k}(-1)^k\right]\cdot e^{jkx}$$

Um zur Darstellung der reellen Fourier-Reihe zu kommen, beachten wir, dass gilt:

$$a_k=2\cdot\operatorname{Re}c_k=\frac{1}{\pi k^2}\left[(-1)^k-1\right] \quad \text{und} \quad b_k=-2\cdot\operatorname{Im}c_k=\frac{1}{k}(-1)^{k+1}$$

Somit ergibt sich für die **reelle** Fourier-Reihe:

$$f(x)=\frac{\pi}{4}+\sum_{k=1}^{\infty}\left[\frac{(-1)^k-1}{k^2\pi}\cdot\cos(kx)+\frac{(-1)^{k+1}}{k}\cdot\sin(kx)\right]$$

Für die Amplituden des Spektrums erhalten wir

$$|c_k|=\frac{1}{2k}\sqrt{\frac{2\left[1+(-1)^{k+1}\right]}{(\pi k)^2}+1} \quad \text{und} \quad A_k=2|c_k|$$

k	$\lvert c_{\pm k}\rvert$	A_k
0	0,785	0,785
1	0,593	1,18
2	0,25	0,50
3	0,17	0,34

1.4 Aufgaben zur Fourier-Reihe

(Ergebnisse im Anhang)

Aufgabe 1.1 Rechteckfunktion

Man berechne die Fourier-Koeffizienten der in Bild 1.12 dargestellten 2π-periodischen Funktion $f(x)$.

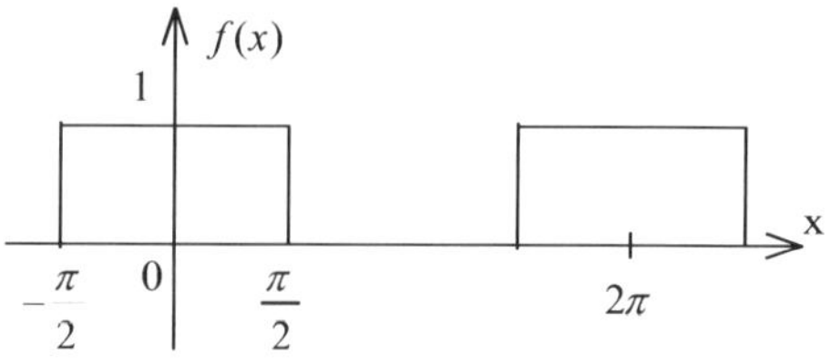

Bild 1.12 Periodische Rechteckfunktion $f(x)$

Aufgabe 1.2 Einweg-Gleichrichtung von Wechselstrom

Bestimmen Sie die Fourier-Reihe der 2π-periodischen Funktion $f(x)$, die im Intervall $[-\pi, \pi]$ gegeben ist durch

$$f(x) = \begin{cases} A\cos(x) & \text{für } -\frac{\pi}{2} \le x \le \frac{\pi}{2} \\ 0 & \text{sonst} \end{cases}$$

$$f(x+2\pi) = f(x)$$

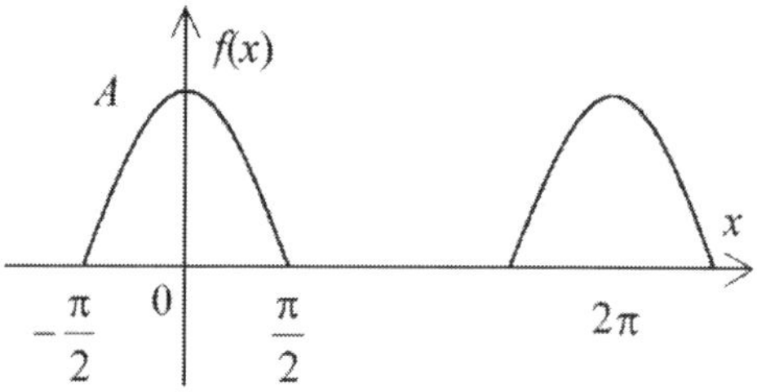

Bild 1.13 Einweg-Gleichrichtung

Aufgabe 1.3

Gegeben ist die 2π-periodische Funktion nach Bild 1.14. Berechnen Sie die Fourier-Koeffizienten a_0, a_1, a_2, b_1 und b_2.

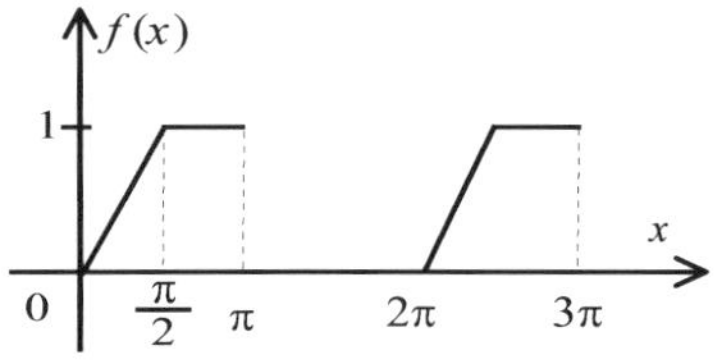

Bild 1.14 Periodische Funktion

$$f(x) = \begin{cases} \frac{2}{\pi}x & \text{für } 0 \le x < \frac{\pi}{2} \\ 1 & \text{für } \frac{\pi}{2} \le x < \pi \\ 0 & \text{für } \pi \le x < 2\pi \end{cases}$$

$$f(x+2\pi) = f(x)$$

Aufgabe 1.4 Sägezahnfunktion

Man berechne die Fourier-Reihe der 2π-periodischen Funktion $f(x)$, die im Intervall $[0, 2\pi]$ definiert ist durch

$$f(x) = \frac{x}{2\pi}$$

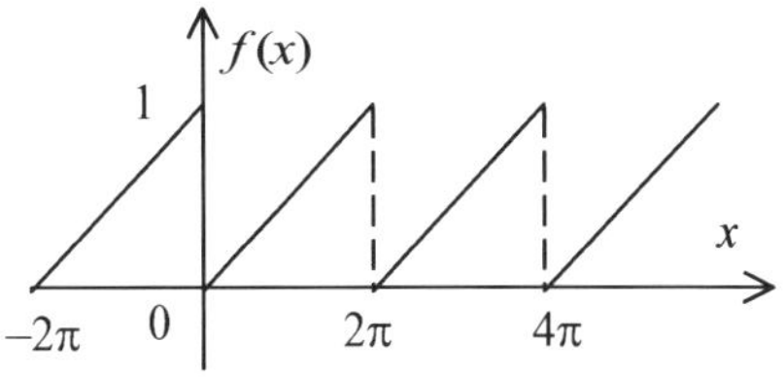

Bild 1.15 Periodische Sägezahnkurve

Aufgabe 1.5 Gegeben ist die 2π-periodische Funktion

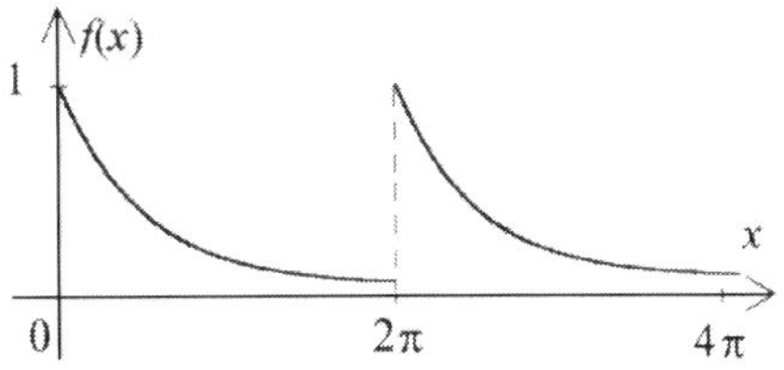

Bild 1.16 Periodische Funktion

$$f(x) = e^{-x} \quad \text{für} \quad 0 \le x \le 2\pi$$

$$f(x + 2\pi) = f(x)$$

Berechnen Sie die komplexen Fourier-Koeffizienten c_k und die reellen Fourier-Koeffizienten a_0, a_1 und b_1.

Aufgabe 1.6

Für die 2π-periodische Zeitfunktion, die im Intervall $[-\pi, \pi]$ gegeben ist durch Bild 1.17, sollen a_0, a_1 und b_1 der reellen Fourier-Reihe bestimmt werden.

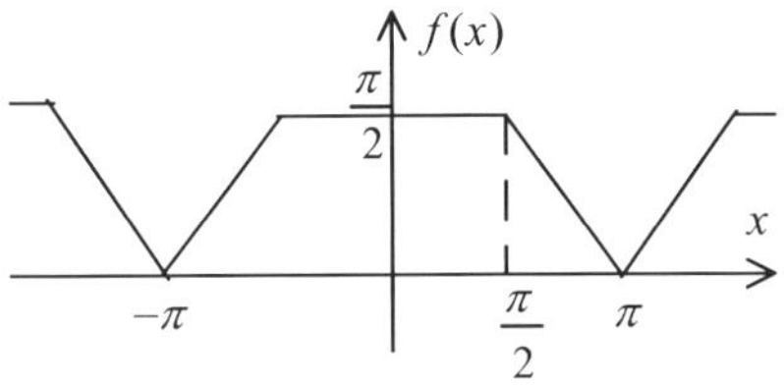

$$f(x) = \begin{cases} x + \pi & \text{für} \quad -\pi \le x < -\frac{\pi}{2} \\ \frac{\pi}{2} & \text{für} \quad -\frac{\pi}{2} \le x < \frac{\pi}{2} \\ -x + \pi & \text{für} \quad \frac{\pi}{2} \le x \le \pi \end{cases}$$

Bild 1.17 Periodische Funktion

2 Fourier-Transformation (FT)

Zusammenfassung *Auf nichtperiodische Funktionen kann die Fourier-Reihe nicht angewendet werden. Dazu wird die Fourier-Transformation benötigt. Die Fourier-Reihe wird in eine Integraldarstellung überführt. Aus dem diskreten Linienspektrum der Fourier-Reihe entsteht ein kontinuierliches Spektrum, das als Fourier-Spektrum bezeichnet wird. Mit der Zerlegung in den Amplituden- und Phasengang liefert diese Transformation die Voraussetzung für eine Frequenzanalyse beliebiger Signale. Ein weiterer Aspekt, der aus dem Spektrum abgeleitet werden kann, ist das Zeit-Bandbreite Produkt, das für die Signalübertragung in der Kommunikationstechnik von Bedeutung ist.*

2.1 Übergang von der Fourier-Reihe zum Fourier-Integral

Im Abschnitt 1 haben wir gesehen, dass eine T-periodische Funktion $f_T(t)$, die den Dirichlet-Bedingungen genügt, als Fourier-Reihe dargestellt werden kann.

Da es sich bei praktischen Anwendungen hauptsächlich um Zeitfunktionen handelt, werden wir die in Gl. (1.4) eingeführte Variable x wieder durch $x = \omega_0 t$ ersetzen. Dabei ist $\omega_0 = \dfrac{2\pi}{T}$ die Grundkreisfrequenz mit der Periodendauer T. Nach Satz 1.1 der Fourier-Reihe erhalten wir

$$f_T(t) = a_0 + \sum_{k=1}^{\infty} \left[a_k \cos(k\omega_0 t) + b_k \sin(k\omega_0 t) \right] \tag{2.1}$$

Die rechte Seite von Gl. (2.1) stellt die Zerlegung eines **periodischen** Vorgangs in eine Summe von harmonischen Schwingungen dar. Die graphische Darstellung dieser Zerlegung ist das Amplitudenspektrum, das aus einzelnen, diskreten Linien besteht.

Es stellt sich nun die Frage, ob man die Fourier-Entwicklung periodischer Funktionen, in geeigneter Weise, auch auf **nichtperiodische** Funktionen ausdehnen kann.

Wir betrachten dazu eine periodische Rechteckimpulsfolge $f_T(t)$ der Periodendauer T.

Wenn die Periodendauer $T \to \infty$ geht, entsteht aus der periodischen Impulsfolge $f_T(t)$ ein Einzelimpuls $f(t)$ als nichtperiodische Funktion.

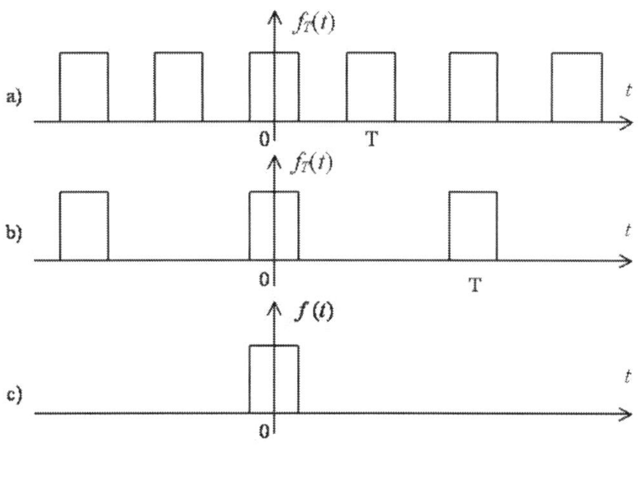

Bild 2.1
a) Periodische Funktion $f_T(t)$
b) Periodische Funktion $f_T(t)$ bei Vergrößerung der Periodendauer T
c) Nichtperiodische Funktion $f(t)$

Wie wir wissen, kann die periodische Funktion $f_T(t)$ durch eine komplexe Fourier-Reihe dargestellt werden. Es gilt:

$$f_T(t) = \sum_{k=-\infty}^{\infty} c_k\, e^{jk\omega_0 t} \quad \text{mit den Fourier-Koeffizienten} \quad c_k = \frac{1}{T}\int_{-\frac{T}{2}}^{\frac{T}{2}} f_T(t)\, e^{-jk\omega_0 t}\, dt$$

Ersetzt man bei c_k den Faktor $\frac{1}{T} = \frac{\omega_0}{2\pi} = \frac{\Delta\omega}{2\pi}$, wobei $\Delta\omega = (k+1)\omega_0 - k\omega_0 = \omega_0$ der Abstand der in der Fourier-Reihe auftretenden Frequenzen ist, so erhält $f_T(t)$ die folgende Darstellung:

$$f_T(t) = \sum_{k=-\infty}^{\infty} c_k\, e^{jk\omega_0 t} = \frac{1}{2\pi}\sum_{k=-\infty}^{\infty}\left[\int_{-\frac{T}{2}}^{\frac{T}{2}} f_p(t)\, e^{-jk\omega_0 t}\, dt\right]\Delta\omega\cdot e^{jk\omega_0 t} \tag{2.2}$$

Im Grenzübergang $T \to \infty$ wird aus $\Delta\omega$ das Differential $d\omega$ und aus den immer näher zusammenrückenden diskreten Frequenzen $k\omega_0$, wird die kontinuierliche Frequenz ω. Die Summe in (2.2) geht über in ein Integral.

In Kurzform: $T \to \infty$, $\Delta\omega \to d\omega$, $k\omega_0 \to \omega$, $\sum \to \int$ und $f_T(t) \to f(t)$.

Die **nichtperiodische** Funktion $f(t)$ erhält damit die folgende Fourier-Integraldarstellung:

$$f(t) = \frac{1}{2\pi}\int_{-\infty}^{\infty}\left[\int_{-\infty}^{\infty} f(t)\, e^{-j\omega t}\, dt\right]\cdot e^{j\omega t}\, d\omega = \frac{1}{2\pi}\int_{-\infty}^{\infty} F(\omega)\cdot e^{j\omega t}\, d\omega \tag{2.3}$$

Das Integral in der eckigen Klammer von Gl. (2.3) bezeichnet man als **Fourier-Spektrum** oder

Spektralfunktion

$$F(\omega) = \int_{-\infty}^{\infty} f(t)\, e^{-j\omega t}\, dt \tag{2.4}$$

Die Spektralfunktion ist im Allgemeinen eine komplexe Funktion der Kreisfrequenz ω.

Die nach (2.4) gebildete Spektralfunktion $F(\omega)$ entspricht den Fourier-Koeffizienten c_k der Fourier-Reihe gemäß Gl. (1.23). Mit der Spektralfunktion $F(\omega)$ gelingt es, auch eine nichtperiodische Funktion $f(t)$ in harmonische Schwingungen zu zerlegen.

Im Gegensatz zu einer periodischen Funktion, bei der nur ganzzahlige Vielfache der Grundfrequenz ω_0 auftreten können, ergibt sich bei nichtperiodischen Funktionen ein kontinuierlicher Frequenzverlauf als Spektrum.

Anstelle der Fourier-Reihe (1.22) tritt das Fourier-Integral (2.3).

Wir merken uns:

Periodische Funktionen haben ein diskretes Spektrum (Linienspektrum).
Nichtperiodische Funktionen haben ein kontinuierliches Spektrum.

Integraltransformation

Mathematisch gesehen handelt es sich bei Gl. (2.4) um eine Integraltransformation.
Eine Transformation ist vereinfacht gesprochen nichts anderes als ein Operator $\mathcal{F}$, der eine Funktion f aus einem gegebenen Funktionenraum, auf eine Funktion F aus einem, gegebenenfalls, anderen Funktionenraum abbildet.

$$f \to \mathcal{F}\{f\} = F$$

Eine Integraltransformation ist nun eine Transformation, in die Integrale verwickelt sind, also eine Transformation der Form,

$$f \to \mathcal{F}\{f\} = \int K(t,\omega)\, f(t)dt = F$$

mit einem Kern K, der die Eigenschaften der Transformation bestimmt.

Durch die Ausführung der Transformation erhält man Informationen über die Funktion f, die aus der Funktion selbst nicht so ohne weiteres ersichtlich sind.

2.2 Definition der Fourier-Transformation

2.2.1 Eine Integraltransformation, die durch folgende Gleichung definiert ist, heißt

Fourier-Transformation $$\mathscr{F}\{f(t)\} = \int_{-\infty}^{\infty} f(t)e^{-j\omega t}dt = F(\omega) \tag{2.5}$$

Durch die Fourier-Transformation, mit dem Integralkern $K(t,\omega) = e^{-j\omega t}$, wird einer Originalfunktion $f(t)$ eine Bildfunktion $F(\omega)$ zugeordnet.

$f(t)$ heißt Originalfunktion, wenn die zughörige Funktion $F(\omega)$ existiert.
Die Menge aller Originalfunktionen nennt man den Originalbereich oder Originalraum.
Wenn t die Zeit ist, entspricht der Originalbereich dem Zeitbereich.

$F(\omega)$ heißt Bildfunktion, Spektralfunktion oder Fourier-Transformierte.
Die Menge aller Bildfunktionen bezeichnet man als Bildbereich oder Bildraum.
Wenn ω die Frequenz ist, nennt man den Bildbereich auch Frequenzbereich.

Originalfunktion $f(t)$ $\xrightarrow{\mathscr{F}\{f(t)\}}$ Bildfunktion $F(\omega)$

Originalfunktion und Bildfunktion bilden ein zusammengehöriges Funktionenpaar.

Diese Zuordnung wird symbolisch ausgedrückt durch die Korrespondenz:

$$f(t) \circ\!-\!\bullet\ F(\omega)$$

2.3 Inverse Fourier-Transformation

2.3.1 Die Rücktransformation vom Bildbereich in den Originalbereich ist gegeben durch die

Inverse Fourier-Transformation $\mathscr{F}^{-1}\{F(\omega)\} = \frac{1}{2\pi}\int\limits_{-\infty}^{\infty} F(\omega)\,e^{j\omega t}\,d\omega = f(t)$ (2.6)

Originalfunktion $f(t)$ $\xleftarrow{\mathscr{F}^{-1}\{F(\omega)\}}$ Bildfunktion $F(\omega)$

Existiert die Spektralfunktion $F(\omega)$, so kann über Gl. (2.6) die zugehörige Zeitfunktion $f(t)$ zurück gewonnen werden.

Für eine Vielzahl von Transformationspaaren gibt es sog. Korrespondenz-Tabellen, mit denen man die Hin- und Rücktransformation arbeits- und zeitsparend durchführen kann.

Findet man die gewünschte Funktion in der Tabelle nicht, bleibt nur die Berechnung eigenständig durchzuführen.

2.3.2 Existenz der Fourier-Transformation und deren Rücktransformation

Satz 2.1

Ist die Zeitfunktion $f(t)$ **absolut integrierbar**, d. h. gilt $\int\limits_{-\infty}^{\infty} |f(t)|\,dt < \infty$,

so existiert die nach Gl. (2.5) definierte Fourier-Transformation

$$\mathscr{F}\{f(t)\} = F(\omega)$$

Die Aussage des Satzes 2.1 ist eine hinreichende, jedoch keine notwendige Bedingung für die Existenz der Spektralfunktion $F(\omega)$. Das Integral von Gl. (2.5) konvergiert wegen $\left|e^{-j\omega t}\right| = 1$ sogar absolut, wenn die Zeitfunktion $f(t)$ absolut integrierbar ist.

Satz 2.2

Ist $F(\omega)$ die Spektralfunktion der Zeitfunktion $f(t)$ und gelten die Voraussetzungen von Satz 2.1 und ist $f(t)$ in jedem endlichen Intervall stückweise stetig differenzierbar, so existiert die inverse Fourier-Transformation nach Gl. (2.6)

$$\mathscr{F}^{-1}\{F(\omega)\} = f(t)$$

An den **Unstetigkeitsstellen** t_u der Funktion $f(t)$ konvergiert das Fourier-Integral gegen das arithmetische Mittel aus rechts- und linksseitigem Grenzwert von $f(t)$.

$$\frac{1}{2}\left[\lim_{\Delta t \to 0} f(t_u + \Delta t) + \lim_{\Delta t \to 0} f(t_u - \Delta t)\right]$$

2.4 Eigenschaften der Spektralfunktion

Im Folgenden sollen einige Eigenschaften im Umgang mit der Spektralfunktion $F(\omega)$ gezeigt werden. Dabei werden deutliche Analogien zur Fourier-Reihe sichtbar.

Da $F(\omega)$ eine komplexwertige Funktion ist, kann sie in einen Realteil $\mathrm{Re}F(\omega)$ und einen Imaginärteil $\mathrm{Im}F(\omega)$ zerlegt werden. Die Komponentenform lautet:

$$F(\omega) = \mathrm{Re}\,F(\omega) + j\,\mathrm{Im}\,F(\omega) \tag{2.7}$$

Für den Betrag $|F(\omega)|$ und die Phase $\varphi(\omega)$ erhält man wie beim Rechnen mit komplexen Zahlen:

$$|F(\omega)| = \sqrt{[\mathrm{Re}\,F(\omega)]^2 + [\mathrm{Im}\,F(\omega)]^2} \tag{2.8}$$

$$\tan\varphi(\omega) = \frac{\mathrm{Im}\,F(\omega)}{\mathrm{Re}\,F(\omega)} \tag{2.9}$$

In technischen Anwendungen sind folgende Bezeichnungen üblich:

Die Spektralfunktion $F(\omega)$ heißt **Frequenzgang** (2.7a)

Der Betrag $|F(\omega)| = A(\omega)$ heißt **Amplitudenspektrum** (2.8a)

Der Phasenwinkel heißt **Phasenspektrum** (2.9a)

Alternativ zu Gl. (2.7) kann $F(\omega)$ auch in der Exponentialform dargestellt werden:

Es gilt: $$F(\omega) = |F(\omega)| \cdot e^{j\varphi(\omega)} = A(\omega) \cdot e^{j\varphi(\omega)} \tag{2.10}$$

2.5 Reelle Form der Fourier-Transformation

In den folgenden Betrachtungen sei $f(t)$ stets eine reellwertige Funktion.

Mit Gl. (2.4) $F(\omega) = \int_{-\infty}^{\infty} f(t) e^{-j\omega t} dt$ und $e^{-j\omega t} = \cos(\omega t) - j\sin(\omega t)$

erhalten wir $$F(\omega) = \int_{-\infty}^{\infty} f(t)\cos(\omega t)dt - j\int_{-\infty}^{\infty} f(t)\sin(\omega t)dt \tag{2.11}$$

Diese Gleichung führt uns auf elegante Weise zur

Fourier-Kosinustransformation $$F_C(\omega) = \int_{-\infty}^{\infty} f(t)\cos(\omega t)\,dt \tag{2.12}$$

und zur

Fourier-Sinustransformation $$F_S(\omega) = \int_{-\infty}^{\infty} f(t)\sin(\omega t)\,dt \tag{2.13}$$

In dieser Notation lautet Gl. (2.11) kurz: $F(\omega) = F_C(\omega) - j\,F_S(\omega)$. (2.11a)

Satz 2.3

Ist $f(t)$ eine reellwertige Funktion, so ist die Fourier-Kosinustransformierte $F_C(\omega)$ eine gerade Funktion von ω und die Fourier-Sinustransformierte $F_S(\omega)$ eine ungerade Funktion von ω.

Beweis: Ersetzt man in (2.12) und (2.13) ω durch $-\omega$, so erhält man wegen $\cos(-\omega t) = \cos(\omega t)$ und $\sin(-\omega t) = -\sin(\omega t)$, unmittelbar $F_C(-\omega) = F_C(\omega)$ und $F_S(-\omega) = -F_S(\omega)$.

Fourier-Integral in reeller Darstellung

Wir verwenden das Fourier-Integral (2.6) $f(t) = \frac{1}{2\pi}\int_{-\infty}^{\infty} F(\omega)e^{j\omega t}d\omega$ und bringen es mit Gl. (2.11a) und $e^{j\omega t} = \cos(\omega t) + j\sin(\omega t)$ auf folgende Form:

$$f(t) = \frac{1}{2\pi}\int_{-\infty}^{\infty}\left(F_C(\omega) - jF_S(\omega)\right)\cdot\left(\cos(\omega t) + j\sin(\omega t)\right)\cdot d\omega,$$

Nach Zusammenfassen von Real- und Imaginärteil erhalten wir:

$$f(t) = \frac{1}{2\pi}\left\{\int_{-\infty}^{\infty}\left[F_C(\omega)\cos(\omega t) + F_S(\omega)\sin(\omega t)\right]d\omega + j\int_{-\infty}^{\infty}\left[F_C(\omega)\sin(\omega t) - F_S(\omega)\cos(\omega t)\right]d\omega\right\}$$

Da $f(t)$ reellwertig ist, muss der Imaginärteil der geschweiften Klammer Null sein, so dass auch das zweite Integral den Wert Null hat. Berücksichtigt man noch, dass beim ersten Integral nach Satz 2.3 über eine gerade Funktion integriert wird, so erhält man die

Reelle Form des Fourier-Integrals

$$f(t) = \frac{1}{\pi}\int_{0}^{\infty}\left[F_C(\omega)\cos(\omega t) + F_S(\omega)\sin(\omega t)\right]d\omega \tag{2.14}$$

Diese Darstellungsform der Funktion $f(t)$ ist das Analogon zur Darstellung einer periodischen Zeitfunktion durch eine reelle Fourier-Reihe.

Eine weitere Vereinfachung tritt ein, wenn die Zeitfunktion $f(t)$ eine Symmetrie besitzt.

Ist die Zeitfunktion $f(t)$ eine **gerade Funktion**, so ist nach Gl. (2.13) die Fourier-Sinustransformierte $F_S(\omega) = 0$. Da in Gl. (2.12) der Integrand eine gerade Funktion der Variablen t ist, gehen die Gl. (2.12) und (2.14) gehen über in die

Fourier-Kosinustransformation für gerade Zeitfunktionen *f*(*t*)

$$F_C(\omega) = 2\int_{0}^{\infty} f(t)\cos(\omega t)\,dt \tag{2.15}$$

mit der Umkehrung

$$f(t) = \frac{1}{\pi}\int_{0}^{\infty} F_C(\omega)\cos(\omega t)\,d\omega \tag{2.16}$$

Ist die Zeitfunktion $f(t)$ eine **ungerade** Funktion, so ist nach Gl. (2.12) die Fourier-Kosinustransformierte $F_C(\omega) = 0$. Beachtet man, dass auch in Gl. (2.13) der Integrand eine gerade Funktion der Variablen t ist, so gehen die Gl. (2.13) und (2.14) gehen über in die

Fourier-Sinustransformation für ungerade Zeitfunktionen $f(t)$

$$F_S(\omega) = 2\int_0^{\infty} f(t)\sin(\omega t)\,dt \tag{2.17}$$

mit der Umkehrung

$$f(t) = \frac{1}{\pi}\int_0^{\infty} F_S(\omega)\sin(\omega t)\,d\omega \tag{2.18}$$

Man erkennt eine deutliche Analogie zur Fourier-Reihe einer periodischen Zeitfunktion.

Die Fourier-Reihe einer geraden periodischen Funktion enthält nur Kosinusglieder, die einer ungeraden Funktion nur Sinusglieder. Entsprechend ist das Fourier-Integral einer geraden nichtperiodischen Zeitfunktion ein Integral über ein kontinuierliches Spektrum von Kosinusschwingungen, das einer ungeraden nichtperiodischen Zeitfunktion ein Integral über ein kontinuierliches Spektrum von Sinusschwingungen.

2.6 Beispiele und Aufgaben zur Fourier-Transformation

Beispiel 2.1

Man berechne die Spektralfunktion $F(\omega)$ der Zeitfunktion

$$f(t) = \begin{cases} e^{-at} & \text{für } t \geq 0, \quad a>0, \text{ reell} \\ 0 & \text{für } t<0 \end{cases}$$

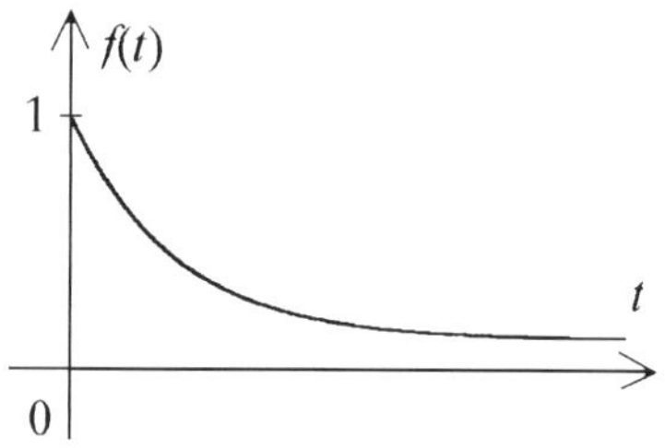

Beispiel 2.1 Zeitfunktion $f(t)$

Mit Gl. (2.4) erhält man für die Spektralfunktion

$$F(\omega) = \int_{-\infty}^{\infty} f(t)e^{-j\omega t}dt = \int_0^{\infty} e^{-(a+j\omega)t}\,dt = \left.\frac{e^{-(a+j\omega)t}}{-(a+j\omega)}\right|_0^{\infty} = \frac{1}{a+j\omega}$$

Bei der Ausführung des Integrals ist der Grenzwert $\lim\limits_{t\to\infty} e^{-(a+j\omega)t}$ zu berechnen.

Da $a > 0$ und $\left|e^{-j\omega t}\right| = 1$ ist, gilt $\lim\limits_{t\to\infty}\left|e^{-(a+j\omega)t}\right| = \lim\limits_{t\to\infty}\left|e^{-at}\right|\cdot 1 = \lim\limits_{t\to\infty} e^{-at} = 0$.

Somit ist auch $\lim\limits_{t\to\infty} e^{-(a+j\omega)t} = 0$ und wir erhalten die Korrespondenz:

$$\boxed{e^{-at} \quad \circ\!-\!\bullet \quad \frac{1}{a+j\omega}}$$

Zerlegung der Spektralfunktion $F(\omega)$ in Real- und Imaginärteil:

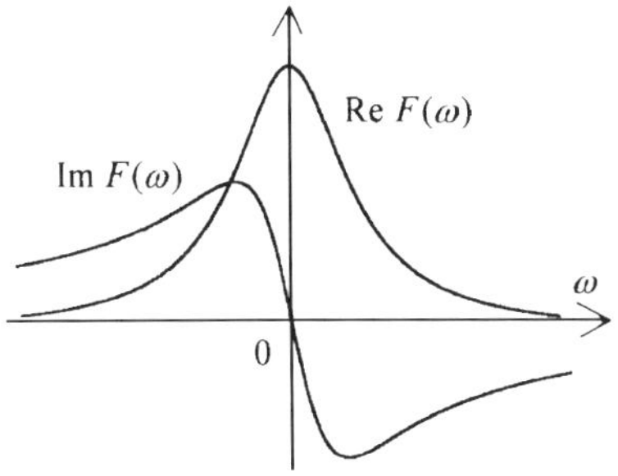

$$F(\omega) = \frac{1}{a+j\omega} = \frac{a-j\omega}{a^2+\omega^2}$$

$$\Rightarrow \quad \operatorname{Re} F(\omega) = \frac{a}{a^2+\omega^2}$$

$$\operatorname{Im} F(\omega) = -\frac{\omega}{a^2+\omega^2}$$

Real- und Imaginärteil der Spektralfunktion $F(\omega)$

Man erkennt, dass der Realteil der Spektralfunktion eine gerade, der Imaginärteil eine ungerade Funktion der Kreisfrequenz ω ist.

Beispiel 2.2

Von der Zeitfunktion

$$f(t) = \begin{cases} 1-\dfrac{t}{T} & \text{für} \quad 0 \le t \le T \\ 0 & \text{sonst} \end{cases}$$

ist die Spektralfunktion und das Amplitudenspektrum zu bestimmen.

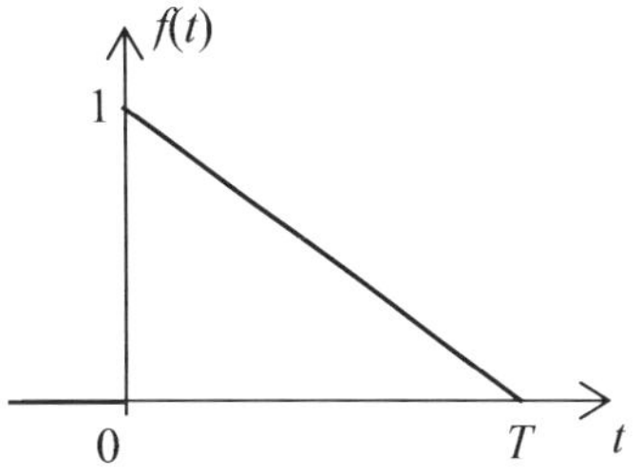

Beispiel 2.2 Zeitfunktion $f(t)$

Berechnung der Spektralfunktion nach Gl. (2.4) oder identisch nach Gl. (2.5)

$$F(\omega) = \int_{-\infty}^{\infty} f(t)e^{-j\omega t}dt = \int_0^T \left(1-\frac{t}{T}\right)e^{-j\omega t}dt = \int_0^T 1\cdot e^{-j\omega t}dt - \frac{1}{T}\int_0^T t\cdot e^{-j\omega t}dt$$

$$F(\omega) = \left.\frac{e^{-j\omega t}}{-j\omega}\right|_0^T - \left.\frac{e^{-j\omega t}}{\omega^2 T}(1+j\omega t)\right|_0^T = \frac{1-e^{-j\omega T}}{\omega^2 T} - j\frac{1}{\omega}$$

$$\underline{F(\omega) = \frac{1}{\omega^2 T}\left(1-\cos\omega T + j\sin\omega T\right) - j\frac{1}{\omega}}$$

Für das Amplitudenspektrum erhalten wir nach Gl. (2.8a)

$$A(\omega) = \sqrt{\operatorname{Re}^2 F(\omega) + \operatorname{Im}^2 F(\omega)}$$

mit $\operatorname{Re} F(\omega) = \dfrac{\left(1-\cos\omega T\right)}{\omega^2 T}$ und $\operatorname{Im} F(\omega) = \dfrac{\sin\omega T}{\omega^2 T} - \dfrac{1}{\omega}$

$$\underline{A(\omega) = \frac{1}{\omega^2 T}\sqrt{\left(1-\cos\omega T\right)^2 + \left(\sin\omega T - \omega T\right)^2}}$$

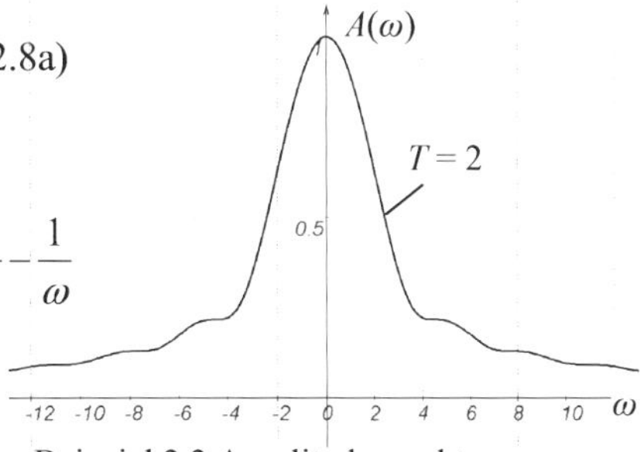

Beispiel 2.2 Amplitudenspektrum

Beispiel 2.3

Gesucht ist das Fourier-Spektrum der vorliegenden Rechteckfunktion und das zugehörige Amplitudenspektrum.

$$f(t) = rect\left(\frac{t}{T}\right) = \begin{cases} 1 & \text{für } -\frac{T}{2} \le t \le \frac{T}{2} \\ 0 & \text{sonst} \end{cases}$$

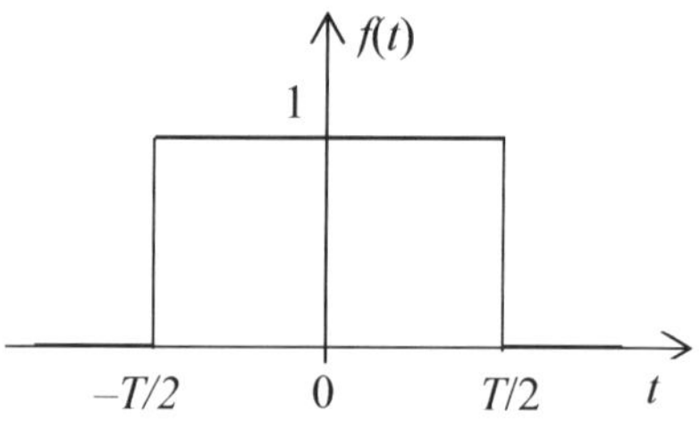

Beispiel 2.3 Rechteckfunktion

Für das Fourier-Spektrum erhalten wir nach Gl. (2.4) oder identisch nach Gl. (2.5)

$$F(\omega) = \int_{-\infty}^{\infty} rect\left(\frac{t}{T}\right) \cdot e^{-j\omega t} dt = \int_{-T/2}^{T/2} 1 \cdot e^{-j\omega t} dt = \frac{1}{-j\omega} e^{-j\omega t}\Bigg|_{-T/2}^{T/2} = \frac{e^{-j\omega T/2} - e^{j\omega T/2}}{-j\omega}$$

Umformung $\frac{e^{-j\omega T/2} - e^{j\omega T/2}}{-j\omega} = T \cdot \left(\frac{e^{j\omega T/2} - e^{-j\omega T/2}}{2j\omega T/2} \right) = T \cdot \frac{\sin(\omega T/2)}{\omega T/2} = T \cdot si(\omega T/2)$

$\underline{F(\omega) = T \cdot si(\omega T/2)}$

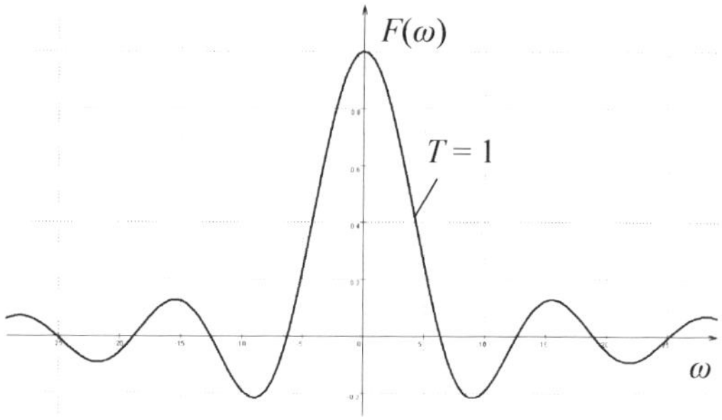

Beispiel 2.3 Spektralfunktion

Die im Ergebnis auftretende *si*-Funktion hat die Definition:

$si(x) = \frac{\sin(x)}{x}$, hier ist $x = \omega T/2$

Für $x = 0$ ist die Funktion unbestimmt. Der Grenzwert kann mit der Regel von l'Hospital bestimmt werden:

$$si(0) = \lim_{x \to 0} \frac{\sin(x)}{x} = \lim_{x \to 0} \frac{\cos(x)}{1} = 1$$

Wir erhalten die Korrespondenz: $\boxed{rect\left(\frac{t}{T}\right) \quad \circ\!-\!\bullet \quad T \cdot si(\omega T/2)}$

Das Amplitudenspektrum ist nach Definition der Betrag $A(\omega) = |T \cdot si(\omega T/2)|$.

Die grafische Darstellung zeigt Bild in Beispiel 2.3.

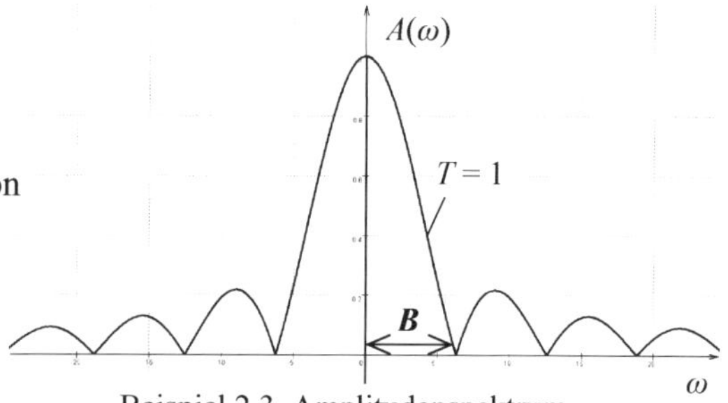

Beispiel 2.3 Amplitudenspektrum

Bemerkung: Hier sei auf einen interessanten Zusammenhang zwischen Zeit- und Frequenzbereich hingewiesen. Die erste Nullstelle im Amplitudenspektrum befindet sich bei $\omega_1 = 2\pi/T$.

Definiert man die Bandbreite B als den Frequenzbereich von 0 bis ω_1, so gilt $B = \dfrac{2\pi}{T}$.

Daraus ergibt sich das **Zeit-Bandbreite-Produkt** $\boxed{\boldsymbol{B \cdot T = \text{const.}\ (=2\pi)}}$

Halbiert (bzw. verdoppelt) man die Zeitdauer T der Rechteckfunktion, so verdoppelt (bzw. halbiert) sich die Bandbreite B. Allgemein gilt:

Das Zeit-Bandbreite-Produkt gilt für alle reellen und symmetrischen Zeitsignale.

Bedeutung für die Kommunikationstechnik: Verdoppelt man die pro Zeiteinheit gesendeten Datenimpulse (Bitrate), so muss der Übertragungskanal die doppelte Bandbreite zur Verfügung stellen. Anders ausgedrückt, die Bandbreite des Übertragungskanals begrenzt die Bitrate.

Beispiel 2.4

Wir betrachten nun umgekehrt zu Beispiel 2.3, die Spektralfunktion als Rechteckfunktion gegeben und fragen nach der zugehörigen Zeitfunktion $f(t)$.

$$F(\omega) = rect\left(\frac{\omega}{\omega_0}\right) = \begin{cases} 1 & \text{für } -\dfrac{\omega_0}{2} \le \omega \le \dfrac{\omega_0}{2} \\ 0 & \text{sonst} \end{cases}$$

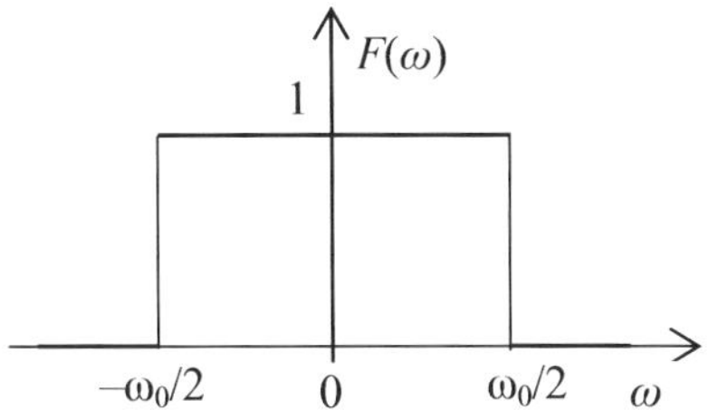

Beispiel 2.4 Spektralfunktion

Die Zeitfunktion $f(t)$ kann mit Gl. (2.6) berechnet werden. Alternativ dazu, soll die Berechnung mit der Fourier-Kosinustransformation Gl. (2.16) durchgeführt werden.

Da die Spektralfunktion $rect(\omega/\omega_0)$ reell ist, muss die zugehörige Zeitfunktion eine gerade Funktion der Variablen t sein. Daher gilt mit Gl. (2.16):

$$f(t) = \frac{1}{\pi} \int_0^{\omega_0/2} \cos(\omega t)\,d\omega = \frac{1}{\pi} \cdot \left[\frac{\sin(\omega t)}{t}\right]_0^{\omega_0/2} = \frac{1}{\pi} \cdot \frac{\sin(\omega_0 t/2)}{t}$$

Mit der in Beispiel 2.3 definierten *si*-Funktion erhalten wir schließlich

$$f(t) = \frac{\omega_0}{2\pi} \cdot si(\omega_0 t/2)$$

Wir erhalten die Korrespondenz:

$$\boxed{\frac{\omega_0}{2\pi} \cdot si(\omega_0 t/2) \quad \circ\!-\!\bullet \quad rect\left(\frac{\omega}{\omega_0}\right)}$$

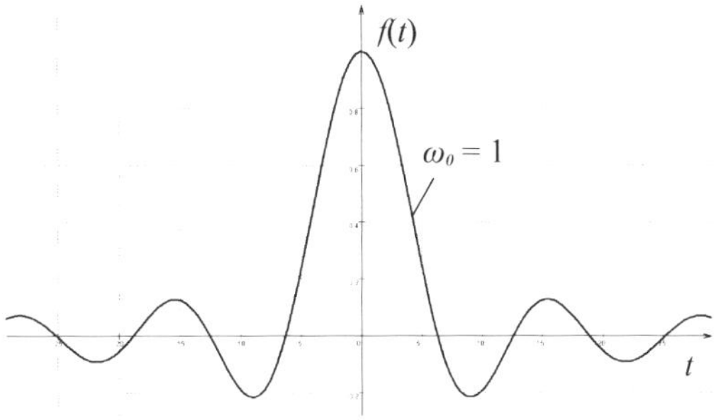

Beispiel 2.4 Zeitfunktion $f(t)$

<u>Bemerkung:</u> Vertauscht man bei der Korrespondenz von Beipiel 2.3 die Rolle von t und ω, so erhält man, bis auf den Faktor 2π, die Korrespondenz von Beispiel 2.4.

$$\frac{1}{T} rect\left(\frac{t}{T}\right) \ \circ\!-\!\bullet \ si(\omega T/2), \text{ Vertauschen } \begin{matrix} t \to \omega \\ T \to \omega_0 \end{matrix} \text{ ergibt } si(\omega_0 t/2) \ \circ\!-\!\bullet \ 2\pi \frac{1}{\omega_0} rect\left(\frac{\omega}{\omega_0}\right)$$

Dies folgt aus der Symmetrie der Fourier-Transformation und ihrer Rücktransformation.

Allgemein gilt: Für jedes existierende Transformationspaar erreicht man durch bloßes Vertauschen der Variablen eine weitere Korrespondenz. Diese Beziehung heißt

Vertauschungssatz

$$f(t) \circ\!-\!\bullet F(\omega)$$
$$F(t) \circ\!-\!\bullet 2\pi \cdot f(-\omega)$$

Beispiel 2.5

Man bestimme das Spektrum $F(\omega)$ der Gaußfunktion (auch Gaußimpuls genannt):

$$f(t) = e^{-at^2}, \quad a > 0$$

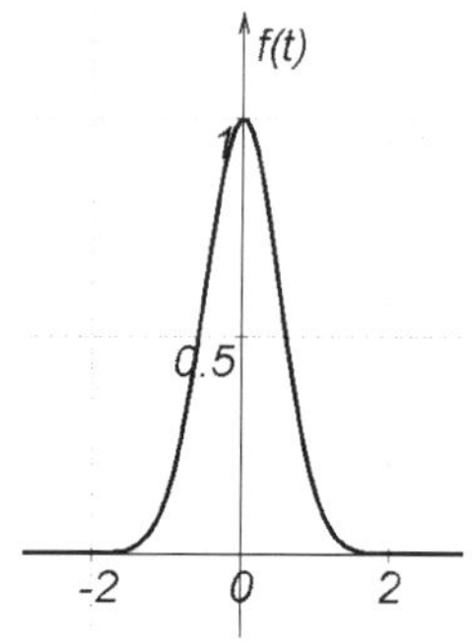

Beispiel 2.5 Gaußimpuls für $a = 2$

Anwendung von Gl. (2.5) ergibt

$$F(\omega) = \int_{-\infty}^{\infty} e^{-at^2} e^{-j\omega t} dt = \int_{-\infty}^{\infty} e^{-at^2} \cdot \left(\cos(\omega t) - j\sin(\omega t)\right) dt$$

Da $f(t)$ eine gerade Funktion ist, verschwindet das Integral über den Imaginärteil und wir erhalten für das Spektrum [analog zu Gl. (2.15)]

$$F(\omega) = 2 \cdot \int_{0}^{\infty} e^{-at^2} \cdot \cos(\omega t) dt$$

Den Wert dieses Integrals entnehmen wir einer math. Formelsammlung.

Es ergibt sich $F(\omega) = \sqrt{\frac{\pi}{a}} e^{-\frac{\omega^2}{4a}}$

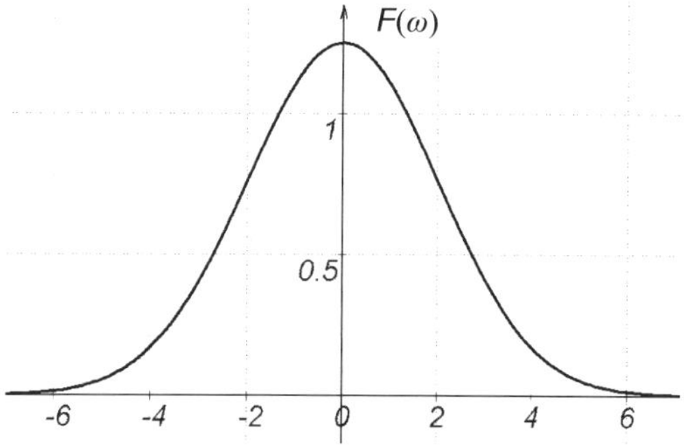

Beispiel 2.5 Fourier-Spektrum $F(\omega)$ für $a = 2$

Interessant an diesem Beispiel ist, dass der Gaußimpuls, wieder eine Gaußfunktion als Spektrum hat. Funktionen mit dieser Eigenschaft heißen selbstreziprok, in diesem Fall bezüglich der Fourier-Transformation. Auch zeigt sich hier wieder sehr deutlich das Zeit-Bandbreite-Produkt (siehe Beisp. 2.3): Je schmaler der Gaußimpuls ist, desto breiter ist das Spektrum und umgekehrt.

Aufgaben zur Fourier-Transformation

(Ergebnisse im Anhang)

Aufgabe 2.1 Man berechne die Spektralfunktion $F(\omega)$ zur Zeitfunktion

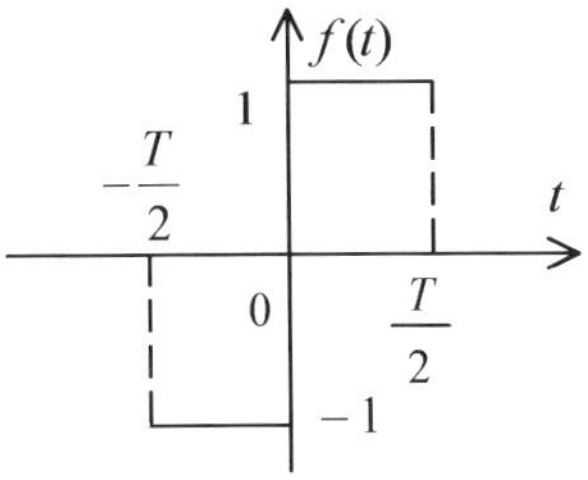

Aufgabe 2.1 Zeitfunktion $f(t)$

$$f(t) = \begin{cases} -1 & \text{für} \quad -\frac{T}{2} \leq t < 0 \\ 1 & \text{für} \quad 0 \leq t \leq \frac{T}{2} \\ 0 & \text{sonst} \end{cases}$$

Aufgabe 2.2

Man bestimme die Spektralfunktion $F(\omega)$ zur Zeitfunktion

$$f(t) = e^{-a|t|} \quad (a > 0)$$

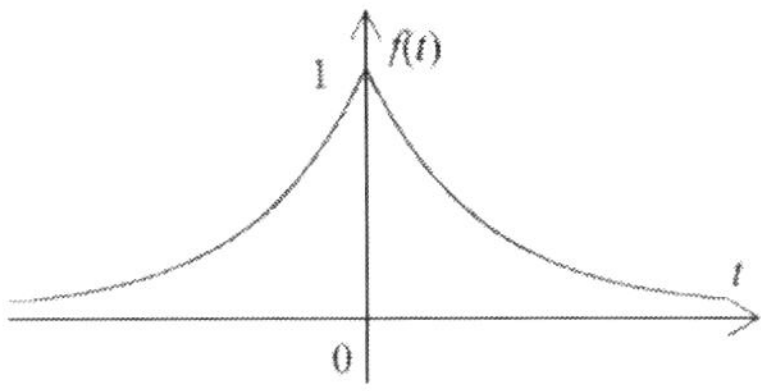

Aufgabe 2.2 Zeitfunktion $f(t)$

Aufgabe 2.3

Man berechne für die Zeitfunktion

$$f(t) = \begin{cases} U + \frac{2U}{T} t & \text{für} \quad -\frac{T}{2} \leq t < 0 \\ U - \frac{2U}{T} t & \text{für} \quad 0 \leq t \leq \frac{T}{2} \\ 0 & \text{sonst} \end{cases}$$

die Spektralfunktion $F(\omega)$ und ihre reelle Fourier-Integraldarstellung.

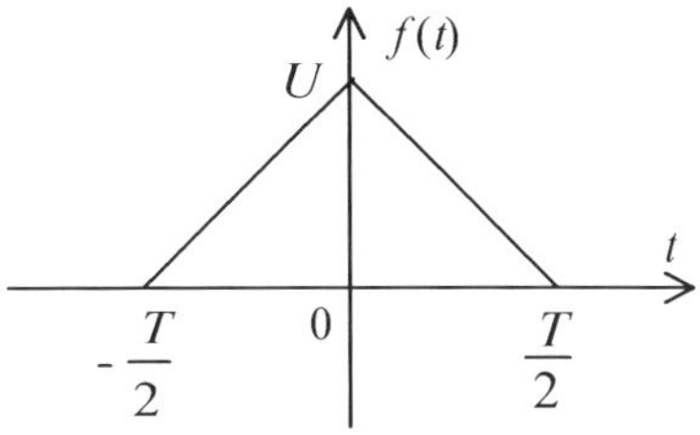

Aufgabe 2.3 Zeitfunktion $f(t)$

Aufgabe 2.4

Gegeben ist die Zeitfunktion

$$f(t) = \begin{cases} 1+t & -1 \le t < 0 \\ -1+t & 0 \le t \le 1 \\ 0 & sonst \end{cases}$$

Berechnen Sie die zugehörige Fourier-Transformierte $F(\omega)$.

Für das auftretende Integral gilt

$$\int t \sin(\omega t) dt = -\frac{t\cos(\omega t)}{\omega} + \frac{\sin(\omega t)}{\omega^2} + C$$

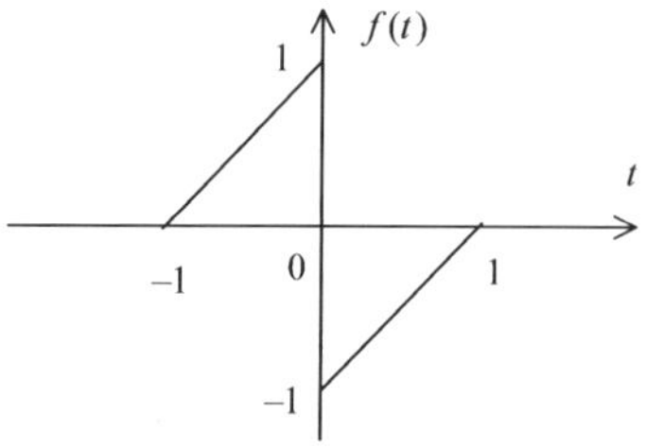

Aufgabe 2.4 Zeitfunktion $f(t)$

Aufgabe 2.5

Gegeben ist die Spektralfunktion

$$F(\omega) = \begin{cases} -j\omega & -1 \le \omega \le 1 \\ 0 & \text{sonst} \end{cases}$$

Berechnen Sie die zugehörige Zeitfunktion $f(t)$.

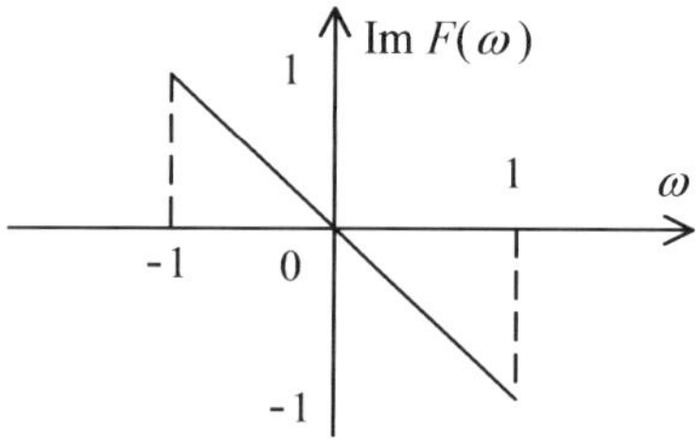

Aufgabe 2.5 Spektralfunktion $F(\omega)$

3 Laplace-Transformation (LT)

Zusammenfassung *Mit der Einführung der Laplace-Transformation werden Konvergenzprobleme beseitigt, die bei der Fourier-Transformation bereits bei einigen elementaren Funktionen, wie etwa der Sprungfunktion auftreten. Dazu werden zunächst die wesentlichen Eigenschaften und Transformationsregeln der Laplace-Transformation besprochen und angewendet. Es zeigt sich, dass mit dieser Transformation es auf einfache und elegante Weise gelingt, kausale Signale und Systeme, die erst ab einem gegebenen Zeitpunkt, dem Einschaltzeitpunkt wirksam werden, zu beschreiben.*

3.1 Definition der Laplace-Transformation

Bei technischen Anwendungen interessiert in vielen Fällen, das Verhalten eines Systems ab einem bestimmten Zeitpunkt, z. B. dem Einschaltzeitpunkt, mit dem die Systemreaktion startet. Wir setzen diesen Anfangszeitpunkt auf $t = 0$ und betrachten Funktionen, deren Verlauf ab diesem Zeitpunkt beginnt. Funktionen $f(t)$ die nur für $t \geq 0$ definiert sind, nennt man kausale Funktionen. Sind beim Startzeitpunkt $t = 0$ Werte aus der Vergangenheit des Systems vorhanden, z. B. Spannungen an Kondensatoren, so gehen diese in die Anfangsbedingungen ein.

Definition 3.1

Eine Funktion $f(t)$ heißt **kausale Zeitfunktion**, wenn für $t < 0$ gilt:

$$f(t) = 0$$

Bei der nun folgenden Definition der Laplace-Transformation werden kausale Zeitfunktionen betrachtet. Der maßgebende Zeitbereich reicht also von $t = 0$ bis ∞.

Definition 3.2

Die **Laplace-Transformation** ist eine Integraltransformation, die der kausalen Zeitfunktion $f(t)$ in eindeutiger Weise eine Laplace-Transformierte $F(s)$, der Variablen $s \in \mathbb{C}$ zuordnet:

$$\mathscr{L}\{f(t)\} = \int_0^\infty f(t)e^{-st}\,dt = F(s) \tag{3.1}$$

Einige Erläuterungen, was man unter einer Integraltransformation versteht, finden sich in Abschnitt 2.1 der Fourier-Transformation.

Der Integralkern der Laplace-Transformation $K(t,s) = e^{-st}$ enthält im Exponenten die Zeit t und die komplexe Variable $s = \sigma + j\omega$. Im Unterschied dazu enthält die Fourier-Transformation im Exponenten nur den rein imaginären Anteil $-j\omega t$. Wir werden sehen, dass gerade durch die Erweiterung auf die Variable s, die Konvergenz des Laplace-Integrals für die meisten in der Praxis vorkommenden Zeitfunktionen erreicht werden kann.

In gleicher Weise wie bei der Fourier-Transformation in Abschnitt 2.2, werden folgende Begriffe verwendet: $f(t)$ heißt **Originalfunktion**, wenn die zughörige Funktion $F(s)$ existiert.

Die Menge aller Originalfunktionen nennt man den Originalbereich oder Originalraum. $F(s)$ heißt **Bildfunktion** oder Laplace-Transformierte.

Die Menge aller Bildfunktionen bezeichnet man als Bildbereich oder Bildraum.

Originalbereich $f(t)$	$\xrightarrow{\mathscr{L}\{f(t)\}}$	Bildbereich $F(s)$

Originalfunktion und Bildfunktion bilden ein zusammengehöriges Funktionenpaar.

Diese Zuordnung wird symbolisch ausgedrückt durch die Korrespondenz:

$$f(t) \circ\!-\!\bullet\; F(s)$$

Geschichtliche Anmerkung
Der französische Mathematiker Pierre Simon de Laplace (1749–1827) verwendete die Transformation im Rahmen von Studien zur Wahrscheinlichkeitsrechnung. Er ist nicht der Begründer der modernen Laplace-Transformation.

Diese ist eine Weiterentwicklung einer Operatorenrechnung des Engländers Oliver Heaviside (1850–1925). Es entstanden bei der Anwendung oft Schwierigkeiten, da sie mathematisch nicht ausreichend begründet war.

Bei der Weiterentwicklung zur heutigen Laplace-Transformation haben sich von den deutschen Wissenschaftlern besonders Karl Willy Wagner (1883–1953) und Gustav Doetsch (1892–1977) große Verdienste erworben.

Konvergenz der Laplace-Transformation

Das Laplace-Integral $\int_0^\infty f(t)\, e^{-st} dt = \int_0^\infty f(t) e^{-\sigma t} e^{-j\omega t} dt$ konvergiert nach Satz 2.1, wenn die Funktion $g(t) = f(t) e^{-\sigma t}$ absolut integrierbar ist.

Nach Satz 2.1 ist $F(s)$ die Fourier-Transformierte der Zeitfunktion $g(t)$.

Die Funktion $g(t) = f(t)e^{-\sigma t}$ ist absolut integrierbar, wenn $f(t)$ nicht stärker ansteigt als eine Exponentialfunktion.

Mit einem geeignet gewähltem σ kann erreicht werden, dass der Faktor $e^{-\sigma t}$ selbst bei einer exponentiell ansteigenden Funktion $f(t)$ überwiegt, so dass $\lim_{t\to\infty} f(t)e^{-\sigma t}=0$ ist.

Wir können daher feststellen:

Wenn die Originalfunktion $f(t)$ nicht stärker ansteigt, als eine Exponentialfunktion, mit geeignet gewählten $\sigma > \beta$, dann konvergiert das Laplace-Integral und es existiert die Bildfunktion $F(s)$.

Den für die Konvergenz erlaubten Bereich von σ nennt man die Konvergenzhalbebene oder den **Konvergenzbereich**. Die nicht mehr dazugehörige Grenze β wird als **Konvergenzabszisse** bezeichnet. Wie groß der Konvergenzbereich ist, hängt von der jeweils betrachteten Funktion $f(t)$ ab.

Beispiel 3.1 Es soll die Laplace-Transformierte $F(s)$ der kausalen Zeitfunktion

$f(t)=\begin{cases} t & \text{für} \quad t\geq 0 \\ 0 & \text{für} \quad t<0 \end{cases}$ berechnet werden.

Durch partielle Integration mit $u=t \rightarrow u'=1$ und $v'=\mathrm{e}^{-st} \Rightarrow v=\dfrac{\mathrm{e}^{-st}}{-s}$ erhält man

$$F(s)=\int_0^{\infty} te^{-st}dt=\left[\frac{te^{-st}}{-s}\right]_0^{\infty}+\frac{1}{s}\int_0^{\infty} e^{-st}dt=\left[-\frac{te^{-st}}{s}-\frac{e^{-st}}{s^2}\right]_0^{\infty}=\frac{1}{s^2}$$

Der Grenzwert $\lim\limits_{t\to\infty} e^{-st}=\lim\limits_{t\to\infty} e^{-\sigma t}\cdot\lim\limits_{t\to\infty} e^{-j\omega t}=0$, wenn $\sigma>0$ ist, denn $\left|e^{-j\omega t}\right|=1$.

Bei dieser Zeitfunktion $f(t)$ ist demnach die Konvergenzabszisse $\beta=0$.

Die Laplace-Transformierte $F(s)$ existiert in einem Gebiet der komplexen s-Ebene, die durch $\operatorname{Re} s=\sigma>0$ bestimmt ist. Es handelt sich hierbei um eine Halbebene, die sogenannte **Konvergenzhalbebene** der Bildfunktion.

In Bild 3.1 sind die kausale Zeitfunktion $f(t)=t$ und der Konvergenzbereich der Laplace-Transformierten $F(s)$ dargestellt.

Die komplexwertige Funktion $F(s)=\dfrac{1}{s^2}$ hat an der Stelle $s=0$ einen Pol zweiter Ordnung und ist für alle $s\neq 0$ definiert. Sie ist nur in der Konvergenzhalbebene $\sigma>0$ Laplace-Transformierte der kausalen Zeitfunktion $f(t)=t$.

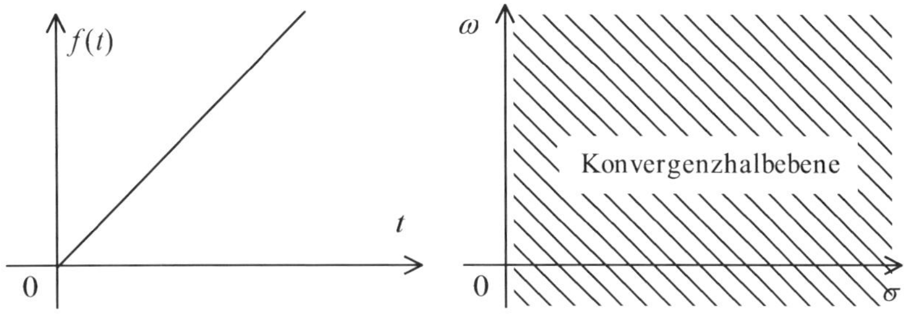

Bild 3.1 Zeitfunktion $f(t)=t$ und Konvergenzhalbebene der Bildfunktion $F(s)$

Allgemein gelten zur Konvergenz der Laplace-Transformation folgende Aussagen

1. Der Konvergenzbereich von $F(s)$ besteht aus einem Gebiet parallel zur imaginären Achse in der s-Ebene.

2. Der Konvergenzbereich enthält keine Singularitäten.

3. $F(s)$ ist im gesamten Konvergenzbereich analytisch.

3.2 Inverse Laplace-Transformation

Satz 3.1

> Die Umkehrtransformation, die eine Bildfunktion $F(s)$ in die zugehörige Originalfunktion $f(t)$ abbildet, heißt
>
> **Inverse Laplace-Transformation** $f(t) = \frac{1}{2\pi j} \int\limits_{\sigma_0 - j\infty}^{\sigma_0 + j\infty} F(s) e^{st} ds, \quad (\sigma_0 > \beta)$ (3.2)

Beweis: Nach der Definition der Laplace-Transformation gemäß Gl. (3.1) gilt

$$F(s) = \int\limits_0^\infty f(t) e^{-st} dt = \int\limits_0^\infty f(t) e^{-\sigma t} e^{-j\omega t} dt$$

Ein Vergleich mit der Definition der Spektralfunktion durch Gl. (2.4) zeigt, dass die Laplace-Transformierte $F(s)$ der Zeitfunktion $f(t)$, die Fourier-Transformierte (Spektralfunktion) der Zeitfunktion $g(t) = f(t) e^{-\sigma t}$ ist.

Mit dem Fourier-Integral Gl. (2.6) erhält man $f(t) e^{-\sigma t} = \frac{1}{2\pi} \int\limits_{-\infty}^{\infty} F(s) e^{j\omega t} d\omega$

Multipliziert man diese Gleichung mit dem bezüglich der Integrationsvariablen ω konstantem Faktor $e^{\sigma t}$, so ergibt sich

$$f(t) = \frac{1}{2\pi} \int\limits_{-\infty}^{\infty} F(s) e^{\sigma t} e^{j\omega t} d\omega = \frac{1}{2\pi} \int\limits_{-\infty}^{\infty} F(s) e^{st} d\omega$$

Da bei dieser Integration nur ω die Variable ist und $\sigma = \sigma_0 > \beta$ konstant ist, also einen in der Konvergenzhalbebene liegenden festen Wert annimmt, folgt mit

$$\frac{ds}{d\omega} = \frac{d(\sigma + j\omega)}{d\omega} = j \quad \Rightarrow \quad d\omega = \frac{1}{j} ds \quad \text{schließlich Gl. (3.2).}$$

Zu einer vorgegebenen Originalfunktion $f(t)$ liefert die durch Gl. (3.1) definierte Laplace-Transformation, eine Bildfunktion $F(s)$, vorausgesetzt das Laplace-Integrals konvergiert.

Es nun von Interesse, ob die durch Gl. (3.2) beschriebene inverse Laplace-Transformation auch eindeutig ist.

Dazu betrachten wir die im Bild 3.2 dargestellten Zeitfunktionen

$$f_1(t) = t \quad \text{und} \quad f_2(t) = \begin{cases} t & \text{für } t \neq 2 \\ 3 & \text{für } t = 2 \end{cases}$$

Diese haben die gleiche Bildfunktion $F(s) = \int\limits_0^\infty f_1(t) e^{-st} dt = \int\limits_0^\infty f_2(t) e^{-st} dt = \frac{1}{s^2}$.

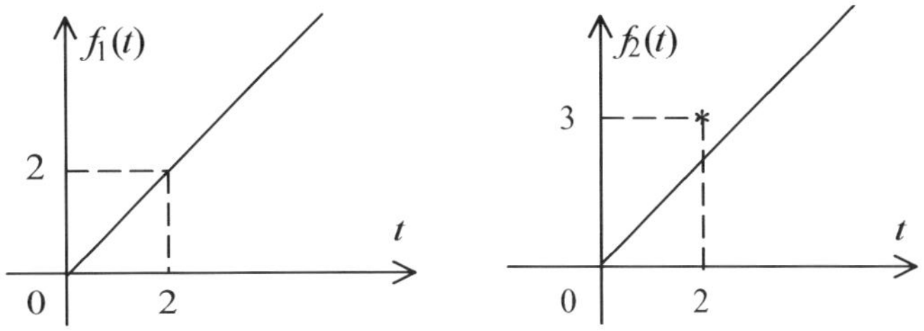

Bild 3.2 Zeitfunktionen $f_1(t)$ und $f_2(t)$, die sich für $t = 2$ in ihren Funktionswerten unterscheiden.

Die Zeitfunktionen $f_1(t)$ und $f_2(t)$ besitzen die gleiche Bildfunktion $F(s)$. Sie unterscheiden sich nur durch eine Nullfunktion. Eine Nullfunktion $N(t)$ ist eine Funktion, für die

$$\int_0^t N(\tau)d\tau = 0 \text{ ist, für alle Zeitpunkte } t > 0.$$

Unterscheiden sich Zeitfunktionen nur durch eine Nullfunktion, so werden ihnen durch die Laplace-Transformation die gleiche Bildfunktion zugeordnet. Die durch die komplexe Umkehrformel beschriebene inverse Laplace-Transformation liefert daher eine Zeitfunktion, die sich höchstens um eine Nullfunktion von der Originalfunktion unterscheiden kann.

Wir erhalten somit den folgenden:

Satz 3.2 Eindeutigkeitssatz

Stimmen die Bildfunktionen zweier Originalfunktionen in einer Halbebene $\text{Re}\, s > \beta$ überein, so unterscheiden sich die Originalfunktionen höchstens um eine Nullfunktion.

Beschränken wir uns auf **stetige** Originalfunktionen, so erhält man

Satz 3.3 Eindeutigkeitssatz für stetige Originalfunktionen

Stimmen die Bildfunktionen zweier stetiger Originalfunktionen in einer Halbebene $\text{Re}\, s > \beta$ überein, so sind die Originalfunktionen identisch.

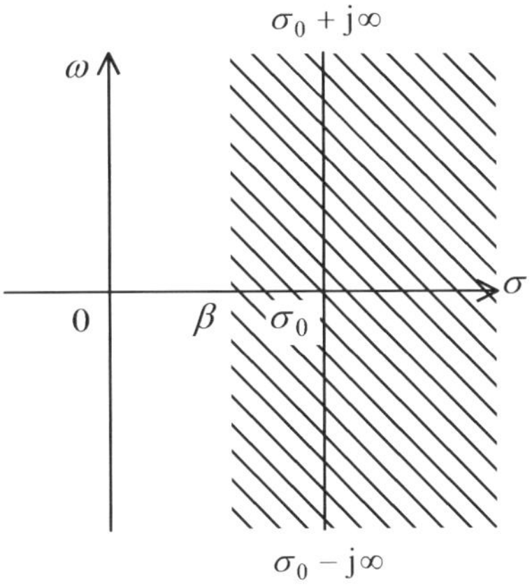

Bild 3.3 Integrationsweg W

Zur Berechnung der Originalfunktion $f(t)$ aus einer gegebenen Bildfunktion $F(s)$ mit Gl. (3.2)

$$f(t) = \frac{1}{2\pi j} \int_{\sigma_0 - j\infty}^{\sigma_0 + j\infty} F(s)e^{st} ds$$

wählt man als Integrationsweg W in der komplexen s-Ebene eine in der Konvergenzhalbebene liegende Parallele zur imaginären Achse.

Zum Verständnis der inversen Laplace-Transformation (3.2) ist die Kenntnis einiger **Sätze der Analysis komplexwertiger Funktionen** hilfreich. Diese Sätze der Funktionentheorie sollen im Folgenden ohne Beweis angegeben werden.

Definition 3.3

a) Eine Vorschrift, die jedem Element $z = x + jy$ eines Gebietes der z-Ebene eine komplexe Zahl $w = u + jv$ zuordnet, heißt **Funktion** $w = f(z)$ der komplexen Variablen z.

b) Eine Funktion $w = f(z)$ heißt in **einem Punkt** z_0 **regulär** oder **holomorph**, wenn sie in jedem Punkt z einer Umgebung von z_0 differenzierbar ist, d. h., die Ableitung

$$f'(z) = \lim_{\Delta z \to 0} \frac{f(z+\Delta z) - f(z)}{\Delta z} \quad \text{existiert.}$$

c) Eine Funktion $w = f(z)$ heißt **in einem Gebiet G** der komplexen z-Ebene **holomorph** oder **regulär**, wenn sie an jeder Stelle des Gebietes G differenzierbar ist.

d) Eine Stelle, an der die Funktion $w = f(z)$ nicht regulär ist, heißt **singuläre Stelle**.

Weiter aufgeführt werden einige wichtige **Integralsätze der komplexen Analysis.**

Satz 3.4 Integralsatz von Cauchy

Ist die Funktion $w = f(z)$ in einem einfach zusammenhängenden Gebiet holomorph, so gilt

$$\oint_W f(z)dz = 0 \tag{3.3}$$

wenn W ein beliebiger, in G liegender, einfach geschlossener Weg ist.

Dieser Satz ist äquivalent zur Aussage, dass das bestimmte Integral $\int_{z_1}^{z_2} f(z)dz$, einen vom Integrationsweg z_1 nach z_2 unabhängigen Wert hat.

Der Integralsatz von Cauchy wird auch als **Hauptsatz der Funktionentheorie** bezeichnet. Wesentlich ist die Beschränkung auf ein einfach zusammenhängendes Gebiet, in dem die Funktion $f(z)$ holomorph ist.

Umfasst der geschlossene Weg W singuläre Stellen von $f(z)$, so hat das Umlaufintegral im Allgemeinen einen von Null verschiedenen Wert (siehe Satz 3.7).

Satz 3.5

Unter den gleichen Voraussetzungen wie Satz 3.4, gelten die folgenden **Integralformeln von Cauchy**

$$f(z_0) = \frac{1}{2\pi j} \oint_W \frac{f(z)}{z - z_0} dz \tag{3.4}$$

$$f^{(n)}(z_0) = \frac{n!}{2\pi j} \oint_W \frac{f(z)}{(z - z_o)^{n+1}} dz \qquad n \in \mathbb{N} \tag{3.5}$$

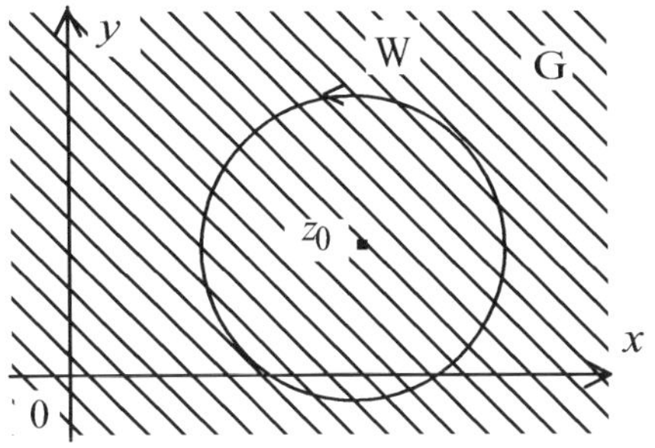

Bild 3.4 Integrationsweg W

Die Integralformeln von Cauchy machen die bemerkenswerte Aussage, dass die Funktionswerte und die Werte der Ableitungen einer regulären Funktion im Inneren einer geschlossenen Kurve *W* durch die Werte der Funktion auf dieser Kurve bestimmt sind.

Ist die komplexwertige Funktion $f(z)$ in einem Gebiet G der komplexen Ebene regulär, d. h. überall differenzierbar, so folgt aus Gl. (3.5), dass sie dort beliebig oft differenzierbar ist.

Ähnlich, wie in der reellen Analysis, kann auch eine Funktion $f(z)$ einer komplexen Variablen an einer Stelle $z = z_0$ in eine Potenzreihe entwickelt werden.

Dabei gilt der folgende

Satz 3.6

Die durch die **Laurent-Reihe** $f(z) = \sum_{n=-\infty}^{\infty} c_n (z - z_0)^n$ (3.6)

mit den komplexen Koeffizienten $c_n = \frac{1}{2\pi j} \oint_W \frac{f(z)}{(z - z_o)^{n+1}} dz$ (3.7)

dargestellte Funktion $f(z)$ konvergiert, wenn überhaupt, stets in einem Kreisringgebiet und stellt dort eine reguläre Funktion dar.
Jede in einem Kreisringgebiet reguläre Funktion $f(z)$ kann in eine Laurent-Reihe entwickelt werden

Bei der Reihenentwicklung einer Funktion $f(z)$ können die folgenden Fälle unterschieden werden:

1. Die Reihe beginnt mit einem Glied, das einen positiven Index hat, d. h., es gilt

   $$f(z) = c_m(z-z_0)^m + c_{m+1}(z-z_0)^{m+1} + c_{m+2}(z-z_0)^{m+2} + \cdots$$

   Die Funktion $f(z)$ hat dann an der Stelle $z = z_0$ eine **m-fache Nullstelle**. $f(z)$ ist an der Stelle z_0 regulär.

2. Die Reihe beginnt mit einem Glied, das einen negativen Index hat.

   $$f(z) = \frac{c_{-n}}{(z-z_0)^n} + \cdots + \frac{c_{-1}}{(z-z_0)} + c_0 + c_1(z-z_0) + c_2(z-z_0)^2 + \cdots$$

   Die an der Stelle $z = z_0$ vorliegende Singularität heißt **Pol n-ter Ordnung**.

   Die Funktion $(z-z_0)^n f(z)$ ist für $z = z_0$ regulär.

3. Besitzt die Reihe kein erstes Glied, so hat die durch die Laurent-Reihe dargestellte Funktion $f(z)$ an der Stelle z_0 einen Pol „unendlich hoher Ordnung".

   Die Stelle $z = z_0$ ist eine **wesentlich singuläre Stelle.**

   So ist z. B. die Funktion

   $$e^{\frac{1}{z}} = 1 + \frac{1}{z} + \frac{1}{2!z^2} + \frac{1}{3!z^3} + \cdots + \frac{1}{k!z^k} + \cdots$$

   an der Stelle $z = 0$ wesentlich singulär.

Wir betrachten nun Funktionen $f(z)$, die bis auf **endlich viele isolierte Pole regulär** sind.

An der Stelle $z = z_0$ sei ein Pol n-ter Ordnung und wir wollen das Umlaufintegral (Integral längs eines einfach geschlossenen Weges) berechnen,

$$\oint_W f(z)dz,$$

wobei der Integrationsweg W ein im positiven Sinn durchlaufener, geschlossener Weg um die Polstelle z_0 ist.

Die Funktion $f(z)$ sei bis auf diese Polstelle im Inneren und auf dem Weg W regulär. Für $f(z)$ gibt es dann die Laurent-Reihe:

$$f(z) = \frac{c_{-n}}{(z-z_0)^n} + \cdots + \frac{c_{-1}}{(z-z_0)} + c_0 + c_1(z-z_0) + c_2(z-z_0)^2 + \cdots$$

Mit dieser Reihendarstellung folgt für das gesuchte Integral

$$\oint_W f(z)dz = c_n \oint_W \frac{1}{(z-z_0)^n}dz + \cdots + c_{n-1} \oint_W \frac{1}{z-z_0}dz + c_0 \oint_W dz + c_1 \oint_W (z-z_0)dz + \cdots \tag{3.8}$$

Setzt man in die Gleichungen (3.4) und (3.5) die überall reguläre Funktion $f(z) = 1$ ein, so erhält man

$$\oint_W \frac{1}{(z-z_0)^n}dz = \begin{cases} 2\pi j & \text{für } n=1 \\ 0 & \text{für } n \neq 1 \end{cases} \tag{3.9}$$

Gl. (3.8) geht damit über in

$$\oint_W f(z)dz = 2\pi j\, c_{-1} \quad \text{bzw.} \quad c_{-1} = \frac{1}{2\pi j}\oint_W f(z)dz \tag{3.10}$$

Nach Satz 3.3 haben die Integrale

$$\oint_W dz, \quad \oint_W (z-z_0)dz, \quad \oint_W (z-z_0)^2 dz, \quad \cdots$$

alle den Wert Null. Von Gl. (3.8) ist also nur Gl. (3.10) übrig geblieben. Man nennt daher den Koeffizienten c_{-1} das „Residuum“ der Funktion $f(z)$ an der Stelle $z = z_0$.

Definition 3.4

Unter dem **Residuum der Funktion $f(z)$ an der Stelle $z = z_0$** versteht man

$$\operatorname*{Res}_{z=z_0}\{f(z)\} = \frac{1}{2\pi j}\oint_W f(z)dz = c_{n-1} \tag{3.11}$$

Der Integrationsweg W ist dabei ein geschlossener, im positiven Sinn durchlaufener Weg um die Polstelle bei $z = z_0$

Ist z_0 eine Stelle, an der die Funktion $f(z)$ regulär ist, so folgt aus dem Integralsatz von Cauchy, dass das Residuum der Funktion $f(z)$ in einem solchen Holomorphiepunkt den Wert Null hat.

Satz 3.7 Residuensatz

Umfasst der im positiven Umlaufssinn geschlossene Integrationsweg W die isolierten Pole $z_1, z_2, \cdots, z_n$, so gilt

$$\frac{1}{2\pi j}\oint_W f(z)dz = \sum_{k=1}^{n} \operatorname*{Res}_{z=z_k}\{f(z)\} \tag{3.12}$$

Zur Berechnung der Residuen einer Funktion kann man nach Gl. (3.11) das Residuum der Funktion $f(z)$ an der Stelle z_0 durch den Koeffizienten c_{-1} der Laurent-Reihenentwicklung an der Stelle z_0 angeben. Dazu muss aber die Reihenentwicklung zuerst durchgeführt werden. Einfacher wird daher in vielen Fällen der folgende Weg sein, die Residuen einer Funktion zu bestimmen.

Satz 3.8

a) Es sei die Stelle $z = z_0$ eine **einfache Polstelle** der Funktion $f(z)$. Dann gilt für das Residuum der Funktion an dieser einfachen Polstelle z_0

$$\operatorname*{Res}_{z=z_0}\{f(z)\} = \left[(z-z_0)f(z)\right]_{z=z_0} \tag{3.13}$$

b) An der Stelle $z = z_0$ sei ein **n-facher Pol** der Funktion $f(z)$. Dann gilt

$$\operatorname*{Res}_{z=z_0}\{f(z)\} = \frac{1}{(n-1)!}\left[\frac{d^{n-1}}{dz^{n-1}}\left\{(z-z_0)^n f(z)\right\}\right]_{z=z_0} \tag{3.14}$$

Beweis:

1. An der Stelle $z - z_0$ sei ein einfacher Pol der Funktion. Für die Laurent-Reihe gilt dann

$$f(z) = \frac{c_{-1}}{z-z_0} + c_0 + c_1(z-z_0) + c_2(z-z_0)^2 + \cdots$$

Die Funktion

$$(z-z_0)f(z) = c_{-1} + c_0(z-z_0) + c_1(z-z_0)^2 + c_2(z-z_0)^3 + \cdots$$

ist an der Stelle z_0 regulär. Setzt man für z den Wert z_0 ein, so erhält man die zu beweisende Aussage. Da der Ausdruck $(z-z_0)\,f(z)$ für $z - z_0$ unbestimmt von der Form $0 \bullet \infty$ ist, bedeutet dies genauer ausgedrückt

$$\lim_{z \to z_0} (z-z_0)f(z) = c_{-1}$$

2. An der Stelle $z = z_0$ sei ein n-facher Pol. Die für z_0 reguläre Funktion $(z-z_0)^n f(z)$ hat die Reihendarstellung

$$(z-z_0)^n f(z) = c_{-n} + c_{n-1}(z-z_0) + \cdots + c_{-1}(z-z_0)^{n-1} + c_0(z-z_0)^n + \cdots$$

Durch $(n-1)$-maliges Differenzieren erhält man

$$\frac{d^{n-1}}{dz^{n-1}}\left\{(z-z_0)^n f(z)\right\} = (n-1)!\,c_{-1} + n!\,c_0\,(z-z_0) + \text{ Glieder mit höheren Potenzen von } z-z_0$$

Setzt man in die letzte Gleichung für z den Wert z_0 ein, so erhält man die zu beweisende Aussage.

$$\operatorname*{Res}_{z=z_0}\{f(z)\} = c_{-1} = \frac{1}{(n-1)!}\left[\frac{d^{n-1}}{dz^{n-1}}\left\{(z-z_0)^n f(z)\right\}\right]_{z=z_0}$$

Beispiel 3.2 Man bestimme für die Funktion $f(z) = \dfrac{1}{z(z-1)^2}$ die Residuen an den Polstellen.

Die Stelle $z = 0$ ist eine einfache Polstelle der Funktion und man erhält mit Gl. (3.13)

$$\operatorname*{Res}_{z=0} \{ f(z) \} = \left[z\, f(z) \right]_{z=0} = \left[\frac{1}{(z-1)^2} \right]_{z=0} = 1$$

Die gegebene Funktion $f(z)$ hat an der Stelle z = 1 einen Pol 2. Ordnung. Gl. (3.14) liefert

$$\operatorname*{Res}_{z=1} \{ f(z) \} = \frac{1}{1!} \left[\frac{d}{dz} \left\{ \frac{1}{z} \right\} \right]_{z=1} = - \left[\frac{1}{z^2} \right]_{z=1} = -1$$

Wir wollen nun den Residuensatz verwenden, um die inverse Laplace-Transformation mit Hilfe von Gl. (3.2) durchzuführen.

Es soll hier nur an einigen Beispielen gezeigt werden, wie auf diese Weise aus einer gegebenen Bildfunktion $F(s)$ die Originalfunktion $f(t)$ berechnet werden kann. Das für die Anwendungen geeignetere Verfahren besteht in der Verwendung von Transformationsregeln und Korrespondenzen, die im nächsten Abschnitt besprochen werden.

Satz 3.9 Inverse Laplace-Transformation mit Hilfe des Residuensatzes

Die Bildfunktion $F(s)$ einer Originalfunktion $f(t)$ habe die endlich vielen isolierten Pole $s_1, s_2, \dots, s_n$ und es sei ferner $\lim_{s \to \infty} | F(s) | = 0$. Dann gilt:

$$f(t) = \sum_{k=1}^{n} \operatorname*{Res}_{s=s_k} \left\{ F(s) e^{st} \right\} \tag{3.15}$$

Beweis:
Zum Beweis wählen wir als Integrationsweg den in der komplexen s-Ebene liegenden Weg

$$W = W_1 + W_2$$

der alle Polstellen der Funktion $F(s)$ und damit auch alle Pole von $F(s)e^{st}$ umfasst, da der Faktor e^{st} selbst im Endlichen keine Pole besitzt.

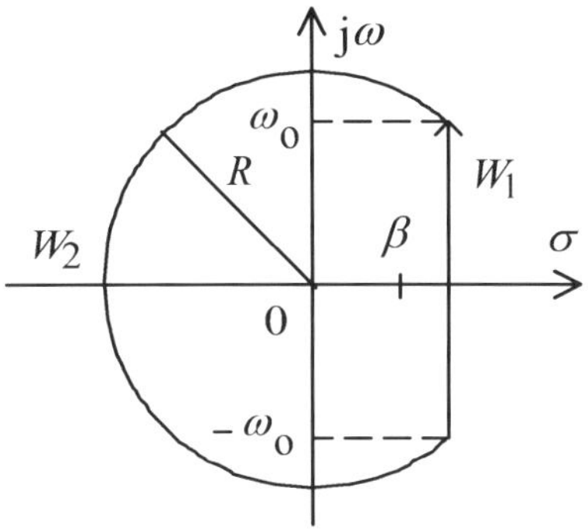

Bild 3.5 Integrationsweg

Mit dem Residuensatz erhält man

$$\frac{1}{2\pi j}\oint_W F(s)e^{st}ds = \frac{1}{2\pi j}\int_{\sigma-j\omega_0}^{\sigma+j\omega_0} F(s)e^{st}ds + \frac{1}{2\pi j}\int_{W_2} F(s)e^{st}ds = \sum_{k=1}^{n} \underset{z=z_k}{\text{Res}}\{f(z)\} \tag{3.16}$$

Im Grenzfall $\omega_0 \to \infty$ und damit auch $R \to \infty$ gilt

$$\lim_{R\to\infty}\int_{w_2} F(s)e^{st}ds = 0 .$$

Es gilt $\lim\limits_{s\to\infty}|F(s)| = 0$, da der Betrag des Faktors $e^{st} = e^{\sigma t}e^{j\omega t}$ auf dem Weg W_2 wegen $\sigma \le \sigma_0$ beschränkt bleibt.

Im Grenzfall $\omega_0 \to \infty$ geht Gl. (3.16) in die komplexe Umkehrformel (Gl. (3.2)) über und wir erhalten damit die Aussage von Satz 3.9.

Beispiel 3.3 Gegeben ist die Bildfunktion $F(s) = \dfrac{1}{s-a}$. Dazu soll die zugehörige Originalfunktion $f(t)$ bestimmt werden.

Die Bildfunktion $F(s)$ hat an der Stelle $s = a$ einen einfachen Pol.
Die Voraussetzung von Gl. (3.16), nämlich $\lim\limits_{s\to\infty} |F(s)| = 0$ ist hier erfüllt und wir erhalten daher mit Gl. (3.15)

$$f(t) = \underset{s=a}{\text{Res}}\left\{F(s)e^{st}\right\} = \left\{(s-a)F(s)e^{st}\right\}_{s=a} = \left\{e^{st}\right\}_{s=a} = e^{at}$$

Wir erhalten damit die Korrespondenz $F(s) = \dfrac{1}{s-a} \quad \bullet\!-\!\circ \; f(t) = e^{at}$

Beispiel 3.4 Gegeben ist die Laplace-Transformierte $F(s) = \dfrac{1}{s^2}$.

Es soll die zugehörige Originalfunktion $f(t)$ bestimmt werden.

Die Bildfunktion hat an der Stelle $s = 0$ einen zweifachen Pol. Da die Voraussetzung $\lim\limits_{s\to\infty} |F(s)| = 0$ erfüllt ist, erhält man mit Gl. (3.14)

$$f(t) = \underset{s=0}{\text{Res}}\left\{F(s)e^{st}\right\} = \frac{d}{ds}\left[s^2F(s)e^{st}\right]_{s=0} = \frac{d}{ds}\left[e^{st}\right]_{s=0} = \left[t\,e^{st}\right]_{s=0} = t$$

Beispiel 3.5

a) Für die Bildfunktion $F(s) = \dfrac{1}{s^2+1}$ ist die Originalfunktion $f(t)$ zu berechnen.

Die Bildfunktion $F(s) = \dfrac{1}{s^2+1} = \dfrac{1}{(s-j)(s+j)}$ hat an den Stellen $s_1 = j$ und $s_2 = -j$ einen einfachen Pol. Die Voraussetzungen für die Anwendbarkeit von Gl. (3.15) sind gegeben. Mit Gl. (3.13) erhalten wir

$$f(t) = \operatorname*{Res}_{s=j}\left\{\frac{e^{st}}{(s-j)(s+j)}\right\} + \operatorname*{Res}_{s=-j}\left\{\frac{e^{st}}{(s-j)(s+j)}\right\} = \left[\frac{e^{st}}{s+j}\right]_{s=j} + \left[\frac{e^{st}}{s-j}\right]_{s=-j}$$

$$= \frac{1}{2j}e^{jt} - \frac{1}{2j}e^{-jt} = \frac{1}{2j}\left[e^{jt} - e^{-jt}\right] = \sin(t)$$

Wir erhalten die Korrespondenz $F(s) = \dfrac{1}{s^2+1}$ $\bullet\!-\!\circ$ $f(t) = \sin(t)$

b) Man berechne die Originalfunktion $f(t)$ zur Bildfunktion $F(s) = \dfrac{s}{s^2+1}$.

Analog zu Aufgabe 3.5 a erhält man

$$f(t) = \operatorname*{Res}_{s=j}\left\{\frac{se^{st}}{(s-j)(s+j)}\right\} + \operatorname*{Res}_{s=-j}\left\{\frac{se^{st}}{(s-j)(s+j)}\right\} = \left[\frac{se^{st}}{s+j}\right]_{s=j} + \left[\frac{se^{st}}{s-j}\right]_{s=-j}$$

$$= \frac{j}{2j}e^{jt} + \frac{-j}{-2j}e^{-jt} = \frac{1}{2}\left[e^{jt} + e^{-jt}\right] = \cos(t)$$

Korrespondenz $F(s) = \dfrac{s}{s^2+1}$ $\bullet\!-\!\circ$ $f(t) = \cos(t)$

Aufgaben zum Abschnitt 3.2

(Ergebnisse im Anhang)

Aufgabe 3.1

a) Es soll das Umlaufsintegral

$$\oint_W \frac{1}{z-2}\,dz$$

berechnet werden, wobei als Integrationsweg W ein Kreis vom Radius r um die Polstelle z = 2 zu wählen ist.

Hinweis: Auf dem Kreis gilt

$$z-2 = re^{j\alpha}$$

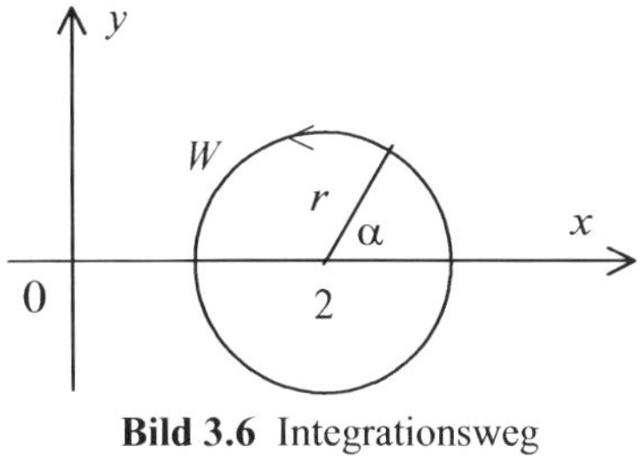

Bild 3.6 Integrationsweg

b) Berechnen Sie an der Polstelle $z = 2$ das Residuum der Funktion

$$f(z) = \frac{1}{z-2}.$$

Aufgabe 3.2 Man berechne an ihren Polstellen die Residuen der Funktion

$$f(z) = \frac{1}{(z+1)(z-1)^3}.$$

Aufgabe 3.3 Man berechne zu den folgenden Bildfunktionen die zugehörigen Originalfunktionen $f(t)$

a) $F(s) = \dfrac{1}{(s-1)(s-2)}$

b) $F(s) = \dfrac{2s+1}{(s+1)^3}$

c) $F(s) = \dfrac{1}{s^2-1}$

d) $F(s) = \dfrac{s^3}{(s+3)^4}$

e) $F(s) = \dfrac{1}{s^2(s+1)^2}$

f) $F(s) = \dfrac{s+5}{(s+1)(s^2+1)}$

Aufgabe 3.4 Gegeben ist die Bildfunktion $F(s) = \dfrac{1}{s^n}$ mit $n \in \mathbb{N}$.

Es soll die zugehörige Originalfunktion $f(t)$ bestimmt werden.

Aufgabe 3.5 Zur Bildfunktion

$$F(s) = \frac{1}{(s^2+1)^2} = \frac{1}{(s-\mathrm{j})^2(s+\mathrm{j})^2}$$

soll die entsprechende Zeitfunktion $f(t)$ berechnet werden.

Aufgabe 3.6 Gegeben ist die Bildfunktion

$$F(s) = \frac{s}{s^4-16}.$$

Man berechne mit der komplexen Umkehrformel ihre Originalfunktion $f(t)$.

3.3 Transformationsregeln

Um von der Laplace-Transformierten $F(s)$ mit der Definitionsgleichung

$$\mathscr{L}\{f(t)\} = \int_0^\infty f(t)e^{-st}\,dt = F(s) \tag{3.1}$$

wieder zurück zur Originalfunktion zu kommen, ist formal die inverse Laplace-Transformation mit der komplexen Umkehrformel anzuwenden.

$$f(t) = \mathscr{L}^{-1}\{F(s)\} = \frac{1}{2\pi j}\int_{\sigma_0 - j\infty}^{\sigma_0 + j\infty} F(s)e^{st}\,ds \tag{3.2}$$

Um sowohl die Laplace-Transformation, als auch die inverse Laplace-Transformation etwas einfacher durchführen zu können, werden wir **Transformationsregeln** herleiten.

Eine ähnliche Situation besteht auch in der Analysis. Dort werden die Ableitung einer Funktion als Grenzwert eines Differenzenquotienten und das bestimmte Integral als Grenzwert einer Summe definiert. Für praktische Rechnungen aber macht man von den wesentlich einfacheren Differentiations- bzw. Integrationsregeln Gebrauch. Ähnlich wollen wir auch hier vorgehen.

Wir werden sehen, dass mit den Transformationsregeln nur wenige Grundkorrespondenzen für sehr viele Anwendungen ausreichen.

3.3.1 Laplace-Transformierte elementarer Zeitfunktionen

a) Laplace-Transformierte der Sprungfunktion

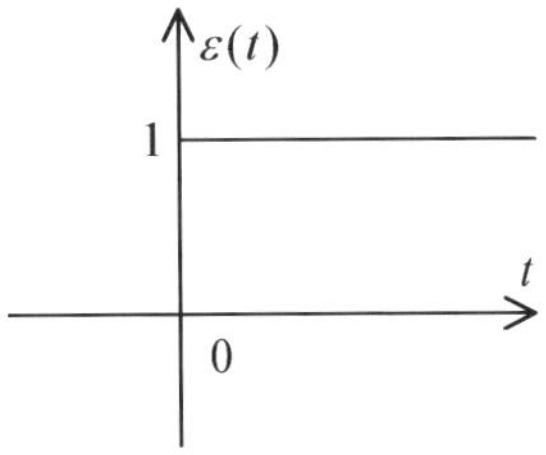

Die Sprungfunktion (Einheitssprung) $\varepsilon(t)$ ist definiert durch

$$\varepsilon(t) = \begin{cases} 0 & \text{für } t < 0 \\ 1 & \text{für } t > 0 \end{cases}$$

Bild 3.7 Sprungfunktion $\varepsilon(t)$

Die Sprungfunktion beschreibt z. B. einen idealisierten Einschaltvorgang.

Zur Bestimmung der Laplace-Transformierten $F(s)$ der Sprungfunktion benützen wir die Definitionsgleichung der Laplace-Transformation und erhalten

$$\mathscr{L}\{\varepsilon(t)\} = \int_0^\infty e^{-st}\,dt = \left[\frac{e^{-st}}{-s}\right]_0^\infty = \frac{1}{s}$$

Zum Ausführen der obere Integrationsgrenze muß der Grenzwert berechnet werden:
$\lim\limits_{t\to\infty} e^{-st} = \lim\limits_{t\to\infty} e^{-\sigma t}\cdot\left|e^{-j\omega t}\right| = 0$, da $\left|e^{-j\omega t}\right| = 1$ ist und $\sigma > 0$ gewählt wird.

Für die Sprungfunktion $\varepsilon(t)$ konvergiert das Laplace-Integral wenn $\sigma > 0$ ist.

Das dadurch definierte Gebiet der komplexen s-Ebene, heißt **Konvergenzhalbebene.**

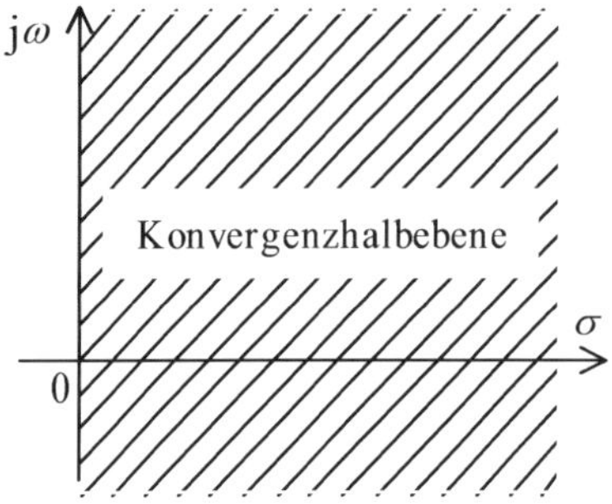

Bild 3.8 Konvergenzhalbebene

Die Bildfunktion $F(s) = \frac{1}{s}$ ist als für alle $s \neq 0$ definiert. $F(s)$ ist aber nur in der Konvergenzhalbebene $\text{Re}\,(s) > 0$ die Laplace-Transformierte der Sprungfunktion $\varepsilon(t)$.

Es gilt die Korrespondenz

$$\boxed{\varepsilon(t) \quad \circ\!-\!\bullet \quad \frac{1}{s}} \tag{3.17}$$

b) Laplace Transformierte der Exponentialfunktion

Es soll die Laplace-Transformierte der Exponentialfunktion $f(t) = e^{at}$ bestimmt werden, wobei a eine beliebige komplexe Zahl sein kann.

Zur Berechnung der Laplace-Transformierten verwenden wir die Definitionsgleichung und erhalten

$$\mathcal{L}\left\{e^{at}\right\} = \int_0^\infty e^{at} e^{-st} dt = \int_0^\infty e^{-(s-a)t} dt = \left[\frac{e^{-(s-a)t}}{-(s-a)}\right]_0^\infty = \frac{1}{s-a}$$

Zur Konvergenz des Laplace-Integrals muss der Grenzwert

$$\lim_{t \to \infty} e^{-(s-a)t} = 0 \text{ sein.}$$

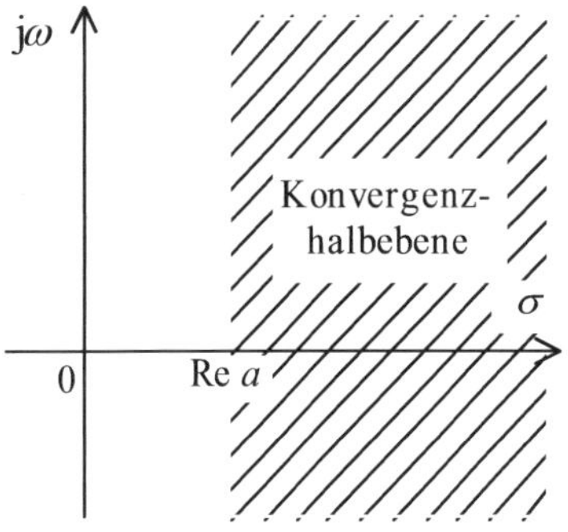

Bild 3.9 Konvergenzhalbebene

Diese Bedingung ist für $\text{Re}\,(s-a) = \sigma - \text{Re}\,a > 0$ erfüllt.

Die Laplace-Transformierte der Zeitfunktion $f(t) = e^{at}$ existiert in der durch $\sigma > \text{Re}\,a$ definierten Konvergenzhalbebene.

Es gilt die Korrespondenz

$$\boxed{e^{at} \quad \circ\!-\!\bullet \quad \frac{1}{s-a}} \tag{3.18}$$

c) Laplace-Transformierte der Potenzfunktion

Bei der Potenzfunktion $f(t) = t^n$ soll der Exponent n zunächst eine natürliche Zahl sein. Die Laplace-Transformation erfolgt durch eine partielle Integration mit

$$u = t^n \;\Rightarrow\; u' = nt^{n-1} \quad \text{und} \quad v' = e^{-st} \;\Rightarrow\; v = \frac{e^{-st}}{-s}$$

$$\mathscr{L}\left\{ t^n \right\} = \int_0^\infty t^n e^{-st}\, dt = \left[\frac{t^n e^{-st}}{-s} \right]_0^\infty + \frac{n}{s}\int_0^\infty t^{n-1} e^{-st}\, dt = \frac{n}{s}\int_0^\infty t^{n-1} e^{-st}\, dt$$

Zur Konvergenz des Integrals muss $\lim\limits_{t\to\infty} t^n e^{-st} = 0$ sein. Das ist der Fall, da die Exponentialfunktion gegenüber der Potenzfunktion überwiegt, wenn $\mathrm{Re}(s) = \sigma > 0$ ist.

Damit ist die Konvergenzhalbebene ($\sigma > 0$) bestimmt, in welcher die Laplace-Transformierte der Zeitfunktion $f(t) = t^n$ existiert.

Unter dieser Voraussetzung erhalten wir durch wiederholte partielle Integration

$$\mathscr{L}\left\{t^n\right\} = \int_0^\infty t^n e^{-st} dt = \frac{n}{s}\int_0^\infty t^{n-1} e^{-st} dt = \frac{n}{s}\frac{n-1}{s}\int_0^\infty t^{n-2} e^{-st} dt =$$

$$= \frac{n}{s}\frac{n-1}{s}\frac{n-2}{s}\cdots\frac{2}{s}\frac{1}{s}\int_0^\infty e^{-st} dt = \frac{n}{s}\frac{n-1}{s}\frac{n-2}{s}\cdots\frac{2}{s}\frac{1}{s}\left[\frac{e^{-st}}{-s}\right]_0^\infty = \frac{n!}{s^{n+1}}$$

Wir erhalten die Korrespondenz

$$\boxed{t^n \;\circ\!\!-\!\!\bullet\; \frac{n!}{s^{n+1}}, \qquad n \in \mathbb{N}} \tag{3.19}$$

Wir wollen nun auch die Laplace-Transformierte der allgemeineren Potenzfunktion

$$f(t) = t^r$$

bestimmen, wobei r hier eine beliebige reelle Zahl ist, mit der Bedingung $r > -1$.

Zur Berechnung der Laplace-Transformierten von $f(t) = t^r$ führen wir $u = st$ als neue Integrationsvariable ein. Damit erhalten wir

$$F(s) = \int_0^\infty t^r e^{-st} dt = \int_0^\infty \left(\frac{u}{s}\right)^r e^{-u}\frac{1}{s} du = s^{-(r+1)}\int_0^\infty u^r e^{-u} du \tag{3.20}$$

Unter Verwendung der **Gammafunktion**, die durch das Integral mit einem reellen Parameter t

definiert ist $\qquad \Gamma(x) = \int_0^\infty t^{x-1} e^{-t}\, dt\,,$

(3.21) folgt aus Gl. (3.20) $\mathscr{L}\left\{t^r\right\} = s^{-(r+1)}\,\Gamma(r+1)$ und wir erhalten die

Korrespondenz

$$\boxed{t^r \;\circ\!\!-\!\!\bullet\; \frac{\Gamma(r+1)}{s^{r+1}}} \tag{3.22}$$

Mit der Definitionsgleichung der Gammafunktion erhält man durch partielle Integration, mit

$$u = t^{x-1} \Rightarrow u' = (x-1)t^{x-2} \quad \text{und} \quad v' = e^{-t} \Rightarrow v = -e^{-t}$$

$$\Gamma(x) = \int_0^\infty t^{x-1} e^{-t}\, dt = \left[-t^{x-1} e^{-t}\right]_0^\infty + (x-1)\int_0^\infty t^{x-2} e^{-t} dt = (x-1)\int_0^\infty t^{x-2} e^{-t} dt$$

Wir erhalten somit für die Gammafunktion die **Rekursionsformel**

$$\Gamma(x) = (x-1)\Gamma(x-1) \tag{3.23}$$

Die Formel gestattet es, bei einem bekannten Funktionswert $\Gamma(x-1)$, den Funktionswert $\Gamma(x)$ zu berechnen. So erhält man aus $\Gamma(1) = \int_0^\infty \mathrm{e}^{-t}\, dt = 1$ mit der Rekursionsformel

$$\Gamma(2) = 1\cdot\Gamma(1) = 1, \quad \Gamma(3) = 2\cdot\Gamma(2) = 2!, \quad \Gamma(4) = 3\cdot\Gamma(3) = 3!$$

und schließlich durch fortgesetztes Anwenden der Rekursionsformel für natürliche Zahlen n

$$\Gamma(n+1) = n! \qquad n \in \mathbb{N} \tag{3.24}$$

Ist die reelle Zahl r in der Korrespondenz (3.22) eine natürliche Zahl n, so geht die Korrespondenz (3.22) in die Korrespondenz (3.19) über.

Wir berechnen noch die Laplace-Transformierten der beiden Zeitfunktionen

$$f(t) = \sqrt{t} = t^{1/2} \quad \text{und} \quad f(t) = \frac{1}{\sqrt{t}} = t^{-1/2}$$

Ausgehend von $\Gamma\left(\frac{1}{2}\right) = \sqrt{\pi}$ und $\Gamma\left(\frac{3}{2}\right) = \frac{\sqrt{\pi}}{2}$ erhält man

$$\text{Korrespondenz} \quad \frac{1}{\sqrt{t}} \quad \circ\!-\!\bullet \quad \frac{\Gamma(-\frac{1}{2}+1)}{s^{-\frac{1}{2}+1}} = \frac{\Gamma(\frac{1}{2})}{s^{\frac{1}{2}}} = \sqrt{\frac{\pi}{s}} \tag{3.25}$$

$$\text{Korrespondenz} \quad \sqrt{t} \quad \circ\!-\!\bullet \quad \frac{\Gamma(\frac{1}{2}+1)}{s^{\frac{1}{2}+1}} = \frac{\Gamma(\frac{3}{2})}{s^{\frac{3}{2}}} = \frac{1}{2s}\sqrt{\frac{\pi}{s}} \tag{3.26}$$

3.3.2 Additionssatz

Satz 3.10 Additionssatz

Gelten für $i = 1, 2, 3, \ldots, n$ die Korrespondenzen

$$f_i(t) \circ\!-\!\bullet\ F_i(s) = \int_0^\infty f_i(t)\,\mathrm{e}^{-st}\,dt\,, \text{ so folgt}$$

$$\sum_{i=1}^{n} a_i\, f_i(t) \circ\!-\!\bullet \sum_{i=1}^{n} a_i\, F_i(s) \qquad (3.27)$$

Beweis: Es gilt mit der Definition der Laplace-Transformation

$$\sum_{i=1}^{n} a_i\, f_i(t) \circ\!-\!\bullet \int_0^\infty \sum_{i=1}^{n} a_i\, f_i(t)\,\mathrm{e}^{-st}\,dt = \sum_{i=1}^{n} a_i \int_0^\infty f_i(t)\,\mathrm{e}^{-st}\,dt = \sum_{i=1}^{n} a_i\, F_i(s)\,,$$

da das Integral einer Summe von Funktionen gleich ist der Summe der Integrale und die konstanten Faktoren a_i jeweils vor die Integrale gesetzt werden können.

Durch die Laplace-Transformation wird eine Linearkombination von Originalfunktionen $f_i(t)$ in die analoge Linearkombination von Bildfunktionen $F_i(s)$ abgebildet.

Eine Transformation mit dieser Eigenschaft heißt **lineare Transformation.**

Insbesondere folgt aus der Linearität der Laplace-Transformation, dass dem ν-fachen einer Originalfunktion $f(t)$ auch das ν-fache der zugehörigen Bildfunktion $F(s)$ entspricht.

$$f(t) \circ\!-\!\bullet\ F(s) \quad \Rightarrow \quad \nu \cdot f(t) \circ\!-\!\bullet\ \nu \cdot F(s)$$

Dies hat zur Folge, dass eine Korrespondenz, die ja keineswegs eine Gleichung darstellt, wie eine Gleichung mit einem konstanten Faktor multipliziert werden darf. So kann z. B. die

Korrespondenz $t^n \circ\!-\!\bullet \dfrac{n!}{s^{n+1}}$ in $\dfrac{t^n}{n!} \circ\!-\!\bullet \dfrac{1}{s^{n+1}}$ umgeformt werden.

Ersetzt man noch n durch $n-1$, so erhält man die übliche Form der Korrespondenz

$$\frac{1}{s^n} \bullet\!-\!\circ \frac{t^{n-1}}{(n-1)!} \qquad (3.28)$$

Beispiel 3.6 Zur Originalfunktion $f(t) = 2t^3 - 5t^2 + 3$ soll die Bildfunktion $F(s)$ bestimmt werden.

Mit dem Additionssatz erhält man

$$F(s) = 2\,\frac{3!}{s^4} - 5\,\frac{2!}{s^3} + 3\,\frac{1}{s} = \frac{12 - 10s + 3s^3}{s^4}$$

Die Konstante 3 der Originalfunktion ist als $3\cdot\varepsilon(t)$ zu interpretieren, da wir es mit kausalen Zeitfunktionen zu tun haben, die nur für $t \geq 0$ definiert sind.

Beispiel 3.7 Man bestimme die Laplace-Transformierten der Zeitfunktionen

$$f_1(t) = \sin(\omega t) \text{ und } f_2(t) = \cos(\omega t)$$

Aus den Euler'schen Gleichungen

$$e^{j\omega t} = \cos(\omega t) + j\sin(\omega t)$$

$$e^{-j\omega t} = \cos(\omega t) - j\sin(\omega t)$$

folgt durch Addition, bzw. Subtraktion der beiden Gleichungen

$$\sin(\omega t) = \frac{1}{2j}\left(e^{j\omega t} - e^{-j\omega t}\right) \quad \text{und} \quad \cos(\omega t) = \frac{1}{2}\left(e^{j\omega t} + e^{-j\omega t}\right)$$

Die gesuchten Bildfunktionen erhalten wir mit dem Additionssatz

$$F_1(s) = \frac{1}{2j}\left[\frac{1}{s-j\omega} - \frac{1}{s+j\omega}\right] = \frac{\omega}{s^2+\omega^2} \text{ und } F_2(s) = \frac{1}{2}\left[\frac{1}{s-j\omega} + \frac{1}{s+j\omega}\right] = \frac{s}{s^2+\omega^2}$$

Damit ergeben sich die Korrespondenzen

$$\sin(\omega t) \quad \circ\!\!-\!\!\bullet \quad \frac{\omega}{s^2+\omega^2} \tag{3.29}$$

$$\cos(\omega t) \quad \circ\!\!-\!\!\bullet \quad \frac{s}{s^2+\omega^2} \tag{3.30}$$

Beispiel 3.8 Es ist die Originalfunktion $f(t)$ zu den folgenden Bildfunktionen zu berechnen

$$\text{a)} \quad F(s) = \frac{3s+8}{s^2+16} \qquad \text{und} \qquad \text{b)} \quad F(s) = \frac{5s^2+3s+8}{s^3}.$$

a) Mit der Zerlegung der Bildfunktion $F(s) = \dfrac{3s+8}{s^2+16}$ in die Teilbrüche

$$F(s) = \frac{3s+8}{s^2+16} = 3\frac{s}{s^2+4^2} + 2\frac{4}{s^2+4^2}$$

erhält man unter Verwendung der Korrespondenzen (3.29) und (3.30)

$$f(t) = 3\cos(4t) + 2\sin(4t)$$

b) Durch Zerlegen der Bildfunktion $F(s)=\dfrac{5s^2+3s+8}{s^3}$ in die Teilbrüche

$$F(s)=5\frac{1}{s}+3\frac{1}{s^2}+8\frac{1}{s^3}$$

und gliedweises Rücktransformieren in den Zeitbereich erhält man die Originalfunktion

$$f(t) = 5\varepsilon(t) + 3t+4t^2 .$$

Entsprechend der Korrespondenz $\frac{1}{s}$ •—○ $\varepsilon(t)$ gilt $\frac{5}{s}$ •—○ $5\varepsilon(t)$.

Da die Sprungfunktion für die hier zu betrachtenden Zeitwerte $t \geq 0$ den Wert 1 annimmt, kann anstelle von $5\,\varepsilon(t)$ auch vereinfacht 5 geschrieben werden.

Aufgaben zum Abschnitt 3.3.2

(Ergebnisse im Anhang)

Aufgabe 3.7 Es sind die Laplace-Transformierten derfolgenden Zeitfunktionen zu berechnen

a) $f(t) = t^4-3t^2+5$

b) $f(t) = 3\,e^{-2t}+5\,e^{-3t}$

c) $f(t) = 2\sin(t)-3\cos(t)$

d) $f(t)=2t^2-e^{-\frac{t}{2}}$

e) $f(t) = \sinh(at)$

f) $f(t) = \cosh(at)$

Aufgabe 3.8 Zu den folgenden Bildfunktionen $F(s)$ sollen die zugehörigen Originalfunktionen $f(t)$ bestimmt werden.

a) $F(s)=\dfrac{s^4-3s^3+5s-7}{s^5}$

b) $F(s)=\dfrac{6}{s+5}-\dfrac{8}{s-2}$

c) $F(s)=\dfrac{1}{2s-5}+\dfrac{3}{s^2}$

d) $F(s)=\dfrac{5s+3}{s^2+1}$

e) $F(s)=\dfrac{2s+15}{4s^2+9}$

3.3.3 Verschiebungssatz

Der Verschiebungssatz macht eine Aussage über die Laplace-Transformierte einer zeitlich verschobenen Originalfunktion.

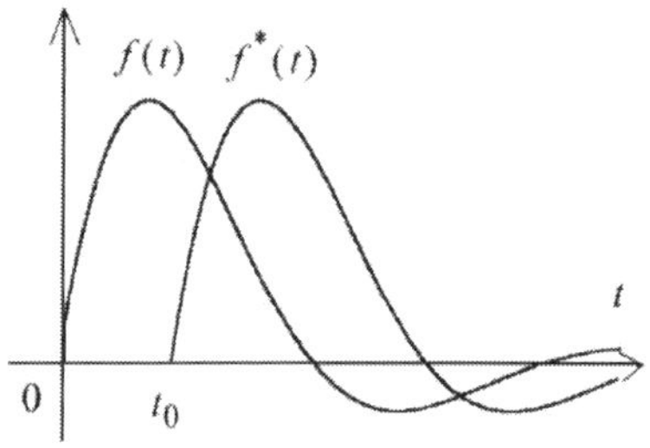

Bild 3.10 Zeitfunktionen $f(t)$ und $f^*(t)$

Die Funktion $f^*(t) = \begin{cases} f(t-t_0) & t>t_0 \\ 0 & t<t_0 \end{cases}$

in kürzerer Schreibweise

$$f^*(t) = f(t-t_0)\varepsilon(t-t_0)$$

ist gegenüber der zum Zeitpunkt $t = 0$ einsetzenden Zeitfunktion $f(t)$ um das Zeitintervall t_0 nach rechts verschoben.

Wesentlich ist, dass die hier betrachtete Zeitfunktion $f^*(t)$ durch eine reine Verschiebung der zum Zeitpunkt $t = 0$ einsetzenden Funktion $f(t)$ entstanden ist, die ja als eine kausale Zeitfunktion für Zeitpunkte $t < 0$ den Wert Null hat.

Da die Funktion $f^*(t)$ erst ab dem Zeitpunkt $t = t_0$ einsetzt, kann dafür die Schreibweise $f^*(t) = f(t-t_0)\varepsilon(t-t_0)$ verwendet werden, da $\varepsilon(t-t_0)$ dafür sorgt, dass $f^*(t)$ für Zeitpunkte $t < t_0$ den Wert 0 erhält.

Satz 3.11 Verschiebungssatz

Hat die zum Zeitpunkt $t = 0$ einsetzende Zeitfunktion $f(t)$ die Laplace-Transformierte $F(s)$, so ist die Laplace-Transformierte der zeitlich um $t = t_0$ verschobenen Zeitfunktion $f^*(t)$ gegeben durch $F^*(s) = F(s)e^{-st_0}$, d. h. es gilt:

$$f(t) \circ\!\!-\!\!\bullet\, F(s) \quad \Rightarrow \quad f(t-t_0)\varepsilon(t-t_0) \circ\!\!-\!\!\bullet\, F(s)\mathrm{e}^{-st_0} \tag{3.31}$$

Beweis: Mit der Definitionsgleichung der Laplace-Transformation erhalten wir

$$\mathscr{L}\left\{f^*(t)\right\} = \int_{t_0}^{\infty} f(t-t_0)\, e^{-st}\, dt = \int_{t_0}^{\infty} f(t-t_0)\, e^{-\left[(t-t_0)+t_0\right]s}\, dt$$

Als neue Integrationsvariable wählen wir $\tau = t - t_0$. Damit geht die untere Integrationsgrenze in $\tau = 0$ über, während die obere Integrationsgrenze $\tau \to \infty$ erhalten bleibt. Damit wird

$$\mathscr{L}\left\{f^*(t)\right\} = e^{-st_0} \int_0^{\infty} f(\tau) e^{-s\tau}\, d\tau = e^{-st_0} \mathscr{L}\left\{f(t)\right\} = e^{-st_0} F(s)$$

Die Verschiebung einer Zeitfunktion $f(t)$ um ein Zeitintervall t_0 nach rechts, bewirkt im Bildbereich eine Multiplikation der Bildfunktion $F(s)$ mit dem Faktor e^{-st_0}.

Umgekehrt gilt: Bildfunktionen $F(s)$ mit dem Faktor e^{-st_0} ergeben Zeitfunktionen $f(t)$, die erst zum Zeitpunkt $t = t_0$ einsetzen und für Zeitpunkte $t < t_0$ den Wert Null haben.

Satz 3.12 Laplace-Transformierte einer periodischen Zeitfunktion

$f(t)$ sei eine Zeitfunktion, die durch periodisches Fortsetzen der Funktion $f_0(t)$ entsteht.

$$f_0(t) = \begin{cases} \text{definiert für } 0 \le t \le T \\ 0 \quad \text{für alle übrigen Zeitpunkte} \end{cases}$$

Dann gilt

$$f_0(t) \circ\!-\!\bullet\, F_0(s) \quad \Rightarrow \quad f(t) \circ\!-\!\bullet\, F(s) = \frac{F_0(s)}{1 - e^{-sT}} \tag{3.32}$$

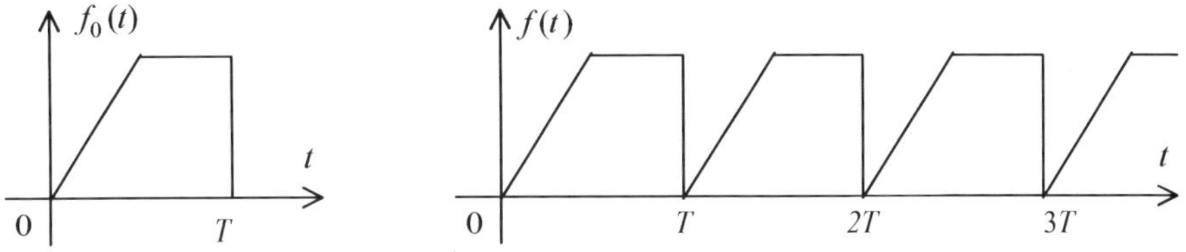

Bild 3.11 Zeitfunktion $f_0(t)$ und periodische Funktion $f(t)$

Beweis: Für die periodische Zeitfunktion $f(t)$ gilt

$$f(t) = f_0(t) + f_0(t-T)\varepsilon(t-T) + f_0(t-2T)\varepsilon(t-2T) + \cdots$$

Bei bekannter Korrespondenz $f_0(t) \circ\!-\!\bullet\, F_0(s)$ erhält man mit dem Verschiebungssatz

$$F(s) = F_0(s)\left[1 + e^{-sT} + e^{-2sT} + \cdots\right] = F_0(s)\left[1 + e^{-sT} + (e^{-sT})^2 + \cdots\right]$$

Der Term in der eckigen Klammer ist eine geometrische Reihe mit dem Faktor $q = e^{-sT}$.

Die unendliche Reihe konvergiert, wenn $|q| = \left|e^{-sT}\right| = e^{-\sigma T}\left|e^{-j\omega T}\right| < 1$ ist, was für $\sigma > 0$ erfüllt ist. Mit der Summenformel der konvergenten, unendlichen geometrischen Reihe

$$S = 1 + q + q^2 + q^3 + \cdots = \sum_{k=0}^{\infty} q^k = \frac{1}{1-q}$$

ergibt sich schließlich $F(s) = \dfrac{F_0(s)}{1 - e^{-sT}}$.

Beispiel 3.9 Gegeben ist die zum Zeitpunkt $t = t_0$ einsetzende Sprungfunktion

$$\varepsilon(t-t_0)=\begin{cases}0 & \text{für } t<t_0\\ 1 & \text{für } t>t_0\end{cases}$$

Es soll die zugehörige Bildfunktion $F(s)$ bestimmt werden.

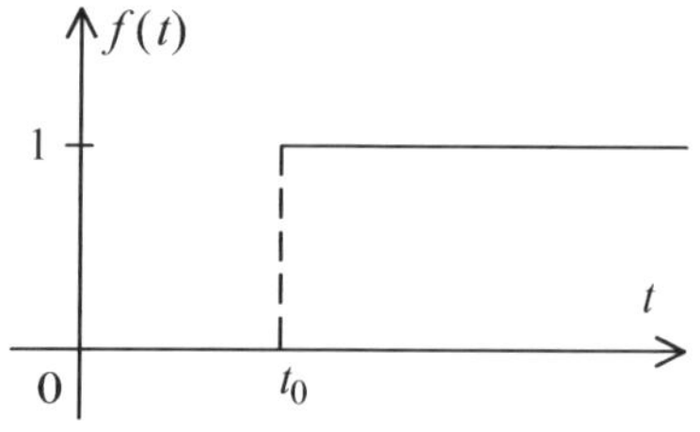

Bild 3.12 Funktionsverlauf $f(t) = \varepsilon(t - t_0)$

Aus $\varepsilon(t) \circ\!-\!\bullet \ \frac{1}{s}$ folgt mit dem Verschiebungssatz für die gesuchte Bildfunktion der zeitverschobenen Sprungfunktion

$$F(s) = \mathscr{L}\{\varepsilon(t-t_0)\} = \frac{e^{-st_0}}{s}$$

Beispiel 3.10 Es soll die Laplace-Transformierte eines zum Zeitpunkt $t = 0$ einsetzenden Rechteckimpulses der Impulsdauer τ und der Impulshöhe A bestimmt werden.

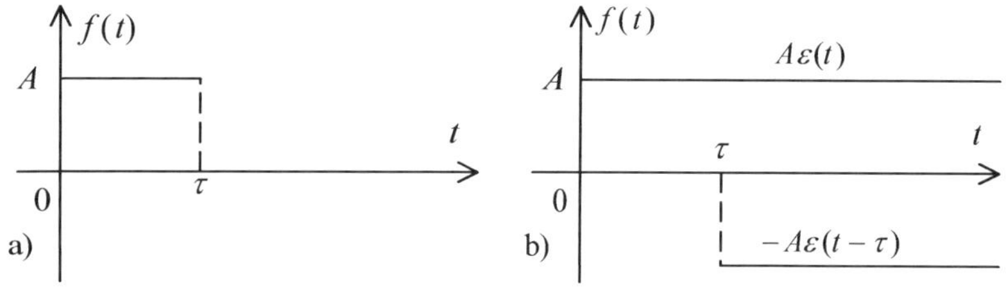

Bild 3.13 Rechteckimpuls (a) und Zerlegung des Impulses in zwei Teilfunktionen (b)

Nach Bild 3.13 erhält man den verschobenen Rechteckimpuls durch Kombination mit zwei Sprungfunktionen

$$f(t) = A[\varepsilon(t) - \varepsilon(t-\tau)]$$

Durch Anwenden des Verschiebungssatzes ergibt sich die gesuchte Bildfunktion

$$F(s) = \frac{A}{s}\left[1 - \mathrm{e}^{-s\tau}\right]$$

In diesem einfachen Beispiel kann die Bildfunktion $F(s)$ auch durch das Laplace-Integral direkt berechnet werden.

$$F(s) = \int_0^{\tau} A e^{-st}\,dt = A\left[\frac{e^{-st}}{-s}\right]_0^{\tau} = \frac{A}{s}\left[1 - e^{-s\tau}\right]$$

Beispiel 3.11 Man bestimme die Laplace-Transformierte der Zeitfunktion

$$f(t) = \begin{cases} A & \text{für} \quad 0 \le t \le t_0 \\ A e^{-2(t-t_0)} & \text{für} \quad t > t_0 \end{cases}$$

Die Funktion $f(t)$ kann in einen Rechteckimpuls der Impulsdauer t_0 und in eine zum Zeitpunkt $t = t_0$ beginnenden Exponentialfunktion zerlegt werden.

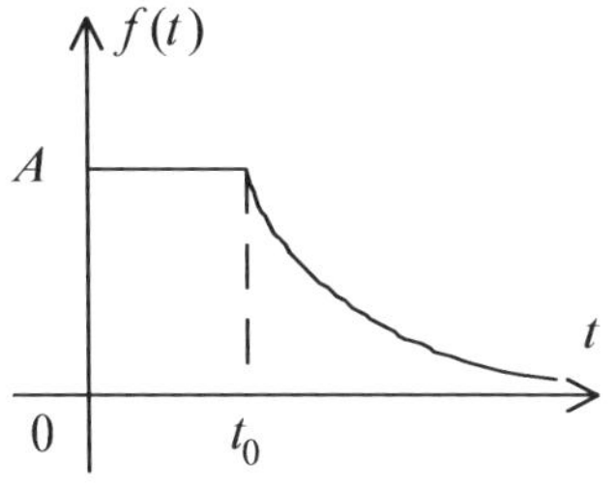

Bild 3.14 Zeitfunktion $f(t)$

Entsprechend dieser Zerlegung ergibt sich für die Zeitfunktion $f(t)$ die Darstellung

$$f(t) = A\left[\varepsilon(t) - \varepsilon(t-t_0)\right] + A\,\mathrm{e}^{-2(t-t_0)}\varepsilon(t-t_0)$$

Mit dem Verschiebungssatz erhält man die zugehörige Bildfunktion

$$F(s) = \frac{A}{s}\left[1 - e^{-st_0}\right] + \frac{A}{s+2}e^{-st_0}$$

Beispiel 3.12 Es ist die Laplace-Transformierte der folgenden Zeitfunktion zu bestimmen.

$$f(t) = \begin{cases} \dfrac{A}{\tau}t & \text{für } 0 \le t \le \tau \\ 0 & \text{für } \quad t > \tau \end{cases}$$

Entsprechend der Zerlegung der Funktion $f(t)$ in drei Teilfunktionen nach Bild 3.15 gilt

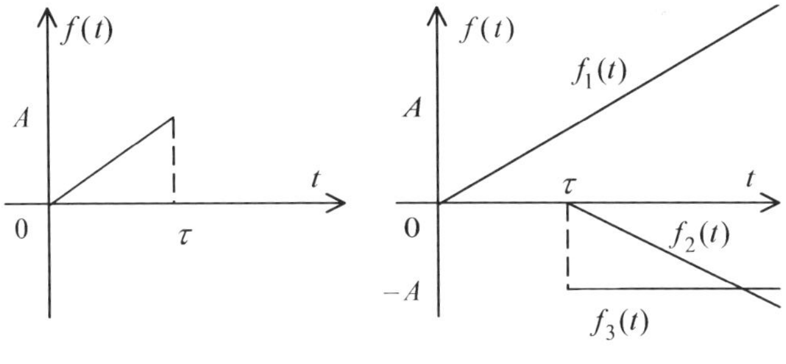

Bild 3.15 Zeitfunktion $f(t)$ und ihre Zerlegung in Teilfunktionen

Für $f(t)$ erhält man damit folgende Darstellung

$$f(t) = f_1(t) + f_2(t) + f_3(t) = \frac{A}{\tau}t\,\varepsilon(t) - \frac{A}{\tau}(t-\tau)\,\varepsilon(t-\tau) - A\,\varepsilon(t-\tau)$$

Die Anwendung des Verschiebungssatzes ergibt $F(s) = \dfrac{A}{\tau s^2}\left[1 - e^{-s\tau}\right] - \dfrac{A}{s}e^{-s\tau}$.

Beispiel 3.13 Gegeben ist die Bildfunktion $F(s) = \frac{e^{-2s}}{s+3}$. Gesucht ist die zugehörige Originalfunktion $f(t)$.

Aus der Korrespondenz $\frac{1}{s+3}$ •—○ e^{-3t} folgt mit dem Verschiebungssatz

$$f(t) = \begin{cases} e^{-3(t-2)} & \text{für } t \geq 2 \\ 0 & \text{für } t < 2 \end{cases} \qquad \text{oder kürzer } f(t) = e^{-3(t-2)}\varepsilon(t-2)$$

Es handelt sich also um eine ab dem Zeitpunkt $t = 2$ einsetzende, abklingende Exponentialfunktion.

Beispiel 3.14

Man bestimme die Laplace-Transformierte $F(s)$ der im Bild 3.16a dargestellten, periodischen Zeitfunktion $f(t)$.

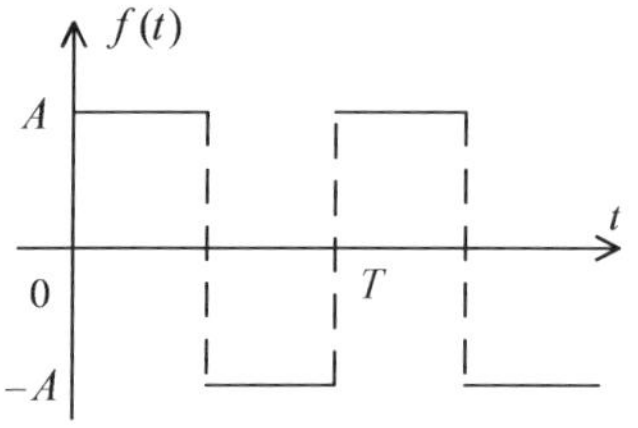

Bild 3.16a Periodische Zeitfunktion $f(t)$

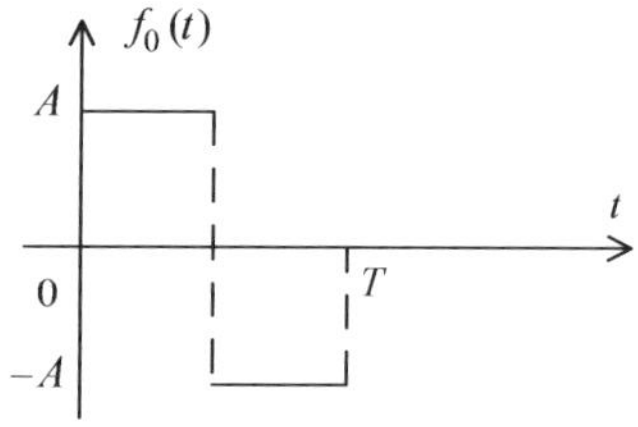

Bild 3.16b Zeitfunktion $f_0(t)$

Die Zeitfunktion $f_0(t)$ kann mit Hilfe von ε-Funktionen wie folgt dargestellt werden

$$f_0(t) = A\varepsilon(t) - 2A\varepsilon(t - T/2) + A\varepsilon(t - T)$$

$$f_0(t) \circ\!-\!\bullet\ F_0(s) = \frac{A}{s}\left[1 - 2e^{-sT/2} + e^{-sT}\right] = \frac{A}{s}\left[1 - e^{-sT/2}\right]^2$$

Mit Satz 3.12 folgt für die Laplace-Transformierte der T-periodischen Zeitfunktion

$$f(t) \circ\!-\!\bullet\ F(s) = \frac{\frac{A}{s}\left[1 - e^{-sT/2}\right]^2}{1 - e^{-sT}} = \frac{\frac{A}{s}\left[1 - e^{-sT/2}\right]^2}{\left(1 - e^{-sT/2}\right)\left(1 + e^{-sT/2}\right)}$$

$$F(s) = \frac{A}{s} \cdot \frac{1 - e^{-sT/2}}{1 + e^{-sT/2}}$$

Aufgaben zum Abschnitt 3.3.3

(Ergebnisse im Anhang)

Aufgabe 3.9 Es sind die Bildfunktionen $F(s)$ zu den folgenden Originalfunktionen zu berechnen

a) $f(t) = \begin{cases} (t-1)^2 & \text{für } t \geq 1 \\ 0 & \text{für } t < 1 \end{cases}$ b) $f(t) = \begin{cases} t & \text{für } 0 \leq t \leq 3 \\ 3 & \text{für } t > 3 \end{cases}$

c) $f(t) = \begin{cases} \sin(t) & \text{für } t \leq \pi \\ 0 & \text{für } t > \pi \end{cases}$ d) $f(t) = \begin{cases} t & 0 \leq t < 1 \\ 1 & 1 < t \leq 2 \\ 0 & t > 2 \end{cases}$

e) $f(t) = \begin{cases} 1 & 0 \leq t < 1 \\ t-2 & 1 < t \leq 2 \\ 0 & t > 2 \end{cases}$

Aufgabe 3.10

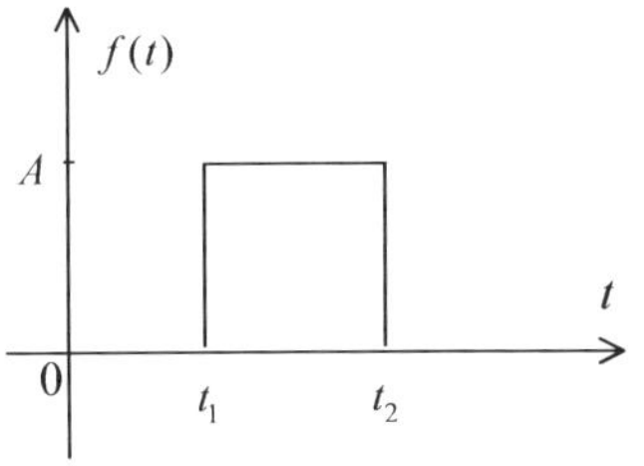

Bild 3.17 Zeitfunktion $f(t)$

Man berechne die Laplace-Transformierte $F(s)$ eines Rechteckimpulses der Impulshöhe A, der zur Zeit t_1 beginnt und zum Zeitpunkt t_2 endet.

Aufgabe 3.11 Für die angegebene Zeitfunktion $f(t)$ ist die Laplace-Transformierte $F(s)$ zu berechnen.

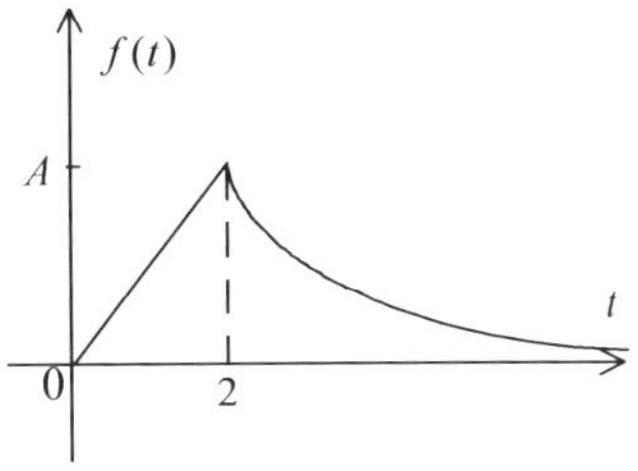

Bild 3.18 Zeitfunktion $f(t)$

$$f(t) = \begin{cases} \frac{A}{2}t & \text{für } t \leq 2 \\ Ae^{-(t-2)} & \text{für } t > 2 \end{cases}$$

Aufgabe 3.12 Zur Bildfunktion $F(s)=\dfrac{\omega(1-e^{-sT})}{s^2+\omega^2}$, mit der Kreisfrequenz $\omega=\dfrac{2\pi}{T}$ ist die Originalfunktion $f(t)$ zu bestimmen.

Aufgabe 3.13 Es sollen die Originalfunktionen $f(t)$ zu den folgenden Bildfunktionen bestimmt werden.

a) $F(s) = \dfrac{e^{-2s}}{s^2}$ b) $F(s) = \dfrac{e^{-5s}}{s^4}$

c) $F(s) = \dfrac{s\,e^{-\frac{\pi s}{2}}}{s^2+25}$ d) $F(s) = \dfrac{1-e^{-2s}}{s^3}$

e) $F(s)=\left(\dfrac{1}{s}-\dfrac{1}{s+2}\right)(1-e^{-s})$ f) $F(s)=\dfrac{6e^{-s}}{(s+2)^4}$

g) $F(s)=\dfrac{1}{s}\left(1-e^{-s}\right)-\dfrac{e^{-s}}{s+2}$ h) $F(s)=\dfrac{1}{s^2}(1-e^{-s})+\left(\dfrac{1}{s+2}-\dfrac{1}{s}\right)e^{-2s}$

3.4 Die Delta-Funktion $\delta(t)$

Bevor wir mit der Laplace-Transformation fortfahren, müssen wir uns zunächst mit einer speziellen Zeitfunktion, der Deltafunktion, beschäftigen. Diese spielt in technischen Anwendungen eine wichtige Rolle.

Die Deltafunktion ist keine Funktion im herkömmlichen Sinne, sondern eine Distribution, d. h. eine verallgemeinerte Funktion.

Einen entscheidenden Beitrag zum Verständnis der verallgemeinerten Funktionen hat der französische Mathematiker Laurent Schwartz (1915–2002) geliefert, der als Begründer der Theorie der Distributionen gilt.

Um eine anschauliche Vorstellung von der Deltafunktion zu bekommen betrachten wir einen Rechteckimpuls der Breite τ und der Höhe $1/\tau$. Das Integral darüber, also die Impulsfläche ist gleich 1. Wenn die Breite $\tau\to 0$ geht, strebt die Höhe gegen ∞. Die Impulsfläche bleibt dabei aber gleich 1.

Mit der Sprungfunktion $\varepsilon(t)$ von Abschnitt 3.3.1 können wir den Rechteckimpuls der Länge τ und der Höhe $1/\tau$ darstellen und den Grenzübergang bilden.

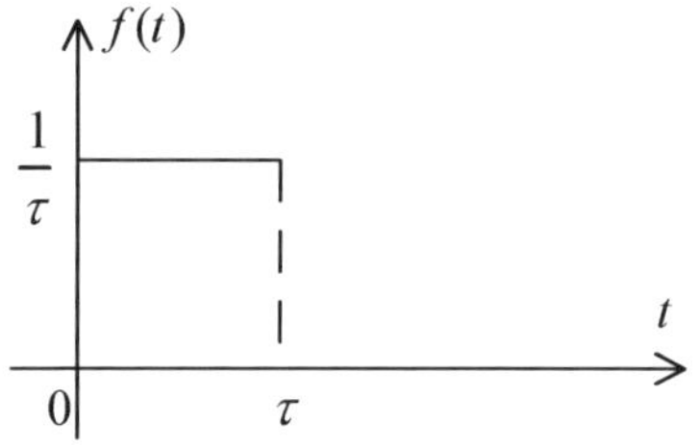

Bild 3.19 Rechteckimpuls

$$\delta(t) = \lim_{\tau\to 0}\frac{1}{\tau}\left[\varepsilon(t)-\varepsilon(t-\tau)\right] \quad (3.32)$$

$$\int_{-\infty}^{\infty}\delta(t)\,dt = 1 \quad (3.33)$$

Die δ-Funktion beschreibt einen **idealisierten Impuls** der Impulsfläche 1, dessen Impulsdauer gegen Null geht. Sie heißt deshalb auch Impulsfunktion und wird graphisch durch einen Pfeil der Länge 1 dargestellt.

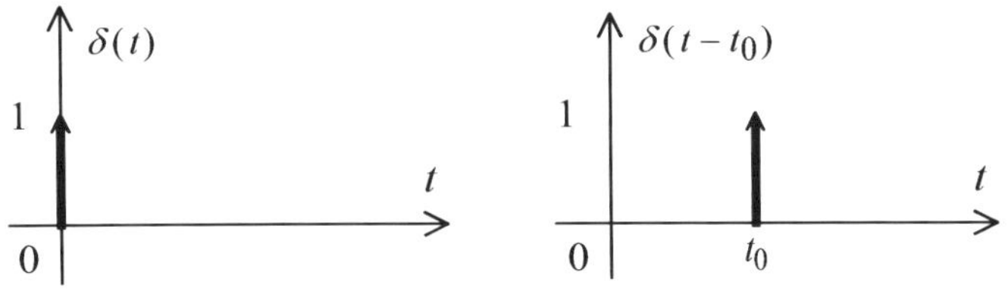

Bild 3.20 Deltafunktion und zeitlich verschobene Deltafunktion

Für einen um t_0 verschobenen Rechteckimpuls, ergibt sich in gleicher Weise, mit dem Grenzübergang $\tau \to 0$, die zeitlich verschobene Deltafunktion $\delta(t-t_0)$.

3.4.1 Ausblendeigenschaft der δ-Funktion

Wird in Gl. (3.33) die δ-Funktion mit einer reellen, stetigen Funktion $f(t)$ multipliziert, so erhalten wir: $\int_{-\infty}^{\infty} f(t)\delta(t)\,dt$. Das Produkt $f(t)\cdot\delta(t)$ ist wegen $\delta(t)$ überall Null außer bei $t = 0$.

Dort hat $f(t)$ den Funktionswert $f(0)$. Mit Beachtung des Grenzübergangs der δ-Funktion erhalten wir

$$\int_{-\infty}^{\infty} f(t)\delta(t)\,dt = \int_{-\infty}^{\infty} f(0)\delta(t)\,dt = f(0)\cdot\int_{-\infty}^{\infty} \delta(t)\,dt = f(0)\cdot 1 = f(0)$$

Von dem Funktionsverlauf $f(t)$ wird in Verbindung mit der δ-Funktion der Funktionswert $f(0)$ ausgeblendet.

Für eine beliebige Funktion $f(t)$, die an der Stelle $t = 0$ stetig ist, gilt:

$$\boxed{\int_{-\infty}^{\infty} \delta(t) f(t)dt = f(0)} \tag{3.34}$$

Ausblendeigenschaft der δ-Funktion an der Stelle $t = 0$

Für die zeitlich verschobene Deltafunktion $\delta(t-t_0)$, d. h. für einen Deltaimpuls zum Zeitpunkt $t = t_0$ gilt analog zu Gl. (3.34)

$$\boxed{\int_{-\infty}^{\infty} \delta(t-t_0)\, f(t)\,dt \;= f(t_0)} \tag{3.35}$$

Ausblendeigenschaft der δ-Funktion an der Stelle $t = t_0$

In Kurzschreibweise wird Gl. (3.34) in folgender Form angegeben:

$$f(t)\,\delta(t) = f(0)\,\delta(t) \tag{3.36}$$

Die Schreibweise ist so zu verstehen, dass nach Ausführen des Grenzübergangs in Gl. (3.34), es formal keinen Unterschied macht, welche Seite von (3.36) den Integranden bildet.

Entsprechendes gilt für die Kurzschreibweise von Gl. (3.35)

$$f(t)\,\delta(t-t_0)=f(t_0)\,\delta(t-t_0) \tag{3.37}$$

Ergänzung: Um zu einer mathematischen Beschreibung der δ-Distribution zu gelangen, kann man eine Folge von geeigneten, gewöhnlichen Funktionen betrachten und den Grenzübergang durchführen.
Da wir uns im Rahmen der Laplace-Transformation auf kausale Funktionen beziehen, sind die in Bild 3.21 angegebenen Funktionen $g_n(t)$, kausale Zeitfunktionen.

Satz 3.13

Es sei $\{g_n(t)\}$ eine Folge von gewöhnlichen Funktionen mit der Eigenschaft

$$\lim_{n\to\infty}\int_{-\infty}^{\infty} g_n(t)f(t)dt = f(0) \tag{3.38}$$

Dann gilt: $\lim_{n\to\infty} g_n(t) = \delta(t)$ (3.39)

Dabei ist $f(t)$ ist eine beliebige reelle, stetige Funktion. In Bild 3.21 ist eine Auswahl von geeigneten Funktionen $g_n(t)$ angegeben, die alle Gl. (3.38) erfüllen.

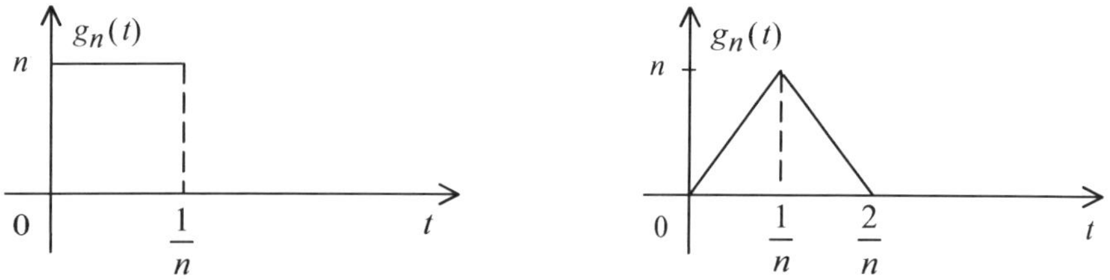

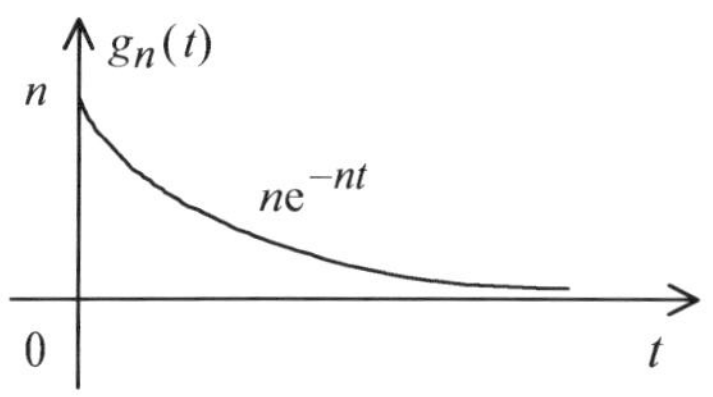

Bild 3.21 Funktionsfolgen $g_n(t)$

Im Grenzfall $n\to\infty$ konvergieren diese Funktionsfolgen $g_n(t)$ gegen die Deltafunktion.

Es ist leicht nachzuprüfen, dass jede dieser Funktionsfolgen normiert ist, d. h. es gilt

$$\int_{-\infty}^{\infty} g_n(t)dt = 1 \quad \text{für alle } n\in\mathbb{R}.$$

Die Funktionsfolgen $g_n(t)$ sind als Impulse der Impulsfläche 1 zu interpretieren, die mit wachsendem n kürzer und höher werden.

3.4.2 Laplace-Transformierte der Deltafunktion

Die $\mathscr{L}$-Transformierte der δ-Funktion kann auf elegante Weise mit der Ausblendeigenschaft (3.34) erhalten werden. Es gilt:

$$\mathscr{L}\{\delta(t)\} = \int_{-\infty}^{\infty} \delta(t)e^{-st}\,dt = e^0 = 1$$

Wir erhalten die Korrespondenz

$$\boxed{\delta(t) \circ\!-\!\bullet\ 1} \qquad (3.40)$$

Alternativ dazu kann die Korrespondenz (3.40) auch mit Gl. (3.32) erhalten werden.

$$\mathscr{L}\{\delta(t)\} = \lim_{\tau\to 0}\mathscr{L}\left\{\frac{1}{\tau}[\varepsilon(t)-\varepsilon(t-\tau)]\right\} = \lim_{\tau\to 0}\ \frac{1}{\tau}\left[\frac{1}{s}-\frac{e^{-s\tau}}{s}\right] = \frac{1}{s}\cdot\lim_{\tau\to 0}\frac{1-e^{-s\tau}}{\tau}$$

Der letzte Ausdruck ist für $\tau \to 0$ von der Form $\frac{0}{0}$. Den Grenzwert erhalten wir nach der Regel von l'Hospital, indem wir Zähler und Nenner nach der Variablen τ differenzieren und dann den Grenzübergang durchführen.

$$\mathscr{L}\{\delta(\mathrm{t})\} = \frac{1}{\mathrm{s}}\cdot\lim_{\tau\to 0}\frac{\mathrm{s}\mathrm{e}^{-s\tau}}{1} = 1$$

Die Laplace-Transformierte der verschobenen Deltafunktion $\delta(t-t_0)$ erhält man mit Gl. (3.35)

$$\mathscr{L}\{\delta(t-t_0)\} = \int_{-\infty}^{\infty} \delta(t-t_0)e^{-st}\,dt = e^{-st_0}$$

Korrespondenz $$\boxed{\delta(t-t_0) \circ\!-\!\bullet\ e^{-st_0}} \qquad (3.41)$$

3.4.3 δ-Funktion als verallgemeinerte Ableitung der Sprungfunktion

Wir wollen nun einen Zusammenhang zwischen der Ableitung der Sprungfunktion und der Deltafunktion herleiten.

Die Funktion $f(t)$ von Bild 3.22 steigt im Zeitintervall von 0 bis τ linear vom Funktionswert 0 auf den Wert 1 an und behält diesen Wert für $t > \tau$ bei. Ihre Ableitung $\frac{df(t)}{dt}$ hat für $0 < t < \tau$ den Wert $1/\tau$ und für $t > \tau$ den Wert Null. Die Ableitung ist nicht definiert für $t = \tau$.

Im Grenzfall $\tau \to 0$ geht die Funktion $f(t)$ in die Sprungfunktion $\varepsilon(t)$ und ihre Ableitung in die Deltafunktion über.

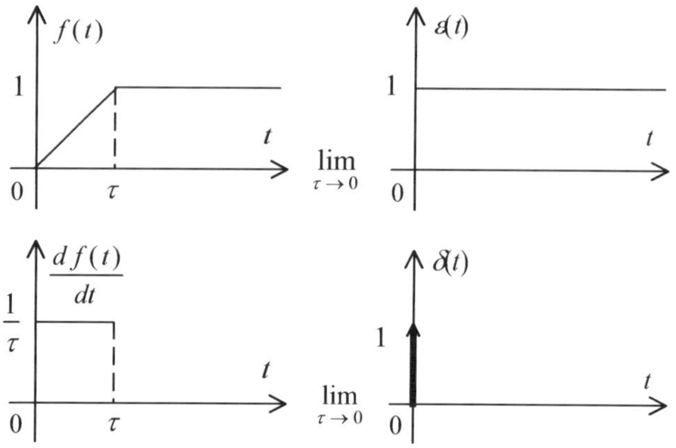

Bild 3.22 Deltafunktion als verallgemeinerte Ableitung der Sprungfunktion

Die Deltafunktion ist die **verallgemeinerte Ableitung** der Sprungfunktion. Man schreibt dafür

$$\boxed{D\varepsilon(t) = \delta(t)} \tag{3.42}$$

wobei D (Derivation) als Symbol für die verallgemeinerte Ableitung steht.

Für die gewöhnliche Ableitung der Sprungfunktion gilt $\dfrac{d\varepsilon(t)}{dt} = \begin{cases} 0 & \text{für } t \neq 0 \\ \text{nicht definiert für } t = 0 \end{cases}$

Die verallgemeinerte Ableitung stimmt an allen Stellen, an denen die Zeitfunktion $f(t)$ stetig ist mit der von der Analysis her bekannten, gewöhnlichen Ableitung überein. An Unstetigkeitsstellen, an denen die gewöhnliche Ableitung nicht definiert ist, spielt die Deltafunktion die wesentliche Rolle. Weitere Ausführungen in Abschnitt 3.3.12.

3.4.4 Dämpfungssatz

Satz 3.14 Dämpfungssatz

Entspricht einer Zeitfunktion $f(t)$ die Laplace-Transformierte $F(s)$, so entspricht der gedämpften Zeitfunktion $f(t)\,\mathrm{e}^{-at}$ die Laplace-Transformierte $F(s + a)$.

$$f(t) \circ\!-\!\bullet\; F(s) \quad \Rightarrow \quad f(t)e^{-at} \circ\!-\!\bullet\; F(s+a) \tag{3.43}$$

Beweis:

Zum Beweis greifen wir auf die Definitionsgleichung der Laplace-Transformation zurück und erhalten

$$f(t)e^{-at} \circ\!-\!\bullet \int_0^\infty f(t)e^{-at}e^{-st}dt = \int_0^\infty f(t)e^{-(s+a)t}dt$$

Das letzte Integral unterscheidet sich von der Laplace-Transformierten der Funktion $f(t)$

$$F(s) = \int_0^\infty f(t)e^{-st}dt$$

nur dadurch, dass die komplexe Variable s durch $s + a$ ersetzt ist.

Mit dem Verschiebungssatz hatte sich ergeben, dass durch die Verschiebung einer Zeitfunktion um t_0, im Bildbereich der Faktor e^{-st_0} entsteht.

Umgekehrt bewirkt ein Faktor e^{-at} bei einer Zeitfunktion, einer Verschiebung der Bildvariablen von s auf $s + a$.

Der Dämpfungssatz wird daher auch als Verschiebungssatz im Bildbereich bezeichnet.

Die gewählte Bezeichnung Dämpfungssatz ist nur dann gerechtfertigt, wenn $\operatorname{Re} a > 0$ ist, d. h. wenn der Faktor e^{-at} wirklich zeitlich abklingt. Bei den Anwendungen ist dies in der Regel der Fall.

Der Satz gilt auch für zeitlich ansteigende Faktoren e^{-at} mit $\operatorname{Re} a < 0$.

Beispiel 3.15 Es soll die Laplace-Transformierte der Zeitfunktion

$$f(t) = e^{3t}\sin(2t)$$

bestimmt werden.

Aus der Korrespondenz $\sin(2t) \circ\!\!-\!\!\bullet \dfrac{2}{s^2+4}$ folgt mit dem Dämpfungssatz, indem man wegen des zusätzlichen Faktors e^{+3t} die Variable s durch $s - 3$ ersetzt

$$e^{3t}\sin(2t) \circ\!\!-\!\!\bullet \frac{2}{(s-3)^2+4} = \frac{2}{s^2-6s+13}$$

Beispiel 3.16 Gesucht ist Bildfunktion $F(s)$ zu der verzögert einsetzenden Zeitfunktion

$$f(t) = 5(t-\tau)e^{-2(t-\tau)}\varepsilon(t-\tau)$$

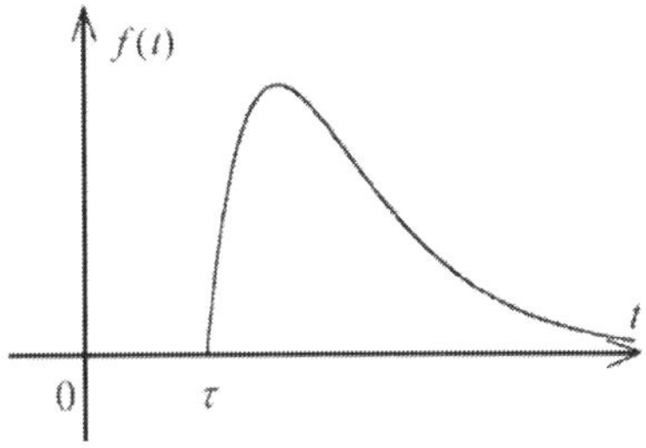

Bild 3.23 Zeitfunktion

Wir gehen aus von der Korrespondenz

$$5t \circ\!\!-\!\!\bullet \frac{5}{s^2}.$$

Um die Korrespondenz der gedämpften Funktion $5te^{-2t}$ zu erhalten, müssen wir mit dem Dämpfungssatz die Variable s durch $s + 2$ ersetzen

$$5te^{-2t} \circ\!\!-\!\!\bullet \frac{5}{(s+2)^2}$$

Die Funktion $5te^{-2t}$ beginnt ab dem Zeitpunkt $t = 0$. Die gegebene, verzögert einsetzende Zeitfunktion entsteht daraus, durch eine Verschiebung um das Zeitintervall τ.

Mit dem Verschiebungssatz ergibt sich schließlich die gesuchte Bildfunktion

$$F(s) = \frac{5}{(s+2)^2} e^{-s\tau}$$

Beispiel 3.17 Gegeben ist die Bildfunktion $F(s) = \dfrac{s+5}{s^2+2s+10}$.

Es soll die zugehörige Originalfunktion $f(t)$ bestimmt werden.

Die Bildfunktion $F(s)$ kann umgeformt werden in

$$F(s) = \frac{s+5}{(s+1)^2+9} = \frac{s+1}{(s+1)^2+3^2} + \frac{4}{3}\frac{3}{(s+1)^2+3^2}$$

Mit den bekannten Korrespondenzen

$$\sin(\omega t) \circ\!-\!\bullet \frac{\omega}{s^2+\omega^2} \quad \text{und} \quad \cos(\omega t) \circ\!-\!\bullet \frac{s}{s^2+\omega^2}$$

erhalten wir unter Beachtung des Dämpfungssatzes die gesuchte Zeitfunktion

$$f(t) = \left[\cos(3t) + \frac{4}{3}\sin(3t)\right] \cdot e^{-t}$$

Beispiel 3.18 Es ist die Zeitfunktion $f(t)$ zur Bildfunktion $F(s) = \dfrac{1}{(s+a)^2}$ zu bestimmen.

Aus der bekannten Korrespondenz $\dfrac{1}{s^2} \bullet\!-\!\circ\ t$, folgt unter Verwendung des Dämpfungssatzes die gesuchte Zeitfunktion $f(t) = t e^{-at}$.

Die gegebene Bildfunktion $\dfrac{1}{(s+a)^2}$ unterscheidet sich von $\dfrac{1}{s^2}$ nur dadurch, dass s durch $(s+a)$ ersetzt ist. Das hat im Zeitbereich den Dämpfungsfaktor e^{-at} zur Folge.

Aufgaben zum Abschnitt 3.4

(Ergebnisse im Anhang)

Aufgabe 3.14 Man bestimme die Bildfunktionen $F(s)$ zu den folgenden Zeitfunktionen

a) $f(t) = t^2 e^{-5t}$

b) $f(t) = t^4 e^{3t}$

c) $f(t) = e^{-\delta t}\cos(\omega t)$

d) $f(t) = e^{-2t}\cosh(t)$

e) $f(t) = (1 + te^{-t})^2$

f) $f(t) = \begin{cases} e^{-2(t-1)}\sin(t-1) & \text{für } t \ge 1 \\ 0 & \text{für } t < 1 \end{cases}$

Aufgabe 3.15 Man ermittle die Originalfunktionen $f(t)$ zu den Bildfunktionen

a) $F(s)=\dfrac{1}{s^2+2s+1}$ b) $F(s)=\dfrac{1}{s^2+4s+8}$ c) $F(s)=\dfrac{s+1}{s^2+2s-3}$

d) $F(s)=\dfrac{1}{(s+a)^3}$ e) $F(s)=\dfrac{e^{-2s}}{(s+1)^3}$ f) $F(s)=\dfrac{e^{-3s}}{s^2+2s+5}$

g) $F(s)=\dfrac{1-e^{-3s}}{(s+2)^2}$ h) $F(s)=\dfrac{\sqrt{\pi}}{(s+3)^{\frac{3}{2}}}$

3.5 Partialbruchzerlegung

Eine Bildfunktion der Form

$$F(s) = \frac{Z(s)}{N(s)} = \frac{b_m s^m + b_{m-1} s^{m-1} + \cdots + b_1 s + b_0}{a_n s^n + a_{n-1} s^{n-1} + \cdots + a_1 s + a_0} \qquad (m<n)$$

ist eine echt gebrochen rationale Funktion der Variablen s, wenn der Grad m des Zählers $Z(s)$ kleiner als der Grad n des Nenners $N(s)$ ist. Die Koeffizienten a_i und b_i sind reelle Zahlen.

Zur Bestimmung der Nullstellen des Nenners $N(s)$ ist die algebraische Gleichung n-ten Grades zu lösen.

$$N(s) = a_n s^n + a_{n-1} s^{n-1} + \cdots + a_1 s + a_0 = 0$$

Sind die Nullstellen s_i des Nenners ermittelt, so kann der Nenner in ein Produkt von Linearfaktoren zerlegt werden und man erhält für die Bildfunktion:

$$F(s) = \frac{Z(s)}{a_n (s-s_1)(s-s_2) \cdots (s-s_n)}$$

Die Nullstellen des Nenners $N(s)$, sind die Pole von $F(s)$.
Zur Rücktransformation der Bildfunktion in den Zeitbereicht nutzt man die Möglichkeit, die Bildfunktion $F(s)$ in möglichst einfache Partialbrüche zu zerlegen und diese Teilbrüche dann unter Verwendung des Additionssatzes gliedweise in den Originalbereich zurück zu transformieren.

Je nach der Art der auftretenden Pole der Bildfunktion $F(s)$ ergeben sich für die Partialbruchzerlegung folgende Fälle.

3.5.1 Bildfunktion mit nur einfachen, reellen Polen

Satz 3.15

Hat die echt gebrochen rationale Bildfunktion $F(s)$ nur einfache reelle Pole $s = s_k$ für $k = 1, 2, ..., n$, so gilt folgende Partialbruchzerlegung

$$F(s) = \frac{A_1}{s-s_1} + \frac{A_2}{s-s_2} + \cdots + \frac{A_k}{s-s_k} + \cdots + \frac{A_n}{s-s_n} \tag{3.44}$$

Beweis: Als Nenner der Teilbrüche kommen alle Linearfaktoren des Nenners von $F(s)$ vor. Da $F(s)$ eine echt gebrochen rationale Funktion ist, müssen auch die Teilfunktionen, in die $F(s)$ zerlegt wird, echt gebrochen rational sein. Daraus folgt, dass die Zähler der Teilbrüche konstante Zahlen sind.

Satz 3.16

Ist die Bildfunktion $F(s)$ eine echt gebrochen rationale Funktion mit nur einfachen reellen Polen $s = s_k$, so gilt für die zugehörige Originalfunktion

$$f(t) = \sum_{k=1}^{n} A_k e^{s_k t} \tag{3.45}$$

Beweis: Ausgehend von der Partialbruchzerlegung der Bildfunktion $F(s)$ nach Gl. (3.44) erhält man mit der Korrespondenz $\frac{A_k}{s - s_k} \bullet\!-\!\circ\ A_k e^{s_k t}$ und unter Verwendung des Additionssatzes die Aussage des Satzes 3.16.

Nachdem die allgemeine Form der Partialbruchzerlegung von $F(s)$, als auch die allgemeine Form der rücktransformierten Zeitfunktion $f(t)$ feststehen, müssen noch die Zähler A_k der Partialbrüche berechnet werden.

Das hierfür zweckmäßige Verfahren besteht darin, die Bildfunktion $F(s)$ mit dem Hauptnenner der Teilbrüche

$$N(s) = (s - s_1)(s - s_2) \cdots (s - s_n)$$

zu multiplizieren. In die erhaltene Gleichung, die für alle Werte von s gültig ist, werden für die Variable s nacheinander n passende Werte eingesetzt, die so zu wählen sind, dass sich möglichst einfache Gleichungen ergeben.

In vielen Fällen kann man folgende Vorgehensweise zur Bestimmung der A_k anwenden. Multipliziert man die Partialbruchzerlegung (3.44) mit dem Faktor $(s - s_k)$, so folgt

$$(s - s_k)F(s) = \frac{A_1(s - s_k)}{s - s_1} + \frac{A_2(s - s_k)}{s - s_2} + \cdots + A_k + \cdots + \frac{A_n(s - s_k)}{s - s_n}$$

Da die Polstellen nach Voraussetzung alle verschieden sind, kürzt sich der Faktor $(s - s_k)$ nur bei dem Partialbruch mit dem Zähler A_k. Setzt man in die neu entstandene Gleichung für s den Wert s_k ein, so folgt

$$A_k = \lim_{s \to s_k} (s - s_k)F(s) = \left[(s - s_k)F(s)\right]_{s = s_k} \tag{3.46}$$

Da der Nenner von $F(s)$ den Linearfaktor $(s - s_k)$ enthält, entsteht durch Kürzen dieses Faktors ein Ausdruck, in den der Wert $s = s_k$ eingesetzt werden kann.

Alternativ dazu kann mit $F(s) = \dfrac{Z(s)}{N(s)}$ die Gl. (3.46) umgeformt werden in

$$\boxed{A_k = \lim_{s \to s_k} \frac{Z(s)}{\left(\dfrac{N(s)}{s - s_k}\right)}} \tag{3.47}$$

Wir betrachten nun den in Gl. (3.47) auftretenden Ausdruck $\lim\limits_{s \to s_k} \left(\dfrac{N(s)}{s - s_k}\right)$.

Der Ausdruck ist unbestimmt und von der Form $\frac{0}{0}$. Darauf können wir die Regel von l'Hospital angewenden:

$$\lim_{s \to s_k} \left(\frac{N(s)}{s - s_k}\right) = \lim_{s \to s_k} \frac{\left[\dfrac{dN(s)}{ds}\right]}{1} = \left[\frac{dN(s)}{ds}\right]_{s=s_k}$$

Damit geht Gl. (3.47) über in

$$\boxed{A_k = \lim_{s \to s_k} \frac{Z(s)}{\left(\dfrac{dN(s)}{ds}\right)} = \frac{Z(s_k)}{\left[\dfrac{dN(s)}{ds}\right]_{s=s_k}}} \tag{3.48}$$

In manchen Fällen ist Gl. (3.48) zur Berechnung der A_k der Partiallbrüche besser geeignet als Gl. (3.46). Welche Berechnungsmethode die günstigere ist, entscheidet der konkrete Fall.

Beispiel 3.19 Zur Bildfunktion $F(s) = \dfrac{1}{s(s-1)}$, soll durch Partialbruchzerlegung die zugehörige Zeitfunktion $f(t)$ bestimmt werden.

Die Bildfunktion $F(s)$ hat die einfachen, reellen Pole $s_1 = 0$ und $s_2 = 1$.

Für $F(s)$ ergibt sich damit die Partialbruchzerlegung $F(s) = \dfrac{A_1}{s} + \dfrac{A_2}{s-1}$.

Multipliziert man die Partialbruchzerlegung mit dem Hauptnenner $N(s) = s(s-1)$ ergibt sich

$$1 = A_1(s-1) + A_2 s$$

Für $s = 0$: $\quad 1 = A_1(-1) \quad \Rightarrow \quad A_1 = -1$

Für $s = 1$: $\quad 1 = A_2$

Alternativ ergibt sich mit Gl. (3.46):

$$A_1 = \left[s \cdot \frac{1}{s(s-1)}\right]_{s=0} = \left[\frac{1}{(s-1)}\right]_{s=0} = -1 \text{ und } A_2 = \left[(s-1) \cdot \frac{1}{s(s-1)}\right]_{s=1} = \left[\frac{1}{s}\right]_{s=1} = 1.$$

Die Partialbruchzerlegung der Bildfunktion lautet damit $F(s) = -\dfrac{1}{s} + \dfrac{1}{s-1}$.

Durch Rücktransformation in den Zeitbereich erhält man die zugehörige Originalfunktion

$$f(t) = -1 + e^t$$

Beispiel 3.20 Gegeben ist die Bildfunktion $F(s) = \dfrac{2s^2+3s-1}{s^3-s}$. Durch Partialbruchzerlegung ist die zugehörige Zeitfunktion $f(t)$ zu bestimmen.

Die Nullstellen des Nenner $s^3 - s = s(s^2-1) = 0$ sind $s_1 = 0$, $s_2 = 1$ und $s_3 = -1$.

Damit ergibt sich die Partialbruchzerlegung $F(s) = \dfrac{A_1}{s} + \dfrac{A_2}{s-1} + \dfrac{A_3}{s+1}$

Mit der Ableitung des Nenners $\dfrac{dN(s)}{ds} = 3s^2 - 1$ erhält man nach Gl. (3.48)

$$A_1 = \left[\frac{2s^2+3s-1}{3s^2-1}\right]_{s=0} = 1, \quad A_2 = \left[\frac{2s^2+3s-1}{3s^2-1}\right]_{s=1} = 2 \text{ und } A_3 = \left[\frac{2s^2+3s-1}{3s^2-1}\right]_{s=-1} = -1$$

Damit lautet die Bildfunktion

$$F(s) = \frac{1}{s} + \frac{2}{s-1} - \frac{1}{s+1}.$$

Natürlich können die A_k auch nach einer anderen Methode berechnet werden. Als zugehörige Zeitfunktion ergibt sich

$$f(t) = 1 + 2e^t - e^{-t}.$$

3.5.2 Bildfunktion mit mehrfachen, reellen Polen

Es sollen nun Bildfunktionen $F(s)$ betrachtet werden, die neben einfachen, reellen Polen auch mehrfache, reelle Pole haben.

Satz 3.17

Ist $F(s)$ eine echt gebrochen rationale Bildfunktion, die bei $s = s_0$ eine k-fache Polstelle besitzt, so gilt die folgende Partialbruchzerlegung

$$F(s) = \frac{Z(s)}{(s-s_0)^k N_1(s)} = \frac{B_k}{(s-s_0)^k} + \frac{B_{k-1}}{(s-s_0)^{k-1}} + \cdots + \frac{B_1}{(s-s_0)} + P(s) \qquad (3.49)$$

Dabei ist $P(s)$ die Summe der Partialbrüche, die durch die restlichen Polstellen bedingt ist. Die Zähler B_k sind reelle Zahlen.

Beweis: Die Bildfunktion $F(s)$ lässt sich in die Anteile zerlegen:

$$F(s) = \frac{Z_0(s)}{(s-s_0)^k} + \frac{Z_1(s)}{N_1(s)} = F_0(s) + F_1(s)$$

Da $F(s)$ als eine echt gebrochen rationale Funktion vorausgesetzt ist, hat der Zähler $Z_0(s)$ höchstens den Grad $k-1$. Eine Reihenentwicklung des Zählers $Z_0(s)$ nach Potenzen von $(s-s_0)$ ergibt

$$F_0(s)=\frac{B_1(s-s_0)^{k-1}+B_2(s-s_0)^{k-2}+\cdots+B_{k-1}(s-s_0)+B_k}{(s-s_0)^k}$$

Dividiert man jedes Glied des Zählers von $F_0(s)$ durch den Nenner $(s-s_0)^k$, so erhält man die Aussage des Satzes 3.17.

Satz 3.18

a) Eine k-fache, reelle Polstelle bei $s=s_0$ bedingt im Zeitbereich den Anteil

$$f_0(t)=e^{s_0 t}\sum_{n=1}^{k}B_n\frac{t^{n-1}}{(n-1)!} \qquad (3.50)$$

b) Für die Koeffizienten B_n gilt mit $n=k-r$

$$B_{k-r}=\frac{1}{r!}\left[\frac{d^r}{ds^r}\left\{(s-s_0)^k F(s)\right\}\right]_{s=s_0} \qquad (3.51)$$

Beweis:

a) Mit $\frac{1}{s^n}\bullet\!-\!\circ\frac{t^{n-1}}{(n-1)!}$ und dem Dämpfungssatz erhält man $\frac{B_n}{(s-s_0)^n}\bullet\!-\!\circ B_n\frac{t^{n-1}}{(n-1)!}e^{s_0 t}$

b) Multipliziert man Gl. (3.49) mit $(s-s_0)^k$, so folgt hieraus

$$(s-s_0)^k F(s)=B_k+B_{k-1}(s-s_0)+\ \cdots\ +B_1(s-s_0)^{k-1}+(s-s_0)^k P(s)$$

Einsetzen von $s=s_0$ ergibt $B_k=\left[(s-s_0)^k F(s)\right]_{s=s_0}$

Damit ist die Richtigkeit von Gl. (3.51) für $r=0$ gezeigt. Zu beachten ist, dass der Nenner von $F(s)$ den Faktor $(s-s_0)^k$ noch enthält und durch Kürzen dieses Faktors ein Ausdruck entsteht, in den für s der Wert s_0 eingesetzt werden kann.

Differenziert man den Ausdruck $(s-s_0)^k F(s)$ r-mal und setzt anschließend für s den Wert s_0 ein, so erhält man Gl. (3.51).

Die formale Verwendung von Gl. (3.51) zur Berechnung der Zähler B_k ist wegen des damit verbundenen Rechenaufwandes nicht immer vorteilhaft. Man wird in solchen Fällen den Ansatz zur Partialbruchzerlegung mit dem Hauptnenner multiplizieren und in die so erhaltene Gleichung für s passende Werte einsetzen, wie in Beispiel 3.19 gezeigt.

Passende Werte sind stets die reellen Polstellen von $F(s)$, weil man dadurch jeweils nur eine Gleichung für nur einen unbekannten Zähler B_k erhält.

Beispiel 3.21 Für die Bildfunktion $F(s)=\dfrac{3s^2-7s+6}{(s-1)^3}$ ist mit Gl. (3.51) die Partialbruchzerlegung durchzuführen und die zugehörige Originalfunktion $f(t)$ zu bestimmen.

$F(s)$ hat eine dreifache Polstelle bei $s = 1$. Für die Partialbruchzerlegung ergibt sich damit der Ansatz $F(s)=\dfrac{3s^2-7s+6}{(s-1)^3}=\dfrac{B_3}{(s-1)^3}+\dfrac{B_2}{(s-1)^2}+\dfrac{B_1}{(s-1)}$

Die Gl. (3.51), die hier besonders einfach anzuwenden ist, da nur ein dreifacher Pol bei $s = 1$ vorhanden ist, liefert

$$r=0 \;\Rightarrow\; B_3=\left[(s-1)^3F(s)\right]_{s=1}=\left[3s^2-7s+6\right]_{s=1}=2$$

$$r=1 \;\Rightarrow\; B_2=\frac{d}{ds}\left\{(s-1)^3F(s)\right\}_{s=1}=\frac{d}{ds}\left[3s^2-7s+6\right]_{s=1}=\left[6s-7\right]_{s=1}=-1$$

$$r=2 \;\Rightarrow\; B_1=\frac{1}{2!}\frac{d^2}{ds^2}\left\{(s-1)^3F(s)\right\}_{s=1}=\frac{1}{2!}\frac{d^2}{ds^2}\left[3s^2-7s+6\right]_{s=1}=\frac{1}{2!}6=3$$

Damit lautet die Partialbruchzerlegung der Bildfunktion

$$F(s)=\frac{2}{(s-1)^3}-\frac{1}{(s-1)^2}+\frac{3}{(s-1)}$$

Für die Zeitfunktion erhält man $f(t)=t^2e^t-te^t+3e^t=(t^2-t+3)e^t$

Beispiel 3.22 Zu $F(s)=\dfrac{s^2-s-3}{(s+1)(s+2)^2}$ soll die Zeitfunktion $f(t)$ bestimmt werden.

Die Bildfunktion hat eine zweifache Polstelle bei $s = -2$ und eine einfache Polstelle bei $s = -1$. Für die Partialbruchzerlegung ergibt sich damit der Ansatz

$$F(s)=\frac{A}{s+1}+\frac{B_2}{(s+2)^2}+\frac{B_1}{s+2}$$

Um die noch unbekannten Zähler zu berechnen, multiplizieren wir die Partialbruchzerlegung mit dem Nenner $N(s)=(s+1)(s+2)^2$ und erhalten

$$s^2-s-3=A_1(s+2)^2+B_2(s+1)+B_1(s+2)(s+1)$$

Durch Einsetzen der Polstellen folgt

$$s=-1:\quad -1=A_1(-1+2)^2 \;\Rightarrow\; A_1=-1$$
$$s=-2:\quad 3=B_2(-2+1) \;\Rightarrow\; B_2=-3$$

Dadurch sind zwei der drei unbekannten Zähler einfach berechnet worden. Zur Bestimmung von B_1 kann nun irgendein noch nicht verwendeter s-Wert, z. B. $s = 0$, eingesetzt werden.

$$s=0:\quad -3=(-1)\cdot 2^2+(-3)\cdot 1+B_1\cdot 2\cdot 1 \;\Rightarrow\; B_1=2$$

Damit ist die Partialbruchzerlegung von $F(s)$ bestimmt

$$F(s) = -\frac{1}{s+1} - \frac{3}{(s+2)^2} + \frac{2}{s+2}$$

Wir erhalten im Zeitbereich die Funktion

$$f(t) = -e^{-t} - 3t\,e^{-2t} + 2e^{-2t}$$

3.5.3 Bildfunktionen mit einfachen, komplexen Polstellen

Wir wollen uns hier auf einfache komplexe Pole beschränken, weil mehrfache komplexe Pole zu Teilbrüchen führen, deren Transformation in den Zeitbereich mit den Transformationsregeln, Sätzen und Korrespondenzen, die wir bisher kennen gelernt haben, nicht möglich ist.

Die Transformation der von mehrfachen komplexen Polen bedingten Teilbrüche in den Zeitbereich ist mit der im Abschnitt 3.2 behandelten Residuenmethode oder mit dem Faltungssatz, den wir später noch besprechen werden, möglich.

Die Koeffizienten der echt gebrochen rationalen Bildfunktion $F(s)$ werden als reell vorausgesetzt. Komplexe Pole treten dann stets paarweise, als konjugiert komplexe Polstellen auf.

Satz 3.19

a) Hat die echt gebrochen rationale Bildfunktion $F(s)$ die einfachen, konjugiert komplexen Pole $s_0 = a + jb$ und $s_0^* = a - jb$, so gilt die Partialbruchzerlegung

$$(1)\quad F(s) = \frac{A_1}{s - s_0} + \frac{A_2}{s - s_0^*} + P(s) = F_0(s) + P(s)$$

oder in äquivalenter Form

$$(2)\quad F(s) = \frac{C_1 s + C_2}{(s-a)^2 + b^2} + P(s) = F_0(s) + P(s)$$

Dabei ist $P(s)$ die Summe der Partialbrüche, die durch die restlichen Polstellen bestimmt ist.

b) Einem Paar von einfach konjugiert komplexen Polen im Bildbereich, entspricht im Zeitbereich der Funktion $f_0(t)$.

$$F_0(s) = \frac{C_1 s + C_2}{(s-a)^2 + b^2} \quad \bullet\!-\!\circ \quad f_0(t) = e^{at}\left[C_1 \cos(bt) + \frac{C_2 + aC_1}{b}\sin(bt)\right]$$

Beweis:

a) Für die Bildfunktion $F(s) = \dfrac{Z(s)}{N(s)}$ gilt die Zerlegung

$$F(s) = \frac{Z(s)}{(s - s_0)(s - s_0^*)R(s)}.$$

Dabei ist $R(s)$ der Restfaktor des Nenners $N(s)$, den man nach Abspalten der Linearfaktoren $(s-s_0)$ und $(s-s_0^*)$ erhält. Da einfache, komplexe Pole genauso behandelt werden wie einfache reelle Pole, erhält man die Zerlegung

$$F(s)=\frac{A_1}{s-s_0}+\frac{A_2}{s-s_0^*}+P(s) \;=\; F_0(s)+P(s)$$

Damit erhält man die Bestimmungsgleichung für die Konstanten A_1 und A_2:

$$\frac{Z(s)}{(s-s_0)(s-s_0^*)R(s)}=\frac{A_1}{s-s_0}+\frac{A_2}{s-s_0^*}+P(s)$$

Eine Multiplikation der Gleichung mit dem Nenner $N(s)$ ergibt:

$$Z(s)=A_1(s-s_0^*)R(s)+A_2(s-s_0)R(s)+P(s)(s-s_0)(s-s_0^*)R(s)$$

Einsetzen von $s=s_0$: $Z(s_0)=A_1(s_0-s_0^*)R(s_0) \;\Rightarrow\; A_1=\dfrac{Z(s_0)}{(s_0-s_0^*)R(s_0)}$

Einsetzen von $s=s_0^*$: $Z(s_0^*)=A_2(s_0^*-s_0)R(s_0^*) \;\Rightarrow\; A_2=-\dfrac{Z(s_0^*)}{(s_0-s_0^*)R(s_0^*)}$

Damit sind die Konstanten A_1 und A_2 bestimmt.
Die Konstanten C_1 und C_2 erhält man aus der Umformung

$$F_0(s)=\frac{A_1}{s-s_0}+\frac{A_2}{s-s_0^*}=\frac{(A_1+A_2)s-(A_1s_0^*+A_2s_0)}{(s-s_0)(s-s_0^*)}$$

$$C_1=A_1+A_2 \text{ und } C_2=-(A_1s_0^*+A_2s_0)$$

Damit ergibt sich die Form (2) der Partialbruchzerlegung

$$F(s)=\frac{C_1s+C_2}{(s-s_0)(s-s_0^*)}+P(s)=\frac{C_1s+C_2}{(s-a)^2+b^2}+P(s)$$

b) Für das Paar konjugiert komplexer Pole erhält man für den Anteil

$$F_0(s)=\frac{C_1s+C_2}{(s-a)^2+b^2}=\frac{C_1(s-a)}{(s-a)^2+b^2}+\frac{C_2+aC_1}{(s-a)^2+b^2}$$

Die Korrespondenz für die Kosinusfunktion in Verbindung mit dem Dämpfungssatz ergibt $\dfrac{s-a}{(s-a)^2+b^2}\;\bullet\!-\!\circ\; e^{at}\cos(bt)$ und für die Sinusfunktion

$$\frac{b}{(s-a)^2+b^2}\;\bullet\!-\!\circ\; e^{at}\sin(bt)$$

In der Summe ergibt sich die zu beweisende Aussage $F_0(s)\bullet\!-\!\circ f_0(t)$.

Hat das konjugiert komplexe Polpaar einen negativen Realteil, so ergibt sich im Zeitbereich eine gedämpfte Schwingung.

Beispiel 3.23 Zur Bildfunktion $F(s)=\dfrac{4s^2+25s+45}{(s+1)(s^2+6s+13)}$ soll die zugehörige Zeitfunktion $f(t)$ bestimmt werden.

Die Bildfunktion hat einen einfachen reellen Pol bei $s_1=-1$ und ein Paar von konjugiert komplexen Polen $s_2=-3+2j$ und $s_3=-3-2j$. Die Partialbruchzerlegung (2) hat daher die Form

$$F(s) = \frac{A_1}{s+1}+\frac{C_1 s+C_2}{s^2+6s+13}$$

Multipliziert man den Ansatz mit dem Nenner $N(s)=(s+1)(s^2+6s+13)$, so folgt

$$4s^2+25s+45 = A_1(s^2+6s+13)+(C_1 s+C_2)(s+1)$$

Setze $s=-1$: $24=8A_1 \Rightarrow A_1=3$

$s=0$: $45=39+C_2 \Rightarrow C_2=6$

$s=1$: $74=60+2(C_1+6) \Rightarrow C_1=1$

Für die Partialbruchzerlegung der Bildfunktion erhält man damit

$$F(s)=\frac{3}{s+1}+\frac{s+6}{s^2+6s+13} = \frac{3}{s+1}+\frac{s+3}{(s+3)^2+2^2}+\frac{3}{2}\cdot\frac{2}{(s+3)^2+2^2}$$

Die Rücktransformation ergibt die Zeitfunktion

$$f(t) = 3e^{-t} + e^{-t}\left[\cos(2t)+\frac{3}{2}\sin(2t)\right].$$

Beispiel 3.24 Man berechne die Originalfunktion $f(t)$ zur Bildfunktion

$$F(s)=\frac{s^2+2s+3}{(s^2+2s+2)(s^2+2s+5)}.$$

Die Bildfunktion $F(s)$ besitzt zwei Paare von konjugiert komplexen Polen. Der Ansatz für die Partialbruchzerlegung lautet

$$F(s) = \frac{As+B}{s^2+2s+2}+\frac{Cs+D}{s^2+2s+5}.$$

Multiplizieren des Ansatzes mit dem Hauptnenner $N(s)=(s^2+2s+2)(s^2+2s+5)$ ergibt

$$s^2+2s+3 = (As+B)(s^2+2s+5) + (Cs+D)(s^2+2s+2)$$

Durch Einsetzen von 4 möglichst einfachen s-Werten (z. B. $s=0, 1, -1, 2$) erhält man ein Gleichungssystem von 4 Gleichungen für die 4 Unbekannten Konstanten, mit den Lösungen

$$A=0,\quad B=\frac{1}{3},\quad C=0 \text{ und } D=\frac{2}{3}$$

Eine Möglichkeit, das lineare Gleichungssystem für die 4 Unbekannten zu vermeiden, besteht darin, komplexe Pole einzusetzen. Das ergibt 2 Gleichungssysteme für je 2 Unbekannte.

Der erste Faktor (s^2+2s+2) hat das konjugiert komplexe Paar $s_1=-1+j$ und $s_1^*=-1-j$.

Für den zweiten Faktor (s^2+2s+5) erhält man $s_2=-1+2j$ und $s_2^*=-1-2j$.

Die Bestimmungsgleichung für die Konstanten lautet jetzt

$$s^2+2s+3 \;=\; (As+B)(s-s_2)(s-s_2^*) \;+\; (Cs+D)(s-s_1)(s-s_1^*)$$

Setze $s_1=-1+j:\;\Rightarrow\; 1=\left[A(-1+j)+B\right]\cdot 3=-3A+3B+j3A$.

Vergleich von Real- und Imaginärteil auf beiden Seiten der Gleichung ergibt $A=0,\;\; B=\frac{1}{3}$.

Setze $s_2=-1+2j:\;\Rightarrow\; -2=\left[C(-1+2j)+D\right]\cdot(-3)=3C-3D-6jC$.

Vergleich von Real- und Imaginärteil ergibt: $C=0,\;\; D=\frac{2}{3}$.

Für die Bildfunktion gilt daher die Partialbruchzerlegung

$$F(s) \;=\; \frac{1}{3}\frac{1}{(s+1)^2+1} \;+\; \frac{1}{3}\frac{2}{(s+1)^2+2^2}.$$

Damit folgt für die Zeitfunktion

$$f(t) \;=\; \frac{1}{3}e^{-t}\left[\sin(t)+\sin(2t)\right].$$

Aufgaben zum Abschnitt 3.5

(Ergebnisse im Anhang)

Aufgabe 3.16

Man bestimme die Originalfunktionen $f(t)$ zu den folgenden Bildfunktionen

a) $F(s)=\dfrac{s+4}{s^2+5s+6}$

b) $F(s)=\dfrac{1}{(s-2)(s+2)(s+3)}$

c) $F(s)=\dfrac{s^3}{(s+3)^4}$

d) $F(s)=\dfrac{10s^3+20s^2+s+5}{(s+1)^2(s^2+s-2)}$

e) $F(s)=\dfrac{1}{s^2(s+1)^2}$

f) $F(s) \;=\; \dfrac{10}{(s+1)^2(s^2+8s+17)}$

g) $F(s) \;=\; \dfrac{s+5}{(s+1)(s^2+1)}$

h) $F(s) \;=\dfrac{7s^2-s+12}{s^3+s^2+3s+3}$

i) $F(s)=\dfrac{2}{(s+2)^3}$

k) $F(s) \;=\; \dfrac{s+2}{s+1}$

l) $F(s)=-\dfrac{1}{s^2}+\dfrac{3s+1}{s^2(s+1)}e^{-s}$

m) $F(s)=\dfrac{3s^2+8s+6}{(s+1)^3}$

3.6 Faltungssatz

Der Faltungssatz erschließt einen Weg, die inverse Laplace-Transformation durchzuführen, wenn die Bildfunktion $F(s)$ in zwei Faktoren zerlegt werden kann, deren Originalfunktionen bekannt sind.

Satz 3.22 Faltungssatz

Dem Produkt $F_1(s)F_2(s)$ zweier Bildfunktionen entspricht im Zeitbereich die Faltung $f_1(t) * f_2(t)$ der zugehörigen Originalfunktionen

$$\left.\begin{array}{l} F_1(s) \;\bullet\!\!-\!\!\circ\; f_1(t) \\ F_2(s) \;\bullet\!\!-\!\!\circ\; f_2(t) \end{array}\right\} \Rightarrow F_1(s)\cdot F_2(s) \;\bullet\!\!-\!\!\circ\; f_1(t)*f_2(t) \tag{3.52}$$

wobei die Faltung zweier kausaler Zeitfunktionen durch das Faltungsprodukt

$$f_1(t)*f_2(t) = \int_0^t f_1(\tau)f_2(t-\tau)\,d\tau \tag{3.53}$$

definiert ist.

Beweis:

Wir gehen von der Definition der Laplace-Transformation aus und erhalten unter der Voraussetzung, dass die auftretenden Integrale absolut konvergieren

$$f_1(t)*f_2(t) \;\circ\!\!-\!\!\bullet\; \int_0^\infty \left[\int_0^t f_1(\tau)f_2(t-\tau)\,d\tau\right] e^{-st}\,dt$$

Durch die Multiplikation des Integranden in der eckigen Klammer mit

$$\varepsilon(t-\tau) = \begin{cases} 1 & \text{für} \quad \tau < t \\ 0 & \text{für} \quad \tau > t \end{cases}$$

wird erreicht, dass auch für die Variable τ des inneren Integrals die Integrationsgrenzen 0 und ∞ gesetzt werden können, da für Zeitpunkte $\tau > t$ der Ausdruck $f_1(\tau)f_2(t-\tau)\varepsilon(t-\tau) = 0$ ist.

$$\int_0^\infty \left[\int_0^t f_1(\tau)f_2(t-\tau)\,d\tau\right] e^{-st}\,dt = \int_0^\infty\int_0^\infty f_1(\tau)f_2(t-\tau)\varepsilon(t-\tau)\,e^{-st}\,d\tau\,dt$$

Da die absolute Konvergenz der Integrale vorausgesetzt ist, darf die Reihenfolge der Integrationen vertauscht werden.

$$f_1(t)*f_2(t) \;\circ\!\!-\!\!\bullet\; \int_0^\infty f_1(\tau)\left[\int_0^\infty f_2(t-\tau)\,\varepsilon(t-\tau)\,e^{-st}\,dt\right] d\tau$$

Durch Anwenden des Verschiebungssatzes erhält man für das Integral in eckigen Klammern:

$$\int_0^\infty f_2(t-\tau)\varepsilon(t-\tau)e^{-st}\,dt = F_2(s)e^{-s\tau}$$

Weiter folgt

$$f_1(t)*f_2(t) \quad \circ\!-\!\bullet \quad \int_0^\infty f_1(\tau)F_2(s)e^{-s\tau}\,d\tau \;=\; F_2(s)\int_0^\infty f_1(\tau)e^{-s\tau}\,d\tau = F_2(s)F_1(s)$$

Da das letzte Integral die Laplace-Transformierte von $f_1(t)$ ist, mit der Variablen τ statt t, folgt hieraus der Beweis des Faltungssatzes.

Satz 3.23

> Die Faltung ist kommutativ und assoziativ, d. h. es gilt
>
> $$f_1(t)*f_2(t) \;=\; f_2(t)*f_1(t)$$
>
> und $$f_1(t)*[f_2(t)*f_3(t)] \;=\; [f_1(t)*f_2(t)]*f_3(t)$$

Für Anwendungen des Faltungssatzes ist es von Bedeutung, dass die Reihenfolge der Funktionen im Faltungsprodukt vertauscht werden kann.

Der Faltungssatz liefert auch in Fällen, in denen das Faltungsintegral nicht in analytischer Form gelöst werden kann, eine Aussage über die Zeitfunktion $f(t)$, wenn für eine Folge von Zeitpunkten t_i das Faltungsintegral mit numerischen Näherungsverfahren berechnet wird.

Beispiel 3.25 Zur Bildfunktion $F(s) = \dfrac{a\,s}{(s^2+a^2)^2}$ mit $a \in \mathbb{R}$, soll die Originalfunktion $f(t)$ berechnet werden.

Die Bildfunktion $F(s)$ hat mit $s_{1,2} = \pm ja$ zwei komplexe Pole. Wir zerlegen die gegebene Funktion $F(s)$ in ein Produkt von zwei Bildfunktionen.

$$F(s) = \frac{s}{(s^2+a^2)}\;\frac{a}{(s^2+a^2)} = F_1(s)F_2(s)$$

Mit den Korrespondenzen

$$F_1(s) \;\bullet\!-\!\circ\; f_1(t) = \cos(at) \quad \text{und} \quad F_2(s) \;\bullet\!-\!\circ\; f_2(t) = \sin(at)$$

ergibt sich mit dem Faltungssatz

$$f(t) \;=\; f_1(t)*f_2(t) \;=\; \int_0^t \cos(a\tau)\sin(a(t-\tau))d\tau$$

Um das Faltungsintegrals zu berechnen, ist es vorteilhaft, das Produkt der beiden trigonometrischen Funktionen umzuformen:

$$\sin(\alpha)\cos(\beta) \;=\; \frac{1}{2}[\sin(\alpha+\beta)+\sin(\alpha-\beta)]$$

Mit $\alpha = a(t-\tau)$ und $\beta = a\tau$ erhalten wir

$$f(t) = f_1(t) * f_2(t) = \frac{1}{2}\int_0^t \left[\sin(a\,t) + \sin(at - 2a\,\tau)\right] d\tau = \frac{1}{2}\,\sin(a\,t)\int_0^t d\tau + \frac{1}{2}\int_0^t \sin(a\,t - 2a\,\tau)\,d\tau$$

$$f(t) = \frac{1}{2}\,t\sin(a\,t) + \frac{1}{4a}\Big[\cos(at - 2a\,\tau)\Big]_0^t = \frac{1}{2}\,t\sin(a\,t)$$

Wir erhalten die Korrespondenz:

$$\frac{a\,s}{\left(s^2 + a^2\right)^2} \quad \bullet\!-\!\circ \quad \frac{1}{2}\,t\sin(a\,t) \tag{3.54}$$

Beispiel 3.26 Es ist zu zeigen, dass man die sog. Rampenfunktion $f(t) = t\cdot\varepsilon(t)$ aus dem Faltungsprodunkt der Sprungfunktion mit sich selbst erhält.

Das Faltungsprodukt lautet:

$$f(t) = \varepsilon(t) * \varepsilon(t) = \int_0^t \varepsilon(\tau)\varepsilon(t-\tau)\,d\tau = \tau\Big|_0^t \cdot \varepsilon(t) = t\cdot\varepsilon(t)$$

Aufgaben zum Abschnitt 3.6

(Ergebnisse im Anhang)

Aufgabe 3.17 Man berechne mit dem Faltungssatz die Originalfunktion $f(t)$ zu

$$F(s) = \frac{s^2}{(s^2+1)^2}\,.$$

Aufgabe 3.18 Zur Bildfunktion $F(s) = \dfrac{1}{(s-s_1)(s-s_2)}$ soll die Zeitfunktion $f(t)$

a) durch Partialbruchzerlegung,
b) mit dem Faltungssatz,
c) mit der Residuenmethode,

bestimmt werden.

Aufgabe 3.19 Zur Bildfunktion $F(s) = \dfrac{s}{(s^2+1)^3}$ ist die korrespondierende Zeitfunktion $f(t)$ zu berechnen.

Hinweis: Es kann die Korrespondenz von Beispiel 3.25 für $a = 1$ verwendet werden.

3.7 Inverse Laplace-Transformation durch Reihenentwicklung der Bildfunktion

Im Abschnitt 3.5 haben wir echt gebrochen rationale Bildfunktionen in Partialbrüche zerlegt. Die Bildfunktion $F(s)$ wurde dabei als eine endliche Summe von Teilfunktionen dargestellt

$$F(s) = \sum_{k=1}^{n} F_k(s)$$

und gliedweise in den Zeitbereich transformiert. Man erhält so mit den Korrespondenzen $F_k(s) \bullet\!-\!\circ f_k(t)$ die zugehörige Zeitfunktion

$$f(t) = \sum_{k=1}^{n} f_k(t)$$

Es liegt nun nahe, dieses Verfahren auch auf Fälle zu übertragen, in denen die inverse Laplce-Transformation durch bekannte Korrespondenzen oder durch Partialbruchentwicklungen uns bis jetzt nicht möglich ist. Wir haben bisher beispielsweise kein Verfahren kennen gelernt, zu einer transzendenten Bildfunktion $F(s)$ die zugehörige Zeitfunktion $f(t)$ zu bestimmen.

Man entwickelt die Bildfunktion $F(s)$ in eine unendliche Reihe von Teilfunktionen $F_k(s)$

$$F(s) = \sum_{k=1}^{\infty} F_k(s)$$

und betrachtet die Originalfunktion $f(t)$ als unendliche Summe der zugehörigen Originalfunktionen $f_k(t)$.

Dieses gliedweise Übersetzen einer unendlichen Summe von Bildfunktionen $F_k(s)$ in den Zeitbereich ist aber nur unter gewissen Voraussetzungen möglich.

Ohne Beweis sei daher der folgende Satz angegeben.

Satz 3.24

Ist die Bildfunktion $F(s) = \sum_{k=1}^{\infty} F_k(s) \bullet\!-\!\circ \sum_{k=1}^{\infty} f_k(t)$ als eine unendliche Summe von Teilfunktionen $F_k(s)$ der Zeitfunktionen $f_k(t)$ darstellbar, so konvergiert die Summe der Zeitfunktionen $f_k(t)$ gegen die korrespondierende Funktion $f(t) = \sum_{k=1}^{\infty} f_k(t)$ von $F(s)$, wenn

1. die Laplace-Integrale der Funktionen $f_k(t)$ absolut konvergieren, wenn also für alle k gilt

   $$\int_0^{\infty} \left| f_k(t) e^{-st} \right| dt < M \quad \text{und}$$

2. auch die Summe dieser Integrale konvergiert.

Ist im Sonderfall die Bildfunktion eine Reihe der Form $F(s) = \sum_{k=1}^{\infty} a_k s^{-k}$,

so gilt für die zugehörige Zeitfunktion $f(t) = \sum_{k=1}^{\infty} a_k \frac{t^{k-1}}{(k-1)!}$

Beispiel 3.27 Zur Bildfunktion $F(s) = \dfrac{1}{(s^2+1)^2}$ mit den komplexen Polen $s = \pm j$ soll durch eine Reihendarstellung die zugehörige Originalfunktion $f(t)$ bestimmt werden.

Eine Polynomdivision ergibt die Reihe

$$F(s) = \frac{1}{s^4+2s^2+1} = \frac{1}{s^4} - \frac{2}{s^6} + \frac{3}{s^8} - \frac{4}{s^{10}} + \frac{5}{s^{12}} - + \cdots$$

Überträgt man die einzelnen Reihenglieder in den Zeitbereich, so erhält man eine Reihenentwicklung für die gesuchte Originalfunktion.

$$f(t) = \frac{t^3}{3!} - \frac{2t^5}{5!} + \frac{3t^7}{7!} - \frac{4t^9}{9!} + \frac{5t^{11}}{11!} - + \cdots$$

In diesem Fall lässt sich die Originalfunktion auch in einer analytischen Form angeben.

Mit dem Faltungssatz erhält man

$$\left.\begin{aligned} F_1(s) &= \frac{1}{s^2+1} \bullet\!-\!\circ\, f_1(t) = \sin(t) \\ F_2(s) &= \frac{1}{s^2+1} \bullet\!-\!\circ\, f_2(t) = \sin(t) \end{aligned}\right\} \Rightarrow f(t) = f_1(t) * f_2(t) = \int_0^t \sin(\tau)\sin(t-\tau)d\tau$$

Unter Verwendung von $\sin(\alpha)\sin(\beta) = \frac{1}{2}\left[\cos(\alpha-\beta) - \cos(\alpha+\beta)\right]$ finden wir

$$f(t) = \frac{1}{2}\int_0^t \left[\cos(\tau) - \cos(t)\right]d\tau = \frac{1}{2}\left[\sin(t) - t\cos(t)\right]$$

Beispiel 3.28 Gegeben ist die Zeitfunktion $f(t) = \dfrac{\sin(t)}{t}$. Es soll die zugehörige Laplace-Transformierte $F(s)$ bestimmt werden.

Ausgehend von der Reihenentwicklung für die Sinusfunktion

$$\sin(t) = t - \frac{t^3}{3!} + \frac{t^5}{5!} - \frac{t^7}{7!} + - \cdots = \sum_{k=0}^{\infty} (-1)^k \frac{t^{2k+1}}{(2k+1)!}$$

erhält man für $f(t)$ die Reihendarstellung

$$f(t) = \frac{\sin(t)}{t} = 1 - \frac{t^2}{3!} + \frac{t^4}{5!} - \frac{t^6}{7!} + - \cdots = \sum_{k=0}^{\infty} (-1)^k \frac{t^{2k}}{(2k+1)!}$$

Gliedweises Transformieren in den Bildbereich liefert eine Reihendarstellung für die gesuchte Bildfunktion

$$F(s) = \frac{1}{s} - \frac{2!}{3!s^3} + \frac{4!}{5!s^5} - \frac{6!}{7!s^7} + - \cdots = \sum_{k=0}^{\infty} \frac{(-1)^k}{2k+1} \left(\frac{1}{s}\right)^{2k+1}$$

Vergleicht man diese Reihe mit der Reihenentwicklung von

$$\arctan(z) = z - \frac{z^3}{3} + \frac{z^5}{5} - \frac{z^7}{7} + - \cdots = \sum_{k=0}^{\infty} \frac{(-1)^k}{2k+1} z^{2k+1},$$

so ergibt sich mit $z = \frac{1}{s}$ die Korrespondenz

$$\frac{\sin(t)}{t} \circ\!-\!\bullet \arctan\left(\frac{1}{s}\right) \tag{3.55}$$

oder in der Notation der Laplace-Transformation

$$\int_0^{\infty} \frac{\sin(t)}{t} e^{-st} dt = \arctan\left(\frac{1}{s}\right) \tag{3.56}$$

Bei manchen Anwendungen, z. B. in der Nachrichtentechnik, kommt der **Integralsinus** vor und es interessiert die Frage, welchen Grenzwert sich diese Funktion nähert.

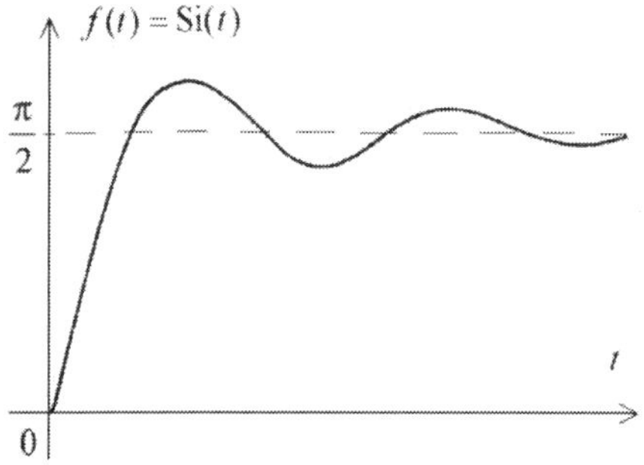

Bild 3.24 Integralsinus

Integralsinus

$$Si(t) = \int_0^{t} \frac{\sin(z)}{z} dz$$

Im Grenzfall $s \to 0$ liefert Gl. (3.56)

$$Si(\infty) = \int_0^{\infty} \frac{\sin(t)}{t} dt = \arctan(\infty) = \frac{\pi}{2}$$

Damit ist auf dem Umweg über die Laplace-Transformation der Grenzwert $\lim_{t \to \infty} Si(t) = \frac{\pi}{2}$ gefunden worden.

Der Verlauf der Zeitfunktion $Si(t)$ ist in Bild 3.24 dargestellt.

Beispiel 3.29 Von der Bildfunktion $F(s)=\dfrac{s^2+s}{s^3+2s^2+3s+4}$ soll mit einer Reihenentwicklung die Originalfunktion $f(t)$ bestimmt werden.

Durch Polynomdivision erhält man $F(s) \;=\; \dfrac{1}{s}-\dfrac{1}{s^2}-\dfrac{1}{s^3}+\dfrac{1}{s^4}+\dfrac{5}{s^5}+\cdots$

Durch gliedweise Rücktransformation in den Zeitbereich ergibt sich

$$f(t) \;=\; 1-t-\frac{t^2}{2!}+\frac{t^3}{3!}+\frac{5t^4}{4!}+\cdots$$

Eine derartige Reihenentwicklung einer echt gebrochen rationalen Bildfunktion ist dann angebracht, wenn eine Partialbruchentwicklung, etwa wegen der Berechnung der Polstellen, zu kompliziert erscheint oder wenn das Verhalten der Zeitfunktion nur für kleine Werte von t interessiert, so dass nur wenige Glieder der Reihe benötigt werden.

Aufgabe zum Abschnitt 3.7

(Ergebnisse im Anhang)

Aufgabe 3.20 Man bestimme die Reihenentwicklung für die folgenden Bildfunktionen

a) $F(s)=\dfrac{s^2}{s^4+1}$ b) $F(s)=\dfrac{1}{s^3+1}$

c) $F(s)=\dfrac{1}{s}e^{-\frac{1}{s}}$ d) $F(s)=\dfrac{1}{s}\cos\left(\dfrac{1}{s}\right)$

3.8 Integrationssatz für die Originalfunktion

Der Integrationssatz beschreibt den Zusammenhang zwischen der Bildfunktion $F(s)$ einer Zeitfunktion $f(t)$ und der Laplace-Transformierten des Integrals über diese Zeitfunktion.

Satz 3.25

Hat die Originalfunktion $f(t)$ die Bildfunktion $F(s)=\mathscr{L}\{f(t)\}$, so gilt

$$\mathscr{L}\left\{\int_0^t f(\tau)d\tau\right\} \;=\; \frac{1}{s}F(s) \qquad (3.57)$$

Beweis: Zum Beweis verwenden wir den Faltungssatz von Abschnitt 3.3.8.

Wählen wir $F_1(s) = F(s) \bullet\!-\!\circ f(t)$ und $F_2(s) = \frac{1}{s} \bullet\!-\!\circ \varepsilon(t)$

so folgt mit dem Faltungssatz und $\varepsilon(t-\tau) = \begin{cases} 1 & \text{für} \quad \tau < t \\ 0 & \text{für} \quad \tau > t \end{cases}$

$$F_1(s)F_2(s) = F(s)\frac{1}{s} \quad \bullet\!-\!\circ \quad f(t) * \varepsilon(\mathrm{t}) = \int_0^t f(\tau)\,\varepsilon(t-\tau)\,d\tau = \int_0^t f(\tau)\,d\tau$$

Einer Integration im Zeitbereich entspricht im Bildbereich einer einfachen Multiplikation mit dem Faktor $1/s$. Dadurch ergeben sich für die Lösung im Bildbereich wesentliche Vereinfachungen gegenüber der Lösung des Problems im Zeitbereich. Statt einer Integration im Zeitbereich, erfolgt im Bildbereich eine einfache Multiplikation.

Beispiel 3.30 Man bestimme die Laplace-Transformierte der Zeitfunktion

$$f(t) = \int_0^t \tau^5 e^{-5\tau}\,d\tau$$

Für die Zeitfunktion $t^5 e^{-5t}$ erhalten wir mit dem Dämpfungssatz die Bildfunktion

$$t^5 e^{-5t} \circ\!-\!\bullet \frac{5!}{(s+5)^6}$$

Mit dem Integrationssatz folgt

$$f(t) = \int_0^t \tau^5 e^{-5\tau}\,d\tau \quad \circ\!-\!\bullet \quad F(s) = \frac{5!}{s(s+5)^6}.$$

Ohne Kenntnis des Integrationssatzes müsste man das Integral ausrechnen und anschließend durch Laplace-Transformation die Bildfunktion bestimmen.

Beispiel 3.31

a) An ein *RC*-Glied wird zum Zeitpunkt $t = 0$ die Spannung $u(t) = U_0\varepsilon(t)$ angelegt. Man berechne den Strom $i(t)$, wenn zum Zeitpunkt $t = 0$ der Kondensator ungeladen ist.

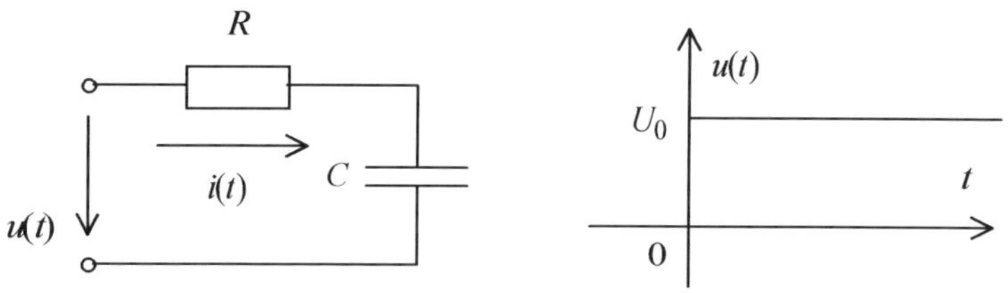

Bild 3.25 *RC*-Glied mit angelegter Spannung $u(t)$

Transformiert man die Spannungsgleichung

$$u_R(t)+u_C(t)=Ri(t)+\frac{1}{C}\int_0^t i(\tau)d\tau=U_0\varepsilon(t)$$

unter Verwendung des Integrationssatzes in den Bildbereich, so erhält man mit $I(s)$, der Laplace-Transformierten des gesuchten Stromes $i(t)$

$$RI(s)+\frac{1}{C}\frac{I(s)}{s}=\frac{U_0}{s}$$

Daraus ergibt sich für den Strom im Bildbereich

$$I(s)=\frac{U_0}{s}\left(\frac{1}{R+\frac{1}{Cs}}\right)=\frac{U_0}{s}\frac{Cs}{RCs+1}=\frac{U_0}{R}\frac{1}{s+\frac{1}{RC}}$$

Die Rücktransformation in den Zeitbereich ergibt den Strom

$$i(t)=\frac{U_0}{R}e^{-\frac{t}{RC}}$$

b) An das RC-Glied werde nun zum Zeitpunkt $t=0$ ein kurze Zeit wirkender Spannungsimpuls (Deltaimpuls) $u(t)=A\delta(t)$ mit der Impulsfläche $A=1\text{Vs}$ angelegt.

Analog zu a) erhält man aus der Spannungsgleichung

$$Ri(t)+\frac{1}{C}\int_0^t i(\tau)d\tau=A\delta(t)$$

Mit der Korrespondenz $A\delta(t)$ ○—● $A\cdot 1$ folgt

$$RI(s)+\frac{1}{C}\frac{I(s)}{s}=A\quad\Rightarrow\quad I(s)=\frac{A}{R+\frac{1}{Cs}}=\frac{A}{R}\left(\frac{s}{s+\frac{1}{RC}}\right)$$

Die Laplace-Transformierte $I(s)$ des Stromes ist hier keine echt gebrochen rationale Funktion. Eine Polynomdivision ergibt:

$$I(s)=\frac{A}{R}\left(1-\frac{\frac{1}{RC}}{s+\frac{1}{RC}}\right)$$

Durch Rücktransformation folgt daraus der gesuchte Strom

$$i(t)=\frac{A}{R}\delta(t)-\frac{A}{R^2C}e^{-\frac{t}{RC}}$$

Der angelegte Spannungsimpuls hat zunächst einen Stromimpuls zur Folge. Darauf folgt der Entladestrom des Kondensators nach einer e-Funktion.

Beispiel 3.32 Man bestimme die Bildfunktion $F(s)$ der Dreieckfunktion nach Bild 3.26a.

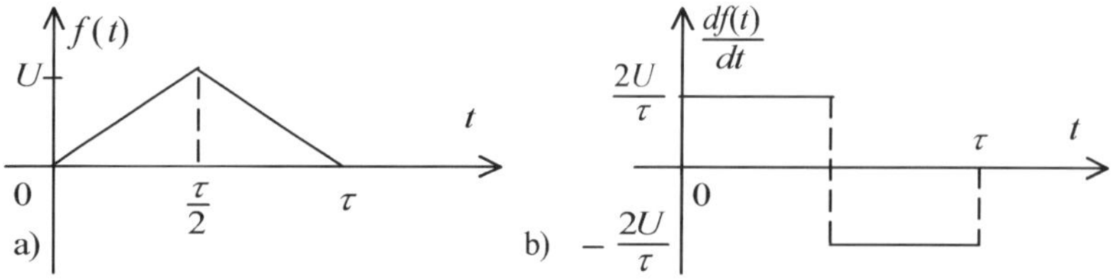

Bild 3.26 Dreieckfunktion $f(t)$ und ihre Ableitung $f'(t)$

Wir betrachten die Ableitung der gegebenen Zeitfunktion

$$f'(t) = \begin{cases} \dfrac{2U}{\tau} & \text{für } 0 < t < \dfrac{\tau}{2} \\ -\dfrac{2U}{\tau} & \text{für } \dfrac{\tau}{2} < t < \tau \\ 0 & \text{für alle übrigen Zeitpunkte} \end{cases}$$

Die Ableitung $f'(t)$ lässt sich aus Sprungfunktionen zusammensetzen (Bild 3.26b).

$$f'(t) = \frac{2U}{\tau}\left[\varepsilon(t) - 2\varepsilon\left(t - \frac{\tau}{2}\right) + \varepsilon(t-\tau)\right]$$

Unter Beachtung des Verschiebungssatzes erhalten wir

$$\mathscr{L}\{f'(t)\} = \frac{2U}{\tau}\frac{1}{s}\left[1 - 2e^{\frac{-s\tau}{2}} + e^{-s\tau}\right] = \frac{2U}{s\tau}\left[1 - e^{\frac{-s\tau}{2}}\right]^2$$

Mit dem Integrationssatz für die Originalfunktion ergibt sich daraus

$$F(s) = \mathscr{L}\{f(t)\} = \mathscr{L}\left\{\int_0^t f'(z)dz\right\} = \frac{2U}{s^2\tau}\left[1 - e^{\frac{-s\tau}{2}}\right]^2$$

Ohne Verwendung des Integrationssatzes müsste man die Zeitfunktion $f(t)$ in die folgende, etwas schwieriger zu erkennende Zerlegung in Teilfunktionen aufspalten.

$$f(t) = \frac{2U}{\tau}t - \frac{4U}{\tau}\left(t - \frac{\tau}{2}\right)\varepsilon\left(t - \frac{\tau}{2}\right) + \frac{2U}{\tau}(t-\tau)\varepsilon(t-\tau)$$

Bemerkung: Das Verfahren, die Laplace-Transformierte einer Zeitfunktion $f(t)$ dadurch zu erhalten, dass man zunächst die in manchen Fällen einfachere Bildfunktion der Ableitung $f'(t)$ bestimmt und dann den Integrationssatz für die Originalfunktion verwendet, ist nur dann zulässig, wenn $f(t)$ eine stetige Funktion ist. Für eine Zeitfunktion mit Sprungstellen ist die verallgemeinerte Ableitung (siehe Abschnitt 3.3.12) zu verwenden.

Die **Vorgehensweise bei Sprungstellen** mit der verallgemeinerte Ableitung soll anhand von Beispiel 3.12 von Abschnitt 3.3.3 mit der Funktion

$$f(t) = A\left[\frac{1}{\tau}t\varepsilon(t) - \frac{1}{\tau}(t-\tau)\varepsilon(t-\tau) - \varepsilon(t-\tau)\right] \text{ gezeigt werden.}$$

Die verallgemeinerte Ableitung von $f(t)$ lautet:

$$Df(t) = A\left[\frac{1}{\tau}\varepsilon(t) + \frac{1}{\tau}t\delta(t) - \frac{1}{\tau}\varepsilon(t-\tau) - \frac{1}{\tau}(t-\tau)\delta(t-\tau) - \delta(t-\tau)\right]$$

Unter Beachtung der Eigenschaft der δ-Funktion, $t\delta(t) = 0$ entsprechend $(t-\tau)\delta(t-\tau) = 0$,

erhält man $Df(t) = A\left[\frac{1}{\tau}\varepsilon(t) - \frac{1}{\tau}\varepsilon(t-\tau) - \delta(t-\tau)\right]$.

Mit $\mathscr{L}\{Df(t)\} = A\left[\frac{1}{\tau s} - \frac{e^{-s\tau}}{\tau s} - e^{-s\tau}\right]$ ergibt sich

$$F(s) = \mathscr{L}\left\{\int_0^t Df(z)dz\right\} = \frac{A}{\tau s^2}\left[1 - e^{-s\tau}\right] - \frac{A}{s}e^{-s\tau}.$$

In Übereinstimmung mit dem Ergebnis von Beispiel 3.12

Aufgaben zum Abschnitt 3.8

(Ergebnisse im Anhang)

Aufgabe 3.21 Mit der Korrespondenz $\frac{1}{s+a}$ •—○ e^{-at} sollen durch zweimaliges Anwenden des Integrationssatzes neue Korrespondenzen gewonnen werden.

Aufgabe 3.22 Bestimmen Sie die Laplace-Transformierten $F(s)$ der folgenden Originalfunktionen

a) $f(t) = Si(t) = \int_0^t \frac{\sin(\tau)}{\tau} d\tau$ (siehe Beispiel 3.28)

b) $f(t) = \int_0^t \left[\tau^2 + 2\tau\right] e^{-3\tau} d\tau$

Aufgabe 3.23 Für die Zeitfunktion nach Bild 3.27 berechne man unter Verwendung des Integrationssatzes für die Originalfunktion die Laplace-Transformierte $F(s)$.

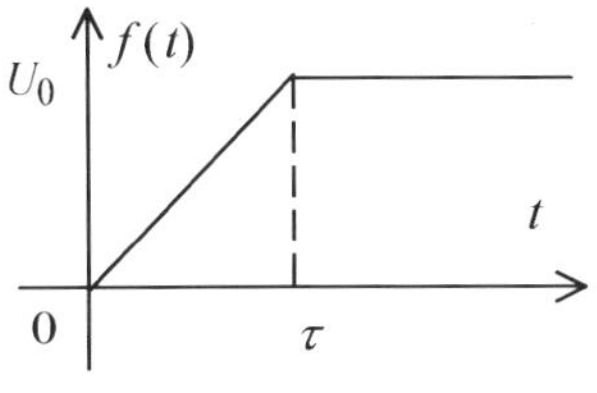

a) $f(t) = \begin{cases} \frac{U_0}{\tau}t & 0 \le t \le \tau \\ U_0 & t > \tau \end{cases}$

Bild 3.27a Zeitfunktion $f(t)$

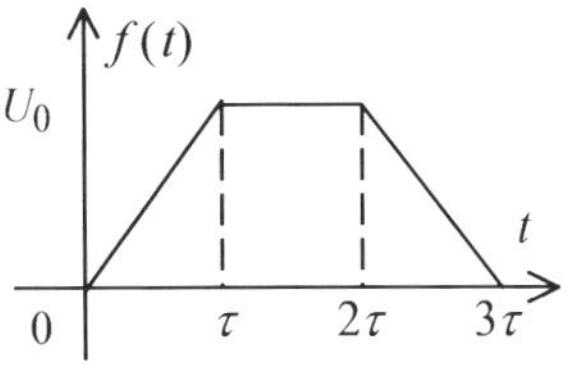

b) $f(t) = \begin{cases} \frac{U_0}{\tau}t & 0 \le t \le \tau \\ U_0 & \tau < t \le 2\tau \\ 3U_0 - \frac{U_0}{\tau}t & 2\tau < t \le 3\tau \\ 0 & t > 3\tau \end{cases}$

Bild 3.27b Zeitfunktion $f(t)$

3.9 Differentiationssatz für die Originalfunktion

Der Differentiationssatz für die Originalfunktion beschreibt den Zusammenhang zwischen der Laplace-Transformierten $F(s)$ einer Zeitfunktion $f(t)$ und der Laplace-Transformierten ihrer Ableitung $f'(t) = \dfrac{df(t)}{dt}$.

Satz 3.26

> Ist $f(t)$ eine kausale Zeitfunktion, mit dem rechtsseitigen Grenzwert $\lim\limits_{t \to +0} f(t) = f(+0)$, deren Ableitung $f'(t)$ für alle Zeitpunkte $t > 0$ existiert und für die das Laplace-Integral
>
> $\int\limits_0^\infty f'(t) \mathrm{e}^{-st} dt$ konvergiert. Dann gilt: $f'(t) \circ\!-\!\bullet\ sF(s) - f(+0)$
>
> (3.58)

Beweis: Mit der Definition der Laplace-Transformation erhält man

$$\mathscr{L}\{f'(t)\} = \int\limits_0^\infty f'(t) e^{-st} dt = \lim_{t_0 \to 0} \int\limits_{t_0}^\infty f'(t) e^{-st} dt$$

Eine partielle Integration mit

$u = e^{-st} \quad \Rightarrow \quad u' = -se^{-st}$ und $v' = f'(t) \quad \Rightarrow \quad v = f(t)$ ergibt

$$\mathscr{L}\{f'(t)\} = \lim_{t_0 \to +0} \left\{ \left[e^{-st} f(t) \right]_{t_0}^\infty + s \int\limits_{t_0}^\infty f(t) e^{-st} dt \right\} = - \lim_{t_0 \to +0} e^{-st_0} f(t_0) + s F(s) .$$

Wir finden für die Laplace-Transformierte der Ableitung

$$\mathscr{L}\{f'(t)\} = s F(s) - f(+0) .$$

Dem Differenzieren der Zeitfunktion $f(t)$ entspricht im Bildbereich, abgesehen von der Subtraktion der Konstanten $f(+0)$, eine Multiplikation der Bildfunktion $F(s)$ mit der Bildvariablen s.

Zum Beweis des Differentiationssatzes wurde die Existenz der Ableitung für den Zeitpunkt $t = 0$ nicht vorausgesetzt. Das ist wesentlich, da bei Anwendungen der Laplace-Transformation Zeitfunktionen auftreten, deren Ableitungen für $t = 0$ nicht definiert sind.

Die Ableitung $f'(t)$ existiert in manchen Fällen schon deswegen nicht, da die Zeitfunktion $f(t)$ für $t = 0$ keinen definierten Funktionswert $f(0)$ besitzt. Es wird daher vorausgesetzt, dass der rechtsseitige Grenzwert $f(+0)$ existiert.

Wenden wir Gl. (3.58) auf die Zeitfunktion $f'(t)$ an, so folgt für die Laplace-Transformierte der 2. Ableitung

$$\mathscr{L}\{f''(t)\} = s \mathscr{L}\{f'(t)\} - f'(+0) = s^2 F(s) - s f(+0) - f'(+0)$$

Fortsetzen dieses Verfahrens ergibt die **allgemeine Form des Differentiationssatzes**.

Satz 3.27

Ist $f(t)$ eine kausale Zeitfunktion, deren sämtliche k-te Ableitungen $f^{(k)}(t)$, mit $k = 1, 2, ..., n$ für alle Zeitpunkte $t > 0$ existieren und deren sämtliche Laplace-Integrale $\int\limits_0^{\infty} f^{(k)}(t)\, e^{-st}\, dt$ konvergieren, dann gilt:

$$f^{(n)}(t) \circ\!-\!\bullet\; s^n F(s) - s^{n-1} f(+0) - s^{n-2} f'(+0) \cdots - s f^{(n-2)}(+0) - f^{(n-1)}(+0) \qquad (3.60)$$

Die Laplace-Transformierten der häufig gebrauchten Ableitungen erster bis dritter Ordnung sind im Folgenden explizit aufgeführt.

$$f'(t) \circ\!-\!\bullet\; sF(s) \;-f(+0)$$
$$f''(t) \circ\!-\!\bullet\; s^2 F(s) \;- s\, f(+0) - f'(+0)$$
$$f'''(t) \circ\!-\!\bullet\; s^3 F(s) \;- s^2 f(+0) - s\, f'(+0) - f''(+0)$$

Beispiel 3.33 Aus der Korrespondenz $\dfrac{1}{(s+a)^3} \bullet\!-\!\circ \dfrac{t^2 e^{-at}}{2}$ soll durch Anwenden des Differentiationssatzes eine neue Korrespondenz hergeleitet werden.

Mit $f(t) = \dfrac{t^2 e^{-at}}{2} \circ\!-\!\bullet\; F(s) = \dfrac{1}{(s+a)^3}$ erhält man wegen $f(+0) = 0$, mit dem Differentiationssatz die Korrespondenz

$$sF(s) = \frac{s}{(s+a)^3} \bullet\!-\!\circ\; f'(t) = \frac{-at^2 + 2t}{2} e^{-at}.$$

Da auch $f'(+0) = 0$ ist, ergibt eine weitere Anwendung des Differentiationssatzes die

Korrespondenz $s^2 F(s) = \dfrac{s^2}{(s+a)^3} \bullet\!-\!\circ\; f''(t) = \dfrac{a^2 t^2 - 4at + 2}{2} e^{-at}$.

Nun ist $f''(+0) = 1$ und man erhält weiter

$$s^3 F(s) - f''(+0) = \frac{s^3}{(s+a)^3} - 1 \bullet\!-\!\circ\; f'''(t) = \frac{-a^3 t^2 + 6at - 6a}{2} e^{-at}.$$

Wird die -1 auf die rechte Seite gebracht lautet die Korrespondenz

$$\frac{s^3}{(s+a)^3} \bullet\!-\!\circ\; \frac{-a^3 t^2 + 6at - 6a}{2} e^{-at} + \delta(t).$$

Bemerkung: Da die Bildfunktion der letzten Korrespondenz keine echt gebrochen rationale Funktion ist, denn der Grad des Zählers stimmt mit dem Grad des Nenners überein, tritt im Zeitbereich die Deltafunktion auf.

Beispiel 3.34 An den Stromkreis von Bild 3.28 wird zur Zeit $t = 0$ die Spannung $u(t) = U_0\varepsilon(t)$ angelegt. Es soll der Strom $i(t)$ berechnet werden, wenn für den Strom die Anfangsbedingung $i(+0) = 0$ gilt.

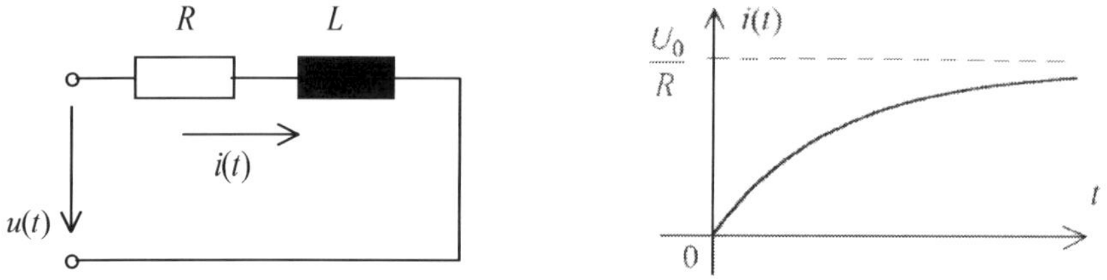

Bild 3.28 RL-Stromkreis

Transformiert man die Spannungsgleichung $Ri(t) + L\dfrac{di(t)}{dt} = U_0\varepsilon(t)$ in den Bildbereich, so erhält man mit $i(t) \circ\!-\!\bullet\; I(s)$ und $i(+0) = 0$ die Gleichung

$$RI(s) + LsI(s) = \frac{U_0}{s} \quad\Rightarrow\quad I(s) = \frac{U_0}{s(R+Ls)} = \frac{U_0}{sL\left(s+\frac{R}{L}\right)}$$

Eine Partialbruchzerlegung ergibt $I(s) = \dfrac{U_0}{R}\left(\dfrac{1}{s} - \dfrac{1}{s+\frac{R}{L}}\right)$

Durch Rücktransformation erhält man für den gesuchten Strom

$$i(t) = \frac{U_0}{R}\left(1 - e^{-\frac{R}{L}t}\right)$$

Beispiel 3.35: Der radioaktive Zerfall wird beschrieben durch die Gleichung

$\dfrac{dz(t)}{dt} = -\lambda z(t)$, mit $z(0) = z_0$. Wie lautet das Zerfallsgesetz?

Mit $\mathscr{L}\{z(t)\} = Z(s)$ und dem Differentiationssatz erhalten wir

$$sZ(s) - z(0) = -\lambda Z(s) \quad\Rightarrow\quad Z(s) = \frac{z_0}{(s+\lambda)}.$$

Durch Rücktransformation finden wir das Zerfallsgesetz

$$z(t) = z_0 e^{-\lambda t}$$

3.9.1 Differentiationssatz der verallgemeinerten Ableitung einer Originalfunktion

Wir haben im Abschnitt 3.4 die Deltafunktion als verallgemeinerte Ableitung der Sprungfunktion betrachtet und den Zusammenhang in der Form erhalten,

$$D\varepsilon(t) = \delta(t) \tag{3.42}$$

wobei als Symbol für die verallgemeinerte Ableitung D (Derivation) verwendet wird.

Diese zunächst formale, mathematische Definition ist aber auch physikalisch sinnvoll und daher für Anwendungen geeignet. Legt man etwa an den Eingang eines Differenziergliedes eine sprungförmige Spannung, wobei der Übergang vom Spannungswert 0 zum Spannungswert 1 innerhalb einer sehr kurzen Zeitspanne τ erfolgen soll (siehe Bild 3.22), so tritt am Ausgang dieses Differenziergliedes ein sehr kurzer und hoher Spannungsimpuls auf, der in seiner idealisierten Form einem Deltaimpuls entspricht.

Mit Hilfe der Deltafunktion als verallgemeinerte Ableitung der Sprungfunktion kann die verallgemeinerte Ableitung einer Zeitfunktion $f(t)$ definiert werden, die im Gegensatz zu der von der Analysis her bekannten üblichen Ableitung, auch an Sprungstellen (Unstetigkeitsstellen) der Funktion $f(t)$ existiert.

Die praktische Bedeutung dieser verallgemeinerten Ableitung gerade für Anwendungen der Laplace-Transformation in der Elektrotechnik werden wir später im Abschnitt 3.4.3 erkennen. An dieser Stelle sei nur darauf hingewiesen, dass bei der Berechnung von Einschaltvorgängen in Netzwerken häufig Ströme oder Spannungen auftreten, die zum Schaltzeitpunkt $t = 0$ sich sprungförmig verhalten. Ersetzt man in den dabei auftretenden Differentialgleichungen die üblichen Ableitungen durch die verallgemeinerten Ableitungen, so ist die Frage nach den einzusetzenden Anfangswerten eindeutig zu beantworten.

Definition 3.6

Es sei $f(t)$ eine Zeitfunktion, die mit Ausnahme der Stellen $t = t_i$ mit $i = 1, 2, \dots, n$ überall stetig ist. Die Sprunghöhen , d. h. die Differenzen aus den rechts- und linksseitigen Grenzwerten der Funktion $f(t)$ an diesen Unstetigkeitsstellen sind $h_i = f(t_i + 0) - f(t_i - 0)$.

Unter der **verallgemeinerten Ableitung der Funktion** $f(t)$ versteht man

$$Df(t) = f'(t) + \sum_{i=1}^{n} h_i \delta(t - t_i) \tag{3.61}$$

Für eine überall stetige Funktion $f(t)$ stimmt die verallgemeinerte Ableitung $Df(t)$ und die übliche Ableitung $f'(t)$ überein.

Für eine Funktion mit Unstetigkeitsstellen stimmen $Df(t)$ und $f'(t)$ an allen Stetigkeitsstellen von $f(t)$ überein, an den Unstetigkeitsstellen, an denen die gewöhnliche Ableitung nicht definiert ist, wird die verallgemeinerte Ableitung $Df(t)$ durch einen Deltaimpuls beschrieben, dessen Impulsfläche der jeweiligen Sprunghöhe entspricht.

Beispiel 3.36 Man bestimme die verallgemeinerte Ableitung der in Bild 3.29 dargestellten Folge von Rechteckimpulsen.

$$f(t) = 2\varepsilon(t) - 2\varepsilon(t-1) + \varepsilon(t-2) - \varepsilon(t-3) + 3\varepsilon(t-4) - 3\varepsilon(t-5)$$

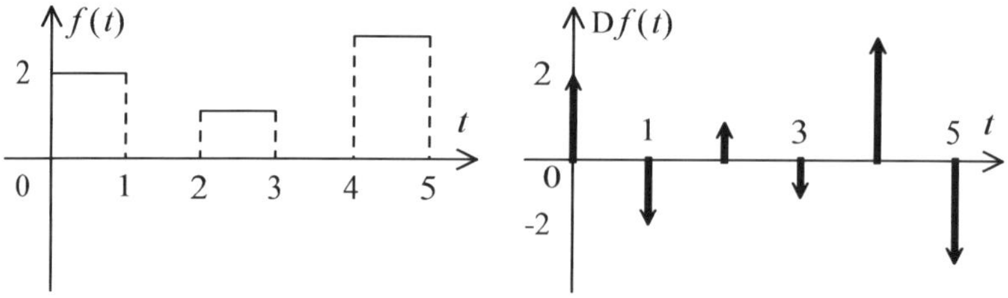

Bild 3.29 Folge von Rechteckimpulsen und verallgemeinerte Ableitung

Für die übliche Ableitung gilt $f'(t) = \begin{cases} \text{nicht definiert für } t = 1,2,3,4,5 \\ 0 \quad \text{sonst} \end{cases}$.

Für die Folge von Rechteckimpulsen

$$f(t) = 2\varepsilon(t) - 2\varepsilon(t-1) + \varepsilon(t-2) - \varepsilon(t-3) + 3\varepsilon(t-4) - 3\varepsilon(t-5)$$

ergibt sich als verallgemeinerte Ableitung

$$D\,f(t) \;=\; 2\delta(t) - 2\delta(t-1) + \delta(t-2) - \delta(t-3) + 3\delta(t-4) - 3\delta(t-5)$$

Die verallgemeinerte Ableitung einer Folge von Rechteckimpulsen ist eine Folge von Deltaimpulsen.

Wie wollen uns nun dem für die Anwendungen wichtigen Sonderfall zuwenden und kausale, stetige Zeitfunktionen $f(t)$ betrachten, die sich nur zum Zeitpunkt $t = 0$ unstetig verhalten.

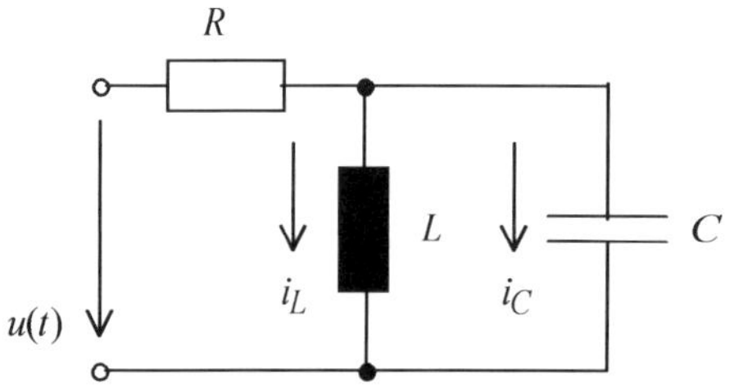

Bild 3.30 RCL-Netzwerk

Schaltet man beispielsweise an das Netzwerk von Bild 3.30 zum Zeitpunkt $t = 0$ eine Gleichspannung $u(t) = U_0\varepsilon(t)$, so ändert sich der Teilstrom $i_L(t)$ stetig, der Teilstrom $i_C(t)$ dagegen unstetig.

Die Berechnung des Netzwerkes erfolgt in Aufgabe 4.7 von Abschnitt 4.2

Satz 3.28

Für eine, nur bei $t = 0$ unstetige Zeitfunktion $f(t)$, mit der Laplace-Transformierten $F(s)$ gilt

$$Df(t) \circ\!-\!\bullet\; sF(s) - f(-0) \tag{3.62}$$

Ist $f(t)$ eine kausale Zeitfunktion, was vorausgesetzt wird, so sind für

$k = 0, 1, 2, ..., n-1$ alle linkseitigen Anfangswerte $f^{(k)}(-0) = 0$

und es gelten die Korrespondenzen

$$Df(t) \circ\!-\!\bullet\; sF(s) \tag{3.63}$$

$$D^{(n)}f(t) \circ\!-\!\bullet\; s^n F(s) \tag{3.64}$$

Beweis: Für eine bei $t = 0$ unstetige Zeitfunktion $f(t)$ gilt

$$Df(t) = f'(t) + h\delta(t)\,.$$

Mit den Korrespondenzen

$$f'(t) \circ\!-\!\bullet\; sF(s) - f(+0)$$

$$\delta(t) \circ\!-\!\bullet\; 1$$

folgt mit $h = f(+0) - f(-0)$

$$Df(t) \circ\!-\!\bullet\; sF(s) - f(-0)$$

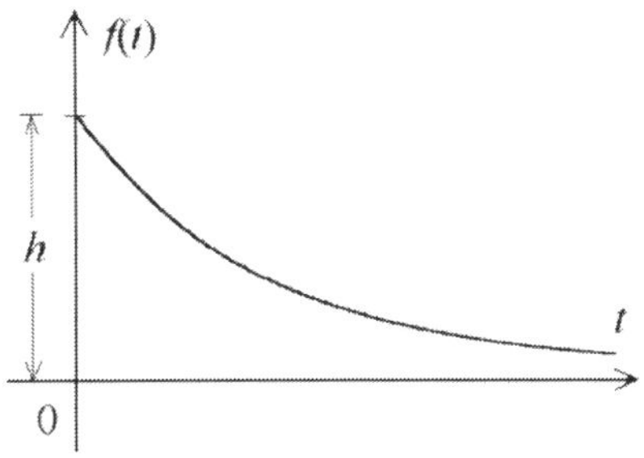

Bild 3.31 Zeitfunktion $f(t)$

Für eine kausale Zeitfunktion [$f(t) = 0$ für alle Zeitpunkte $t < 0$], mit $f(-0) = 0$ folgt Gl. (3.63) und durch wiederholtes Anwenden von Gl. (3.63) schließlich Gl. (3.64).

Der Differentiationssatz für die verallgemeinerte Ableitung

$$Df(t) \circ\!-\!\bullet\; sF(s) - f(-0)$$

unterscheidet sich vom Differentiationssatz für die übliche Ableitung

$$f'(t) \circ\!-\!\bullet\; sF(s) - f(+0)$$

nur dadurch, dass statt des rechtsseitigen Grenzwertes $f(+0)$ der linksseitige Grenzwert $f(-0)$ auftritt.

Dies hat bei den Anwendungen wichtige Konsequenzen, da über den linksseitigen Grenzwert allgemeinere Aussagen gemacht werden können.

Bei Anwendungen sind es die Parameterwerte, die ein System aus der Vergangenheit ($t < 0$) mitbringt. In der Elektrotechnik können das zum Beispiel Spannungen an Kondensatoren sein.

Beispiel 3.37 Es sollen die Bildfunktionen der Ableitungen der Deltafunktion bestimmt werden.

Für die Laplace-Transformierte der Deltafunktion selbst erhält man mit (3.62) und der Korrespondenz $f(t) = \varepsilon(t)$ ○—● $F(s) = \frac{1}{s}$ die uns schon bekannte Bildfunktion der Deltafunktion

$$\delta(t) = D\varepsilon(t) \quad \circ\!-\!\bullet \quad s\frac{1}{s} - \varepsilon(-0) = 1$$

Für die n-fach verallgemeinerte Ableitung der Deltafunktion folgt mit (3.62)

$$D^{(n)}\delta(t) \quad \circ\!-\!\bullet \quad s^n \tag{3.65}$$

Den Bildfunktionen $F(s) = s^n$ entsprechen im Zeitbereich die Ableitungen der Deltafunktion.

3.10 Grenzwertsätze

3.10.1 Anfangswertsatz

Aus einer Bildfunktion $F(s)$ kann der Anfangswert $f(+0)$ der zugehörigen Zeitfunktion, ohne die Kenntnis von $f(t)$ bestimmt werden, wenn folgende Voraussetzungen gegeben sind.

Satz 3.29 Anfangswertsatz

Es sei $F(s)$ eine Bildfunktion der Zeitfunktion $f(t)$, deren Ableitung für $t > 0$ existiert und eine Laplace-Transformierte besitzt. Für den Anfangswert $f(+0)$ der Zeitfunktion $f(t)$ gilt dann

$$\lim_{t \to +0} f(t) = \lim_{s \to \infty} sF(s) \tag{3.66}$$

Beweis: Da vorausgesetzt ist, dass $f'(t)$ für alle Zeitpunkte $t > 0$ existiert und eine Laplace-Transformierte $\mathscr{L}\{f'(t)\} = \tilde{F}(s)$ besitzt, so konvergiert $\tilde{F}(s)$ für $s \to \infty$ gegen Null.

$$\lim_{s \to \infty} \mathscr{L}\{f'(t)\} = \lim_{s \to \infty} \tilde{F}(s) = 0$$

Nach dem Differentiationssatz für die Originalfunktion gilt:

$$\mathscr{L}\{f'(t)\} = \int_0^\infty f'(t)e^{-st}dt = sF(s) - f(+0)$$

Im Grenzfall $s \to \infty$ gilt: $\lim\limits_{s \to \infty} \tilde{F}(s) = 0 = \lim\limits_{s \to \infty} sF(s) - f(+0)$, $\Rightarrow$ $\lim\limits_{s \to \infty} sF(s) = f(+0)$

Durch diesen Satz wird bei bekannter Bildfunktion $F(s)$ eine Aussage über den Anfangswert der Originalfunktion $f(t)$ gemacht, ohne dass $f(t)$ bekannt sein muss.

Da man bei der Anwendung des Satzes diese Voraussetzungen nicht immer prüfen kann oder will, sei darauf hingewiesen, dass aus der Existenz des Grenzwertes $\lim\limits_{s\to\infty} s\,F(s)$ nicht auf das Vorhandensein des Grenzwertes $\lim\limits_{t\to+0} f(t)$ geschlossen werden darf.

3.10.2 Endwertsatz

Satz 3.30

Es sei $f(t)$ eine Zeitfunktion, die die Voraussetzungen des Differentiationssatzes 3.26 erfüllt und deren Laplace-Transformierte $F(s)$ für Re $s > 0$ keine Pole hat, mit Ausnahme einer einfachen Polstelle bei $s = 0$.

Dann gilt der folgende Endwertsatz

$$\lim_{t\to\infty} f(t) = \lim_{s\to 0} sF(s) \tag{3.67}$$

Beweis: Nach dem Differentiationssatz für die Originalfunktion gilt

$$f'(t) \circ\!-\!\bullet \int_{+0}^{\infty} f'(t)e^{-st}dt = sF(s) - f(+0)$$

und es gilt für das Integral $\int_{+0}^{\infty} f'(t)\,dt = \lim\limits_{t\to\infty} f(t) - f(+0)$.

Damit folgt im Grenzfall $s \to 0$:

$$\lim_{t\to\infty} f(t) - f(+0) = \lim_{s\to 0} sF(s) - f(+0)$$

Beispiel 3.38 Gegeben ist die Bildfunktion $F(s) = \dfrac{s^2 - s - 3}{s^3 + 5s^2 + 8s + 4}$.

Es sollen der Anfangswert $f(+0)$ und der Endwert $\lim\limits_{t\to\infty} f(t)$ der zugehörigen Zeitfunktion bestimmt werden.

Anfangswert: $\lim\limits_{t\to 0} f(t) = f(0) = \lim\limits_{s\to\infty} \dfrac{s(s^2 - s - 3)}{s^3 + 5s^2 + 8s + 5} = 1$

Endwert: $\lim\limits_{t\to\infty} f(t) = \lim\limits_{s\to 0} \dfrac{s(s^2 - s - 3)}{s^3 + 5s^2 + 8s + 5} = 0$

Damit sind Anfangs- und Endwert ohne Kenntnis der Zeitfunktion $f(t)$ bestimmt.

Bemerkung: Bei $F(s)$ handelt es sich um die Bildfunktion von Beispiel 3.22. An der dort berechneten Zeitfunktion $f(t) = -e^{-t} - 3te^{-2t} + 2e^{-2t}$ kann das Ergebnis verifiziert werden.

Beispiel 3.39 Es sollen Anfangswert und Endwert der Zeitfunktion $f(t)$ bestimmt werden, deren Laplace-Transformierte die Bildfunktion $F(s)=\dfrac{s^3}{(s+1)^4}$ ist.

Anfangswert: $$\lim_{t\to 0} f(t) = \lim_{s\to\infty}\frac{s\cdot s^3}{(s+1)^4} = 1$$

Endwert: $$\lim_{t\to\infty} f(t) = \lim_{s\to 0}\frac{s\cdot s^3}{(s+1)^4} = 0$$

Aufgaben zum Abschnitt 3.10

(Ergebnisse im Anhang)

Aufgabe 3.24 Man berechne zu den folgenden Bildfunktionen die Anfangs- und Endwerte ihrer zugehörigen Zeitfunktionen.

a) $F(s) = \dfrac{1}{(1+3s)^3}$

b) $F(s) = \dfrac{1}{(s-1)(s+2)^2}$

c) $F(s) = \dfrac{2s^2+3s+2}{s^3+2s^2+2s}$

d) $F(s) = \dfrac{1}{s}\arctan\left(\dfrac{1}{s}\right)$

e) $F(s) = \dfrac{1}{s\sqrt{s+1}}$

f) $F(s) = \dfrac{1}{s}\ln(1+s)$

3.11 Differentiationssatz für die Bildfunktion

Satz 3.31

Ist $F(s)$ die Laplace-Transformierte der kausalen Zeitfunktion $f(t)$, so gelten die folgenden Korrespondenzen

$$\frac{dF(s)}{ds} \;\bullet\!-\!\circ\; -t\,f(t) \tag{3.68}$$

$$\frac{d^{(n)}F(s)}{ds^n} \;\bullet\!-\!\circ\; (-1)^n\, t^n f(t) \tag{3.69}$$

Die Gleichungen (3.68) und (3.69) machen eine Aussage über die Ableitungen der Bildfunktion $F(s)$ und den zugehörigen Auswirkungen im Originalbereich. Dadurch werden weitere Einsichten in die Zusammenhänge zwischen einer Bildfunktion $F(s)$ und der zugehörigen Zeitfunktion $f(t)$ sichtbar.

Beweis: Ausgehend von der Definitionsgleichung der Laplace-Transformation

$$F(s) = \int_0^\infty f(t)e^{-st}\,dt$$

erhält man durch Differenzieren der Bildfunktion nach der Variablen s

$$\frac{dF(s)}{ds} = \frac{d}{ds}\int_0^\infty f(t)e^{-st}\,dt$$

Die Variablen s und t sind voneinander unabhängig. Die Differentiation kann in das Integral gezogen werden. Damit ergibt sich

$$\frac{dF(s)}{ds} = \int_0^\infty \frac{d}{ds}\left(f(t)e^{-st}\right)dt = -\int_0^\infty t\,f(t)\,e^{-st}\,dt$$

Das letzte Integral ist die Laplace-Transformierte der Zeitfunktion $g(t) = -tf(t)$.
Durch mehrfaches Anwenden der Korrespondenz (3.68) erhält man die Korrespondenz (3.69).

Beispiel 3.40 Es soll die Laplace-Transformierte der Zeitfunktion $f(t) = t\sin(\omega t)$ berechnet werden.

Aus der Korrespondenz $\sin(\omega t) \circ\!-\!\bullet \frac{\omega}{s^2+\omega^2}$ folgt mit dem Differentiationssatz für die Bildfunktion $t\sin(\omega t) \circ\!-\!\bullet -\frac{dF(s)}{ds} = \frac{2\omega s}{(s^2+\omega^2)^2}$

Beispiel 3.41 Man berechne das Integral $\int_0^\infty t\sin(t)e^{-2t}\,dt$.

Mit dem Ergebnis von Beispiel 3.40 erhält man für $\omega = 1$ die Korrespondenz

$$t\sin(t) \circ\!-\!\bullet \frac{2s}{(s^2+1)^2} = \int_0^\infty t\sin(t)e^{-st}\,dt$$

Für $s = 2$ ergibt sich daraus $\int_0^\infty t\sin(t)e^{-2t}\,dt = \frac{4}{25} = 0{,}16$.

Beispiel 3.42 Aus der Korrespondenz $F(s) = \frac{1}{\sqrt{s}} \bullet\!-\!\circ \frac{1}{\sqrt{\pi t}}$ sollen mit dem Differentiationssatz für die Bildfunktion neue Korrespondenzen hergeleitet werden.

Wir erhalten $\quad \dfrac{dF(s)}{ds} = -\dfrac{1}{2s\sqrt{s}} \quad \bullet\!-\!\circ \quad -\dfrac{t}{\sqrt{\pi t}} = -\sqrt{\dfrac{t}{\pi}}$

und $\quad \dfrac{d^2F(s)}{ds^2} = \dfrac{1}{2}\cdot\dfrac{3}{2}\dfrac{1}{s^2\sqrt{s}} \quad \bullet\!-\!\circ \quad \dfrac{t^{\frac{3}{2}}}{\sqrt{\pi}}$

Durch Fortsetzen des Verfahrens ergibt sich die Korrespondenz

$$\frac{1}{s^n\sqrt{s}} \quad \bullet\!-\!\circ \quad \frac{4^n n!}{(2n)!}\cdot\frac{t^{n-\frac{1}{2}}}{\sqrt{\pi}}$$

Beispiel 3.43 Man berechne die Originalfunktion $f(t)$ zur Bildfunktion

$$F(s) = \ln\left(1+\frac{1}{s^2}\right).$$

Durch Differenzieren der Bildfunktion und Zerlegen in Partialbrüche folgt

$$\frac{dF(s)}{ds} = \frac{1}{1+\frac{1}{s^2}}\left(-\frac{2}{s^3}\right) = -\frac{2}{s(s^2+1)} = -\frac{2}{s}+\frac{2s}{s^2+1}$$

Durch Rücktransformation und Beachten des Differentiationssatzes für die Bildfunktion erhalten wir

$$-\frac{2}{s}+\frac{2s}{s^2+1} \quad \bullet\!-\!\circ \quad -2+2\cos(t) = -t\,f(t)$$

Mit dem Ergebnis $\quad f(t) = \dfrac{2-2\cos(t)}{t}$

Aufgaben zum Abschnitt 3.11

(Ergebnisse im Anhang)

Aufgabe 3.25 Man berechne die Bildfunktionen $F(s)$ zu den folgenden Zeitfunktionen

a) $f(t) = t\cdot\sinh(t)$ b) $f(t) = t^2\sin(t)$

c) $f(t) = t^3\cos(t)$ d) $f(t) = t\left[3\sin(2t)+\cos(2t)\right]$

e) $f(t) = \dfrac{1}{2}\left[\sin(t) - t\cos(t)\right]$

Aufgabe 3.26 Man bestimme die Zeitfunktion $f(t)$ zur Bildfunktion

$$F(s) = -\ln(1+s)\,.$$

3.12 Integrationssatz für die Bildfunktion

Satz 3.32

Es sei $F(s)$ die Bildfunktion der Originalfunktion $f(t)$. Dann gilt unter der Voraussetzung, dass auch $g(t) = \frac{f(t)}{t}$ eine Bildfunktion besitzt

$$\int_s^\infty F(u)du \quad \bullet\!-\!\circ \quad \frac{f(t)}{t} \tag{3.70}$$

Ist $F(s)$ die Bildfunktion von $f(t)$, so erhält man durch eine Integration der Bildfunktion in den angegebenen Grenzen, die Laplace-Transformierte der Zeitfunktion $g(t) = \frac{f(t)}{t}$.

Beweis: Wir gehen aus von der Definitionsgleichung der Laplace-Transformation

$F(s) = \int_0^\infty f(t)e^{-st}dt$ und bilden das Integral $\int_s^\infty F(u)\,du = \int_s^\infty \int_0^\infty f(t)e^{-ut}\,dt\,du$.

Da die Variablen u und t unabhängig voneinander sind, kann die Reihenfolge der Integrationen vertauscht werden. Damit erhält man

$$\int_s^\infty F(u)du = \int_0^\infty f(t)\left[\int_s^\infty e^{-ut}\,du\right]dt = \int_0^\infty f(t)\left[-\frac{e^{-ut}}{t}\right]_{u=s}^{\infty} dt = \int_0^\infty f(t)\frac{e^{-st}}{t}dt$$

Das letzte Integral ist die Laplace-Transformierte der Zeitfunktion $g(t) = \frac{f(t)}{t}$. Da vorausgesetzt wurde, dass $g(t)$ eine Bildfunktion besitzt, ist die Konvergenz dieses Integrals gesichert.

Aus dem Integrationssatz für die Bildfunktion $\int_s^\infty F(u)du = \int_0^\infty \frac{f(t)}{t}e^{-st}dt$, folgt im Grenzfall $s \to 0$:

$$\boxed{\int_0^\infty F(s)ds = \int_0^\infty \frac{f(t)}{t}dt} \tag{3.71}$$

Gl. (3.71) kann zur Berechnung bestimmter Integrale des Typs $\int_0^\infty \frac{f(t)}{t}dt$ verwendet werden.

Beispiel 3.44 Man bestimme die Laplace-Transformierte der Zeitfunktion

$$f(t) = \frac{\sin(t)}{t}.$$

Aus der Korrespondenz $\sin(t) \circ\!-\!\bullet \dfrac{1}{s^2+1}$, folgt $\dfrac{\sin(t)}{t} \circ\!-\!\bullet \displaystyle\int_s^{\infty} \frac{du}{u^2+1}$.

Mit $\displaystyle\int \frac{du}{u^2+1} = \arctan(u)$ erhalten wir

$$\frac{\sin(t)}{t} \circ\!-\!\bullet \Big[\arctan(u)\Big]_{u=s}^{u\to\infty} = \frac{\pi}{2} - \arctan(s) = \arctan\left(\frac{1}{s}\right)$$

Beispiel 3.45 Das bestimmte Integral $Si(x) = \displaystyle\int_0^x \frac{\sin(t)}{t}\,dt$ bezeichnet man als Integralsinus.

Zu berechnen ist $Si(\infty) = \displaystyle\int_0^{\infty} \frac{\sin(t)}{t}\,dt$.

Mit der Korrespondenz $\sin(t) \circ\!-\!\bullet \dfrac{1}{s^2+1}$,

erhält man mit Gl. (3.71)

$$\int_0^{\infty} \frac{\sin(t)}{t}\,dt = \int_0^{\infty} \frac{ds}{s^2+1} = \Big[\arctan(s)\Big]_0^{\infty} = \frac{\pi}{2}$$

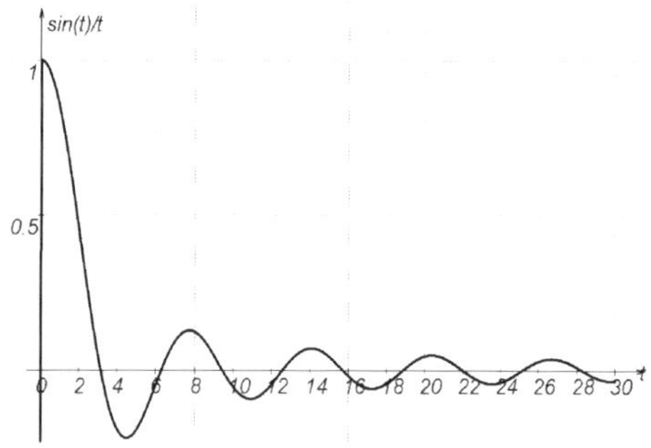

Die Funktion $\sin(t)/t$

Ein anderer Weg um $Si(\infty)$ zu bestimmen, wurde im Abschnitt 3.3.9 gezeigt.

Beispiel 3.46 Gegeben ist die Korrespondenz

$$\frac{1}{s+a_1} - \frac{1}{s+a_2} \bullet\!-\!\circ\; e^{-a_1 t} - e^{-a_2 t}$$

Mit dem Integrationssatz für die Bildfunktion soll eine neue Korrespondenz gefunden werden. Man erhält

$$\int_s^{\infty} F(u)du = \int_s^{\infty} \left[\frac{1}{u+a_1} - \frac{1}{u+a_2}\right] du = \ln\left[\frac{u+a_1}{u+a_2}\right]_s^{\infty}$$

Da der Grenzwert $\displaystyle\lim_{u\to\infty} \frac{u+a_1}{u+a_2} = 1$ ist, findet man die Korrespondenz

$$\ln\frac{s+a_1}{s+a_2} \bullet\!-\!\circ\; \frac{e^{-a_2 t} - e^{-a_1 t}}{t}$$

Aufgaben zum Abschnitt 3.12

(Ergebnisse im Anhang)

Aufgabe 3.27

Man berechne die Laplace-Transformierten $F(s)$ zu den folgenden Zeitfunktionen

a) $f(t) = \dfrac{\sinh(t)}{t}$ b) $f(t) = \dfrac{1-e^{-t}}{t}$

c) $f(t) = \dfrac{\cos(a_1 t) - \cos(a_2 t)}{t}$

Aufgabe 3.28 Man berechne die folgenden bestimmten Integrale

a) $\displaystyle\int_0^\infty \frac{\cos(4t) - \cos(t)}{t}\,dt$ b) $\displaystyle\int_0^\infty \frac{e^{-t} - e^{-3t}}{t}\,dt$

4 Anwendungen der Laplace-Transformation

Zusammenfassung *In diesem Abschnitt werden kausale Signale und Systeme berechnet und grundlegende Beziehungen, wie Übertragungsfunktion, Frequenzgang und Impulsantwort erläutert. Neben dem Input- /Outputverhalten eines Systems, kann auch eine Aussage zur Systemstabilität gewonnen werden. Die Anwendungen beziehen sich vor allem auf das Übertragungsverhalten von RCL-Netzwerken, die in der Kommunikationstechnik weit verbreitet sind. Ein weiterer Vorteil der Laplace-Transformation besteht darin, dass Differentialgleichungen, die ein Netzwerk beschreiben, in algebraische Gleichungen überführt werden, die wesentlich einfacher zu lösen sind. Im letzten Teil dieses Kapitels wird gezeigt, wie auch lineare, partielle Differentialgleichungen mit der Laplace-Transformation gelöst werden können.*

4.1 Lösen von linearen, gewöhnlichen Differentialgleichungen mit konstanten Koeffizienten

Definition 4.1

Eine lineare gewöhnliche Differentialgleichung n-ter Ordnung mit konstanten Koeffizienten ist eine Differentialgleichung der Form

$$f^{(n)}(t)+a_{n-1}f^{(n-1)}(t)+\;\cdots\;+a_1 f'(t)+a_0 f(t)\;=\;r(t) \tag{4.1}$$

Die Differentialgleichung heißt **homogen**, wenn die Störfunktion $r(t) = 0$ ist.

$$f^{(n)}(t)+a_{n-1}f^{(n-1)}(t)+\;\cdots\;+a_1 f'(t)+a_0 f(t)=0 \tag{4.1a}$$

Die betrachtete Differentialgleichung heißt **linear**, da die gesuchte Zeitfunktion $f(t)$ und ihre Ableitungen nur linear auftreten.
Die Koeffizienten $a_1, a_2, \ldots a_{n-1}$ sind zeitunabhängige **konstante** Faktoren.

Bei gewöhnlichen Differentialgleichungen ist die gesuchte Funktion, die Zeitfunktion $f(t)$, eine Funktion von nur **einer** Veränderlichen.

Diese, mit Hilfe der Laplace-Transformation besonders einfach lösbare Klasse von Differentialgleichungen, tritt in den Anwendungen bei vielen Problemstellungen auf. In der Elektrotechnik, etwa bei der Berechnung von Einschalt- und Ausgleichsvorgängen in Netzwerken.

Zur Lösung der Differentialgleichung Gl. (4.1) setzen wir voraus, dass die gesuchte Zeitfunktion $f(t)$ eine Laplace-Transformierte $F(s)$ besitzt. Mit dem Differentiationssatz für die Originalfunktion kann die gegebene Differentialgleichung n-ter Ordnung in den Bildraum transformiert werden.

$$f^{(n)}(t) \quad \circ\!-\!\bullet \quad s^n F(s)-s^{n-1}f(+0)-s^{n-2}f'(+0)-\;\cdots\;-f^{(n-1)}(+0)$$

Dazu ist es notwendig, dass die auftretenden n Anfangswerte bekannt sind.

$$f(+0),\;\; f'(+0),\;\;\; \cdots, f^{(n-1)}(+0)$$

Sind einige Anfangswerte nicht vorgegeben, so werden diese als Parameter mitgeführt. Die Lösungsfunktion enthält dann diese Parameter, die durch Einsetzen von weiteren Nebenbedingungen bestimmt werden müssen.

Da im Differentiationssatz die Laplace-Transformierte $F(s)$ linear vorkommt, erhält man durch die Transformation der Differentialgleichung in den Bildraum eine lineare, algebraische Gleichung für $F(s)$, die nach $F(s)$ aufgelöst werden kann. Durch die Rücktransformation mit Hilfe der inversen Laplace-Transformation erhält man die Lösungsfunktion $f(t)$ der Differentialgleichung, die den gegebenen Anfangsbedingungen genügt.

Das Lösen einer linearen gewöhnlichen Differentialgleichung mit konstanten Koeffizienten erfolgt nach folgendem Schema:

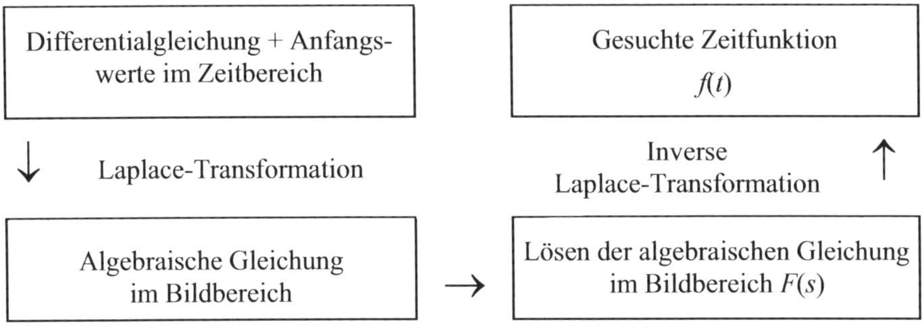

a) Verschwindende Anfangsbedingungen

Die Lösung der Differentialgleichung (4.1) vereinfacht sich, wenn alle Anfangsbedingungen Null sind: $f(+0) = f'(+0) = f''(+0) = \cdots = f^{(n-1)}(+0) = 0$

In diesem Falle geht Gl. (4.1) durch Laplace-Transformation mit $\mathscr{L}\{r(t)\} = R(s)$ über in

$$s^n F(s) + a_{n-1} s^{n-1} F(s) + \cdots + a_0 F(s) = R(s)$$

Man erhält als Laplace-Transformierte der gesuchten Zeitfunktion

$$F(s) = \frac{R(s)}{s^n + a_{n-1} s^{n-1} + \cdots + a_1 s + a_0} = \frac{R(s)}{N(s)} \qquad (4.2)$$

Die **homogene** Differentialgleichung (4.1a) hat im Falle verschwindender Anfangsbedingungen wegen $r(t) = 0 \Rightarrow \mathscr{L}\{r(t)\} = 0$, nur die triviale Lösung $f(t) = 0$.

Um die Lösung der **inhomogenen** Differentialgleichung zu finden, bei der die Funktion $r(t)$ nicht identisch Null ist, macht man von Gl. (4.2) eine Partialbruchzerlegung und transformiert gliedweise zurück in den Zeitbereich.

b) Nicht verschwindende Anfangsbedingungen

Im Falle nicht verschwindender Anfangswerte geht Gl. (4.2) über in

$$\boxed{F(s) = \frac{R(s) + \sum_{i=1}^{n-1} k_i s^i}{N(s)}} \qquad (4.3)$$

Der Zähler enthält, bedingt durch die nicht verschwindenden Anfangsbedingungen, zusätzlich ein Polynom der Bildvariablen s, das für $f(+0) \neq 0$ vom Grade $n-1$ ist.

Haben $R(s)$ und der Nenner $N(s)$ keine gemeinsamen Polstellen, so hat die Bildfunktion $F(s)$ im Falle nicht verschwindender Anfangswerte die gleichen Pole, wie im Falle verschwindender Anfangswerte. Die Lösungsfunktionen sind also bis auf konstante Faktoren die gleichen.

Beispiel 4.1 Man berechne die Lösung der Differentialgleichung

$$f'(t)+2f(t)=\sin(t), \quad \text{mit der Anfangsbedingung } f(+0)=0.$$

Durch Transformation der gegebenen Differentialgleichung in den Bildraum erhält man

$$sF(s)+2F(s) = \frac{1}{s^2+1}$$

und daraus durch Umformen und Partialbruchzerlegung

$$F(s)=\frac{1}{(s+2)(s^2+1)} = \frac{A_1}{s+2}+\frac{A_2 s+A_3}{s^2+1}$$

Multiplikation mit $N(s)=(s\;+\;2)(s^2\;+\;1)$ ergibt die Gleichung

$$1=A_1(s^2+1)+(A_2 s+A_3)(s+2)$$

Zur Bestimmung der unbekannten Koeffizienten A_1, A_2 und A_3 setzen wir günstige s-Werte ein und erhalten für

$$\begin{array}{llll} s=-2: & 1 = 5A_1 & \Rightarrow & A_1 = 0{,}2 \\ s=\;\;0: & 1 = 0{,}2+2A_2 & \Rightarrow & A_3 = 0{,}4 \\ s=\;\;1: & 1 = 1+0{,}4+3A_2+1{,}2 & \Rightarrow & A_2 = -0{,}2 \end{array}$$

Damit ergibt sich

$$F(s)=0{,}2\left[\frac{1}{s+2}-\frac{s}{s^2+1}+\frac{2}{s^2+1}\right] \quad \bullet\!-\!\circ \quad f(t)=0{,}2\left[\mathrm{e}^{-2t}-\cos(t)+2\sin(t)\right]$$

Beispiel 4.2 Man berechne die Lösungsfunktion $f(t)$ der Differentialgleichung

$$f''(t)+9f(t)=\cos(2t), \quad \text{für die Nebenbedingungen } f(+0)=0 \text{ und } f'(\pi)=1.$$

Da die Anfangsbedingung $f'(+0)$ nicht gegeben ist, setzen wir $f'(+0)=k$ und bestimmen, nachdem eine Lösung vorliegt, die Konstante k in der Weise, dass $f'(\pi)\;=\;1$ wird.

Laplace-Transformation der Differentialgleichung ergibt

$$s^2F(s)-k+9F(s)=\frac{s}{s^2+4} \quad \text{und} \quad F(s)=\frac{s}{(s^2+9)(s^2+4)}+\frac{k}{s^2+9}$$

Eine Partialbruchzerlegung braucht hier nur für den ersten Term der rechten Seite durchgeführt werden. Man erhält

$$\frac{s}{(s^2+9)(s^2+4)} = \frac{A_1 s+A_2}{s^2+9}+\frac{A_3 s+A_4}{s^2+4}$$

Nach Multiplikation der obigen Gleichung mit dem Nenner $(s^2+9)(s^2+4)$ erhält man:

$$s = (A_1 s + A_2)(s^2+4) + (A_3 s + A_4)(s^2+9)$$

$$s = 2j: \quad 2j = (A_3 2j + A_4)\,5 \quad \Rightarrow \quad A_3 = 0{,}2 \text{ und } A_4 = 0$$

$$s = 3j: \quad 3j = (A_1 3j + A_2)\,(-5) \quad \Rightarrow \quad A_1 = -0{,}2 \text{ und } A_2 = 0$$

Durch Einsetzen der imaginären Polstellen $s = 2j$ bzw. $s = 3j$ ergeben sich zwei einfache Gleichungen, aus denen durch Vergleichen von Real- und Imaginärteilen der Gleichungen jeweils zwei der unbekannten Koeffizienten bestimmt werden können.

Damit erhält man

$$F(s) = \frac{0,2s}{s^2+4} - \frac{0,2s}{s^2+9} + \frac{k}{s^2+9} \qquad \text{und}$$

$$f(t) = 0,2\cos(2t) - 0,2\cos(3t) + \frac{k}{3}\sin(3t)$$

Zur Bestimmung der noch unbekannten Konstanten k bilden wir die Ableitung

$$f'(t) = -0{,}4\sin(2t) + 0{,}6\sin(3t) + k\cos(3t)$$

und erhalten $\quad f'(\pi) = -k = 1 \quad \Rightarrow \quad k = -1$

Die partikuläre Lösung der Differentialgleichung, die den gegebenen Nebenbedingungen genügt, lautet somit

$$f(t) = 0{,}2\cos(2t) - 0{,}2\cos(3t) - \frac{1}{3}\sin(3t)$$

Beispiel 4.3 Schwingung mit Bremsreibung

Eine Masse schwinge zwischen zwei Federn unter Festkörperreibung

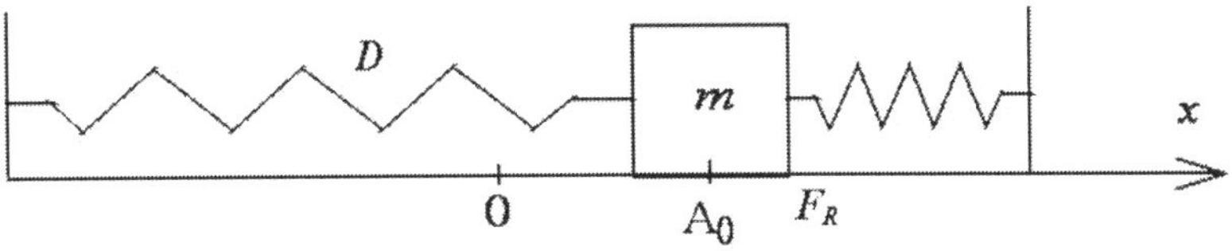

Bild 4.1 Schwingung mit Bremsreibung, m = Masse, D = Federkonstante, F_R = Reibungskraft

Die Bewegung der Masse m ist durch folgende Differentialgleichung bestimmt

$$m\,\frac{d^2x(t)}{dt^2} + D\,x(t) + F_R(t) = 0$$

Division der Gleichung durch m, ergibt $\quad \dfrac{d^2x(t)}{dt^2} + \dfrac{D}{m}x(t) = -\dfrac{F_R(t)}{m}$

Mit den Bezeichnungen $\omega^2 = \frac{D}{m}$ und $r(t) = -\frac{F_R(t)}{m}$ erhält man die inhomogene, lineare Differentialgleichung 2. Ordnung $\frac{d^2x(t)}{dt^2} + \omega^2 x(t) = r(t)$

Mit der Anfangsauslenkung $x(+0) = A_0$ und der Anfangsgeschwindigkeit $\left.\frac{dx}{dt}\right|_{x=0} = 0$ erhält man im Bildbereich mit $\mathscr{L}\{x(t)\} = X(s)$ und $\mathscr{L}\{r(t)\} = R(s)$ die Gleichung

$$X(s) - s\,A_0 + \omega^2 X(s) = R(s)$$

Auflösung nach $X(s) = \frac{s\,A_0}{s^2+\omega^2} + \frac{R(s)}{s^2+\omega^2}$

Die Reibungskraft F_R ist dem Betrage nach konstant, aber der jeweiligen Bewegungsrichtung entgegengesetzt. Sie ist eine periodische Funktion $r(t)$ und hat einen Verlauf nach Bild 4.2.

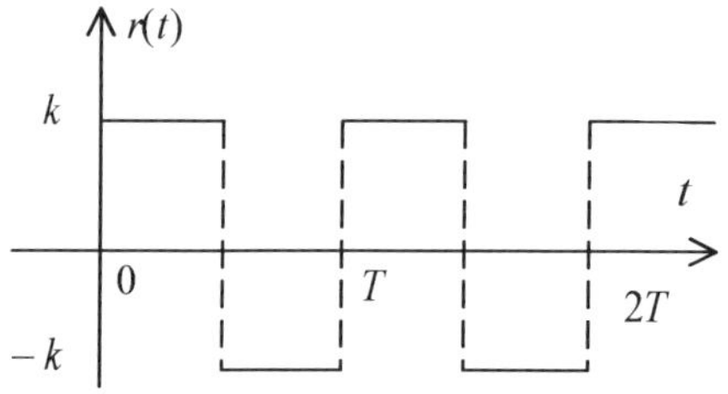

Bild 4.2 Periodische Funktion r(t)

Nach Beispiel 3.14 ergibt sich für die periodische Funktion $r(t)$, die Laplace-Transformierte

$$R(s) = \frac{k}{s} \cdot \left[\frac{1 - e^{-\frac{sT}{2}}}{1 + e^{-\frac{sT}{2}}} \right]$$

Damit ergibt sich für $X(s) = \frac{A_0 s}{(s^2+\omega^2)} + \frac{k}{s(s^2+\omega^2)} \cdot \left[\frac{1 - e^{-\frac{sT}{2}}}{1 + e^{-\frac{sT}{2}}} \right]$

Für die eckige Klammer erhält man durch Polynomdivision mit $a = e^{-\frac{sT}{2}}$

$$\frac{1-a}{1+a} = 1 - 2a + 2a^2 - 2a^3 + 2a^4 - + \cdots$$

und schließlich ergibt sich für $X(s)$:

$$X(s) = \frac{A_0 s}{(s^2+\omega^2)} + \frac{k}{s(s^2+\omega^2)} \cdot \left[1 - 2e^{-\frac{sT}{2}} + 2e^{-sT} - 2e^{-\frac{3sT}{2}} + - \cdots \right]$$

Die Rücktransformation in den Zeitbereich $X(s)$ •−○ $x(t)$ erfolgt mit den Korrespondenzen von Tabelle 7.4, in Verbindung mit dem Verschiebungssatz.

Es ergibt sich

$$x(t) = A_o \cos(\omega t) + \frac{k}{\omega^2}\left(1-\cos(\omega t)\right) - \frac{2k}{\omega^2}\left(1-\cos\omega(t-\frac{T}{2})\right)\varepsilon\left(t-\frac{T}{2}\right) + - \cdots$$

$$x(t) = \left[A_o - \frac{k}{\omega^2}\right]\cos(\omega t) + \frac{k}{\omega^2} - \frac{2k}{\omega^2}\left(1-\cos\omega(t-\frac{T}{2})\right)\varepsilon\left(t-\frac{T}{2}\right) +$$

$$+\frac{2k}{\omega^2}\left(1-\cos\omega(t-T)\right)\varepsilon\left(t-T\right) - \frac{2k}{\omega^2}\left(1-\cos\omega(t-\frac{3T}{2})\right)\varepsilon\left(t-\frac{3T}{2}\right) + - \cdots$$

Für $0 \le t < \frac{T}{2}$ erhält man: $x(t) = \left[A_0 - \frac{k}{\omega^2}\right]\cos\left(\omega t\right) + \frac{k}{\omega^2}$

Für $\frac{T}{2} \le t < T$ erhält man: $x(t) = \left[A_0 - \frac{k}{\omega^2}\right]\cos\left(\omega t\right) + \frac{2k}{\omega^2}\cos\omega(t-\frac{T}{2}) - \frac{k}{\omega^2}$

$$x(t) = \left[A_0 - \frac{3k}{\omega^2}\right]\cos\left(\omega t\right) - \frac{k}{\omega^2}$$

Durch Fortsetzen dieser Überlegungen (weitere ε-Funktionen kommen ins Spiel) kann die Schwingung der Masse für die folgenden Zeitintervalle bestimmt werden.

Den Verlauf der Bremsschwingung, mit linear abfallender Amplitude, zeigt das Bild 4.3.

Die Schwingung ist beendet, wenn die Federkraft die Reibungskraft nicht mehr überwinden kann. Die Schwingungsamplitude wird daher im Allgemeinen nicht bis auf den Wert Null abklingen.

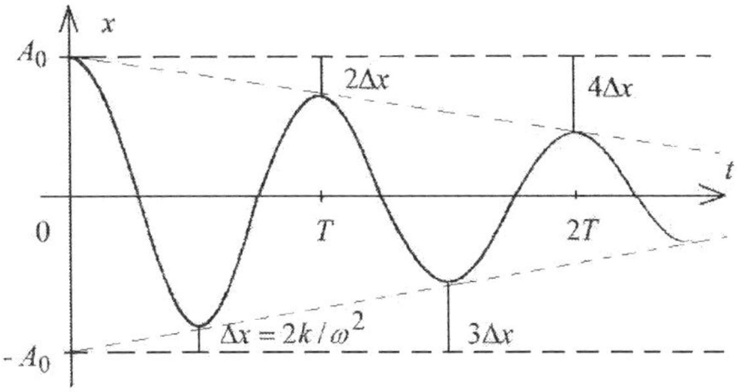

Bild 4.3 Schwingung mit linear abfallender Amplitude

Aufgaben zum Abschnitt 4.1

(Ergebnisse im Anhang)

Aufgabe 4.1 Man bestimme für die folgenden Differentialgleichungen die Lösungen $f(t)$, die den angegebenen Anfangsbedingungen genügen

a) $f''(t)+3f'(t)+2f(t)=t$
$f(+0)=f'(+0)=0$

b) $f''(t)+2f'(t)+f(t)=25\sin(2t)$
$f(+0)=0;\ f'(+0)=5$

c) $f''(t)-9f(t)=10e^{-2t}-6e^{-3t}$
$f(+0)=2;\ f'(+0)=-1$

d) $f'''(t)+f(t)=0$
$f(+0)=1;\ f'(+0)=3;\ f''(+0)=8$

e) $f''(t)+4f'(t)+4f(t)=\varepsilon(t)-\varepsilon(t-2)$
$f(+0)=0;\ f'(+0)=0$

Aufgabe 4.2 Man bestimme die allgemeine Lösung der Differentialgleichung

$$f''(t)+2f'(t)+4f(t)=38\,e^{-5t}.$$

Für die allgemeine Lösung werden keine bestimmten Anfangsbedingungen vorgegeben, sie enthält daher in diesem Beispiel zwei unbestimmte Konstanten.

Aufgabe 4.3 An ein *RC*-Glied (s. Bild 4.4) wird zum Zeitpunkt $t=0$ eine Eingangsspannung $u_e(t)$ angelegt. Für die Ausgangsspannung $u_a(t)$ gilt die Differentialgleichung

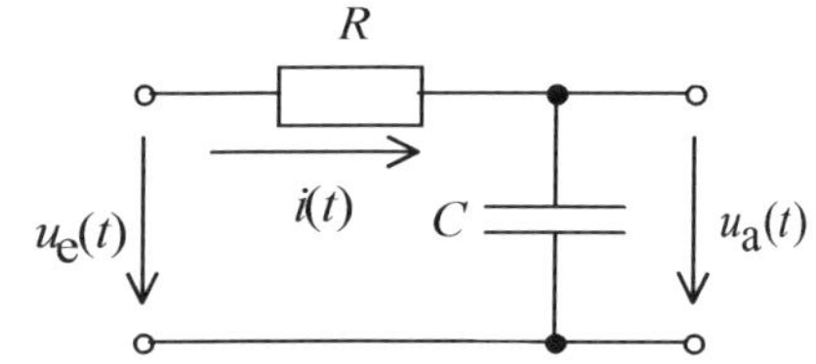

Bild 4.4 *RC*-Glied

$$RC\frac{du_a(t)}{dt}+u_a(t)=u_e(t)$$

Der Kondensator sei vor dem Schalten ungeladen, d. h. es gilt die Anfangsbedingung

$$u_a(-0)=0.$$

Man bestimme die Ausgangsspannungen $u_a(t)$ bei den folgenden Eingangsspannungen

a) $u_e(t)=U_0\left[\varepsilon(t)-\varepsilon(t-\tau)\right]$

b) $u_e(t)=kt$

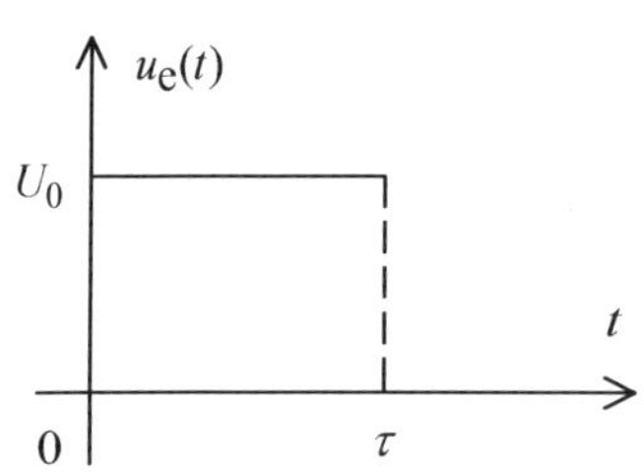

Bild 4.4a Eingansspannung

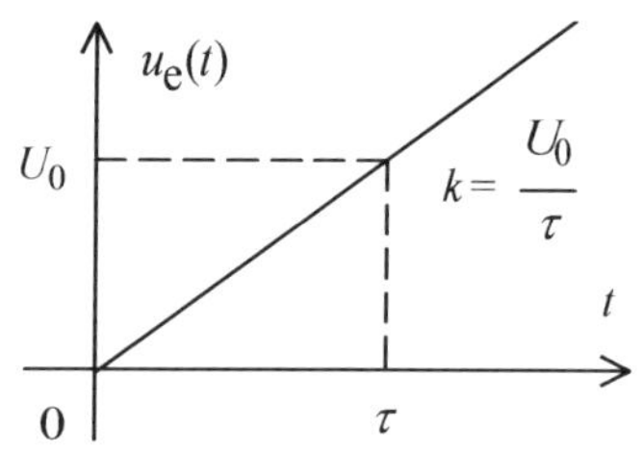

Bild 4.4b Eingansspannung

4.2 Lösen von Systemen gewöhnlicher Differentialgleichungen mit konstanten Koeffizienten

Bei manchen Problemstellungen sind mehrere Zeitfunktionen gesucht, die einem System von linearen Differentialgleichungen mit konstanten Koeffizienten entsprechen.

Sind bei Anwendungen in der Elektrotechnik etwa k Maschenströme $i_1(t)$, $i_2(t)$, ..., $i_k(t)$ zu berechnen, so ist ein System von k Differentialgleichungen für die k unbekannten Zeitfunktionen zu lösen.

Ein klassisches Lösungsverfahren besteht darin, ein Differentialgleichungs-**System** n-ter Ordnung, durch einen Eliminationsprozess in **eine** Differentialgleichung n-ter Ordnung für nur eine der gesuchten Zeitfunktionen umzuwandeln. Dieser Eliminationsprozess ist häufig kompliziert und nicht immer durchführbar.

Wesentlich einfacher gestaltet sich das Lösungsverfahren, wenn die Laplace-Transformation verwendet wird. Die gegebenen Differentialgleichungen werden unmittelbar, unter Beachtung der Anfangsbedingungen, in den Bildraum transformiert. Das System von linearen Differentialgleichungen des Zeitbereichs werden zu einem linearen, algebraischen Gleichungssystem im Bildbereich.

System von linearen Differentialgleichungen mit konstanten Koeffizienten + Anfangswerte	Laplace-Transformation →	Lineares, algebr. Gleichungssystem der Bildfunktionen

Das lineare Gleichungssystem für die Bildfunktionen kann mit elementaren Methoden gelöst werden. Durch die inverse Laplace-Transformation erhält man die gesuchten Zeitfunktionen.

Beispiel 4.4 Gegeben sind zwei mit der Gegeninduktivität $M = kL$ gekoppelte Stromkreise nach Bild 4.5, mit dem Kopplungsgrad k. Zum Zeitpunkt $t = 0$ wird eine Gleichspannung U_0 angelegt. Die Eingangsspannung wird also durch $u(t) = U_0\varepsilon(t)$ beschrieben.

Berechnet werden sollen die beiden Ströme $i_1(t)$ und $i_2(t)$ mit den Anfangsbedingungen $i_1(-0) = i_2(-0) = 0$.

Aus den Maschengleichungen ergeben sich zwei lineare Differentialgleichungen 1. Ordnung.

$$L\frac{di_1(t)}{dt} + M\frac{di_2(t)}{dt} + Ri_1(t) = U_0\varepsilon(t)$$

$$L\frac{di_2(t)}{dt} + M\frac{di_1(t)}{dt} + Ri_2(t) = 0$$

Dieses System 2. Ordnung soll nun gelöst werden.

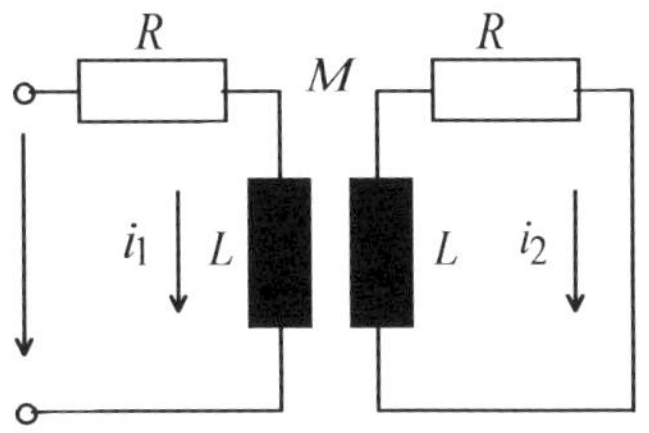

Bild 4.5 Gekoppelte Stromkreise

Mit den Anfangsbedingungen $i_1(+0) = i_2(+0) = 0$ ergibt die Transformation der beiden Differentialgleichungen des Zeitbereichs in den Bildraum die Gleichungen

$$(1) \qquad (Ls+R)\,I_1(s) + Ms\,I_2(s) = \frac{U_0}{s}$$

$$(2) \qquad Ms\,I_1(s) + (Ls+R)\,I_2(s) = 0$$

Dieses lineare Gleichungssystem für die Laplace-Transformierten $I_1(s)$ und $I_2(s)$ kann wohl am übersichtlichsten mit dem Determinantenverfahren (Cramer'sche Regel) gelöst werden.

$$I_1(s) = \frac{\begin{vmatrix} \frac{U_0}{s} & Ms \\ 0 & R+Ls \end{vmatrix}}{\begin{vmatrix} R+Ls & Ms \\ Ms & R+Ls \end{vmatrix}} = \frac{R+Ls}{(R+Ls)^2 - M^2 s^2}\,\frac{U_0}{s}$$

$$I_2(s) = \frac{\begin{vmatrix} R+Ls & \frac{U_0}{s} \\ Ms & 0 \end{vmatrix}}{\begin{vmatrix} R+Ls & Ms \\ Ms & R+Ls \end{vmatrix}} = -\frac{U_0 M}{(R+Ls)^2 - M^2 s^2}$$

Mit der Gegeninduktivität $M = kL$ folgt weiter

$$I_1(s) = \frac{U_0}{s}\,\frac{R+Ls}{(R+Ls)^2 - M^2 s^2} = \frac{U_0(R+Ls)}{L^2(1-k^2)s\left[s+\frac{R}{L(1+k)}\right]\left[s+\frac{R}{L(1-k)}\right]}$$

$$= \frac{A}{s} + \frac{B}{\left[s+\frac{R}{L(1+k)}\right]} + \frac{C}{\left[s+\frac{R}{L(1-k)}\right]}$$

Eine Berechnung der Zähler A, B und C der Teilbrüche ergibt

$$A = \frac{U_0}{R}, \quad B = -\frac{U_0}{2R} \quad \text{und} \quad C = -\frac{U_0}{2R}$$

Wir erhalten somit

$$I_1(s) = \frac{U_0}{2R}\left[\frac{2}{s} - \frac{1}{s+\frac{R}{L(1+k)}} - \frac{1}{s+\frac{R}{L(1-k)}}\right]$$

und durch eine analoge Rechnung

$$I_2(s) = \frac{U_0}{2R}\left[\frac{1}{s+\frac{R}{L(1+k)}} - \frac{1}{s+\frac{R}{L(1-k)}}\right]$$

Die inverse Laplace-Transformation liefert im Zeitbereich schließlich die gesuchten Ströme

$$i_1(t) = \frac{U_0}{2R}\left[2 - \mathrm{e}^{-\frac{Rt}{L(1+k)}} - \mathrm{e}^{-\frac{Rt}{L(1-k)}}\right]$$

$$i_2(t) = \frac{U_0}{2R}\left[\mathrm{e}^{-\frac{Rt}{L(1+k)}} - \mathrm{e}^{-\frac{Rt}{L(1-k)}}\right]$$

Bild 4.6 zeigt den Verlauf der Ströme $i_1(t)$ und $i_2(t)$ bei $\frac{R}{L} = 1000\ \mathrm{s}^{-1}$ und $\frac{U_0}{R} = 100\ \mathrm{mA}$ für die Kopplungsgrade $k_1 = 0,5$ und $k_2 = 0,9$.

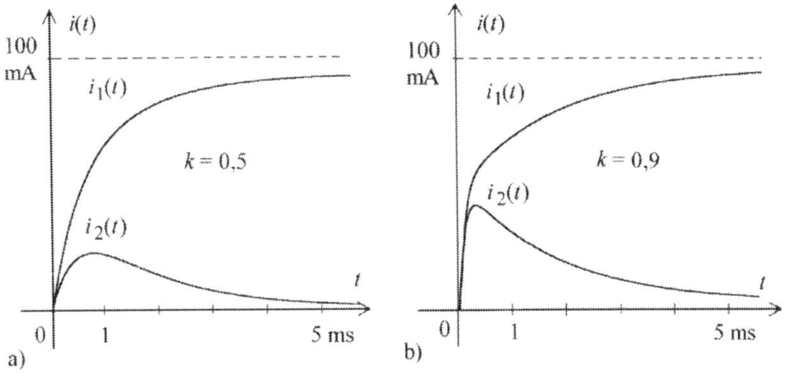

Bild 4.6 Ströme $i_1(t)$ und $i_2(t)$ von Beispiel 4.4 bei den Kopplungsgraden $k_1 = 0,5$ (a) und $k_2 = 0,9$ (b)

Beispiel 4.5 An den Eingang des Übertragungsgliedes von Bild 4.7 wird zum Zeitpunkt $t = 0$ die Spannung $u_\mathrm{e}(t) = U_0\varepsilon(t)$ angelegt.

Es soll der zeitliche Verlauf der Spannung $u_C(t)$ an der Kapazität C berechnet werden.

Die Anfangsbedingungen sind:

$i(-0) = 0$ und $U_C(-0) = 0$

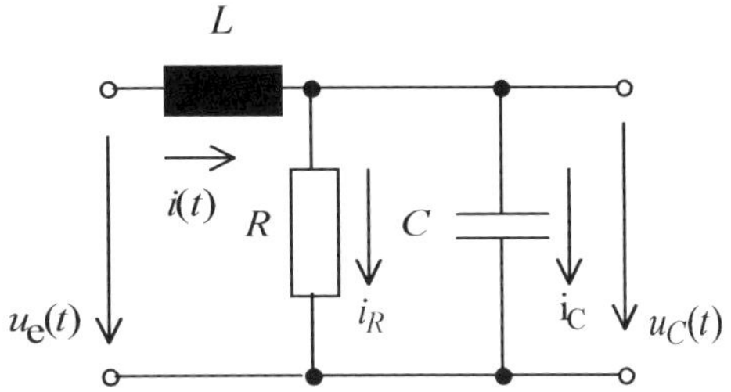

Bild 4.7 Schaltung zum Beispiel 4.5

Aus $u_L(t) + u_C(t) = u_\mathrm{e}(t)$ folgt mit $u_L(t) = L\,\frac{di(t)}{dt}$ die Differentialgleichung

$$(1) \qquad L\,\frac{di(t)}{dt} + u_C(t) = u_\mathrm{e}(t)$$

Aus $i_R(t)+i_C(t)=i(t)$ mit $i_C(t)=C\dfrac{du_C(t)}{dt}$ erhält man die zweite Differentialgleichung

$$(2)\quad C\frac{du_C(t)}{dt}+\frac{1}{R}u_C(t)=i(t)$$

Die beiden Gleichungen (1) und (2) bilden ein Differentialgleichungssystem 2. Ordnung für die Zeitfunktionen $u_C(t)$ und $i(t)$. Mit den angegebenen Anfangswerten ergibt die Transformation in den Bildraum die beiden linearen Gleichungen für die Bildfunktionen $I(s)$ und $U_C(t)$

$$\begin{array}{llcll} (1) & Ls\,I(s) & + & U_C(s) & = \dfrac{U_0}{s} \\ (2) & I(s) & - & \left(Cs+\dfrac{1}{R}\right)U_C(s) & = 0 \end{array}$$

Durch Auflösen dieses linearen Gleichungssystems nach der Laplace-Transformierten der gesuchten Kondensatorspannung findet man

$$U_C(s)=\frac{\begin{vmatrix} Ls & \frac{U_0}{s} \\ 1 & 0 \end{vmatrix}}{\begin{vmatrix} Ls & 1 \\ 1 & -\left(Cs+\frac{1}{R}\right) \end{vmatrix}}=\frac{\frac{U_0}{s}}{Ls\left(Cs+\frac{1}{R}\right)+1}=\frac{U_0}{LCs\left(s^2+\frac{1}{RC}s+\frac{1}{LC}\right)}$$

Mit der Kennkreisfrequenz $\omega_0=\sqrt{\dfrac{1}{LC}}$ und der Abklingkonstante $\delta=\dfrac{1}{2RC}$ folgt

$$U_C(s)=\frac{U_0\omega_0^2}{s(s^2+2\delta s+\omega_0^2)}=\frac{U_0}{s}\,\frac{\omega_0^2}{(s+\delta)^2+\omega_0^2-\delta^2}$$

Zur Partialbruchzerlegung der Bildfunktion $U_C(s)$ benötigt man die Pole von $U_C(s)$.

Diese liegen bei $s_1 = 0$ und $s_{2,3} = -\delta\pm\sqrt{\delta^2-\omega_0^2}$.

Je nach Art der Pole kann man die folgenden Fälle unterscheiden. Dazu definieren wir den Dämpfungsgrad $\vartheta=\dfrac{\delta}{\omega_0}$.

1. Aperiodischer Grenzfall: $\vartheta=1$, also $\delta^2-\omega_0^2=0$

Die Pole $s_{2,3}=-\delta$ sind reell und gleich groß. Dies führt zu folgender Partialbruchzerlegung

$$U_C(s) = \frac{A_1}{s}+\frac{A_2}{(s+\delta)^2}+\frac{A_3}{s+\delta}$$

Im Zeitbereich erhält man dafür $u_C(t) = U_0\left[1-(\omega_0 t+1)e^{-\delta t}\right]$

2. Periodischer Fall: $\vartheta < 1 \quad \Rightarrow \quad \delta^2 - \omega_0^2 < 0$

Die Pole $s_{2,3}$ sind jetzt konjugiert komplex. Wir erhalten mit der Eigenkreisfrequenz

$$\omega = \sqrt{\omega_0^2 - \delta^2}$$

die Partialbruchentwicklung

$$U_C(s) = \frac{U_0}{s}\frac{\omega_0^2}{(s+\delta)^2+\omega^2} = \frac{A_1}{s} + \frac{A_2\, s + A_3}{(s+\delta)^2+\omega^2}$$

und nach Berechnung der Konstanten $A_1 = U_0$, $A_2 = -U_0$ und $A_3 = -2U_0\delta$ folgt im Zeitbereich die Kondensatorspannung

$$u_C(t) = U_0\left[1 - e^{-\delta t}\left(\cos(\omega t) + \frac{\delta}{\omega}\sin(\omega t)\right)\right].$$

3. Aperiodischer Fall: $\vartheta > 1 \quad \Rightarrow \quad \delta^2 - \omega_0^2 > 0$

Der aperiodische Fall kann analog zum periodischen Fall behandelt werden.

Mit $\delta^2 - \omega_0^2 = a^2$ folgt

$$U_C(s) = \frac{U_0}{s}\frac{\omega_0^2}{(s+\delta)^2 - a^2} = \frac{A_1}{s} + \frac{A_2\, s + A_3}{(s+\delta)^2 - a^2}$$

Die Berechnung der Koeffizienten ergibt wie im periodischen Fall

$$A_1 = U_0, \quad A_2 = -U_0 \text{ und } A_3 = -2U_0\delta .$$

Wegen des Vorzeichenunterschiedes im Nenner des zweiten Terms erhält man nun statt der trigonometrischen Funktionen die entsprechenden Hyperbelfunktionen.

$$u_C(t) = U_0\left[1 - e^{-\delta t}\left(\cosh(at) + \frac{\delta}{a}\sinh(at)\right)\right]$$

In allen 3 Fällen ergibt sich nach Beendigung des Einschaltvorganges für $t \to \infty$:

$$u_C(\infty) = U_0 .$$

Beispiel 4.6 Man berechne die Zeitfunktionen $x(t)$ und $y(t)$

$$(1) \quad \frac{d^2x(t)}{dt^2} = y(t) \qquad (2) \quad \frac{dy(t)}{dt} - y(t) = 4\frac{dx(t)}{dt} - 4\,x(t)$$

mit den Anfangsbedingungen $x(+0) = 0$, $y(+0) = 1$ und $x'(+0) = 1$.

Durch Laplace-Transformation erhalten wir im Bildraum das lineare Gleichungssystem

$$\begin{array}{lrcrcl} (1) & s^2X(s) & - & Y(s) & = & 1 \\ (2) & (-4s+4)X(s) & + & (s-1)Y(s) & = & 1 \end{array}$$

Auflösen dieses Gleichungssystem mit der Cramer'schen Regel ergibt

$$X(s) = \frac{\begin{vmatrix} 1 & -1 \\ 1 & s-1 \end{vmatrix}}{\begin{vmatrix} s^2 & -1 \\ -4s+4 & s-1 \end{vmatrix}} = \frac{s}{s^3 - s^2 - 4s + 4}; \quad Y(s) = \frac{\begin{vmatrix} s^2 & 1 \\ -4s+4 & 1 \end{vmatrix}}{\begin{vmatrix} s^2 & -1 \\ -4s+4 & s-1 \end{vmatrix}} = \frac{s^2 + 4s - 4}{s^3 - s^2 - 4s + 4}$$

Zur Partialbruchzerlegung benötigen wir die Polstellen der Bildfunktionen. Sie ergeben sich als die Lösungen der algebraischen Gleichung 3. Grades

$$s^3 - s^2 - 4s + 4 = 0$$

Eine Möglichkeit, eine derartige Gleichung zu lösen, besteht darin, eventuell vorhandene ganzzahlige Lösungen durch Probieren zu finden. Da das Produkt der Lösungen bis auf das Vorzeichen das konstante Glied ergibt (Koeffizientensatz von Vieta), kommen hier zum Probieren die ganzen Zahlen ± 1, ± 2 und ± 4 in Frage. Es ist $s = 1$ eine leicht erkennbare Lösung. Durch Division mit den Linearfaktor $s - 1$ ergibt sich die quadratische Gleichung

$$s^2 - 4 = 0$$

mit den Lösungen $s_2 = 2$ und $s_3 = -2$. Hieraus resultieren die Partialbruchzerlegungen

$$X(s) = \frac{A_1}{s-1} + \frac{A_2}{s-2} + \frac{A_3}{s+2} = \frac{-\frac{1}{3}}{s-1} + \frac{\frac{1}{2}}{s-2} + \frac{-\frac{1}{6}}{s+2}$$

$$Y(s) = \frac{B_1}{s-1} + \frac{B_2}{s-2} + \frac{B_3}{s+2} = \frac{-\frac{1}{3}}{s-1} + \frac{2}{s-2} + \frac{-\frac{2}{3}}{s+2}$$

Rücktransformation in den Zeitbereich ergibt die gesuchten Lösungsfunktionen

$$x(t) = -\frac{1}{3}e^t + \frac{1}{2}e^{2t} - \frac{1}{6}e^{-2t} \quad \text{und} \quad y(t) = -\frac{1}{3}e^t + 2e^{2t} - \frac{2}{3}e^{-2t}$$

Es lässt sich leicht bestätigen, dass diese Zeitfunktionen das Differentialgleichungssystem und die vorgegebenen Anfangsbedingungen erfüllen.

Aufgaben zum Abschnitt 4.2

(Ergebnisse im Anhang)

Aufgabe 4.4 Man löse das Differentialgleichungssystem 2. Ordnung

$$(1)\quad \frac{dx(t)}{dt} - 2x(t) - 4y(t) = \cos(t)$$

$$(2)\quad \frac{dy(t)}{dt} + x(t) + 2y(t) = \sin(t)$$

mit den Anfangswerten $x(+0) = 0$ und $y(+0) = 1$.

Aufgabe 4.5 Man berechne die Lösungen $x(t)$ und $y(t)$ der Differentialgleichungen

$$(1)\quad \frac{d^2x(t)}{dt^2} = y(t) \qquad (2)\quad \frac{dy(t)}{dt} = 9\frac{dx(t)}{dt},$$

die den Anfangsbedingungen $x(+0) = 1$, $y(+0) = 6$ und $x'(+0) = 0$ genügen.

Aufgabe 4.6 Man berechne die Lösungen $x(t)$ und $y(t)$ des folgenden Systems von Differentialgleichungen

$$(1)\quad \frac{dx(t)}{dt} = 2x(t) - 3y(t) \qquad (2)\quad \frac{dy(t)}{dt} = y(t) - 2x(t)$$

mit den Anfangsbedingungen $x(+0) = 8$ und $y(+0) = 3$.

Aufgabe 4.7

An die Schaltung von Bild 4.8 wird zur Zeit $t = 0$ eine Gleichspannung

$$u(t) = U_0\varepsilon(t)$$

angelegt. Es gelte die Anfangsbedingung

$$u_C(-0) = 0\,.$$

Für die Teilströme $i_L(t)$ und $i_C(t)$ gelten die Gleichungen

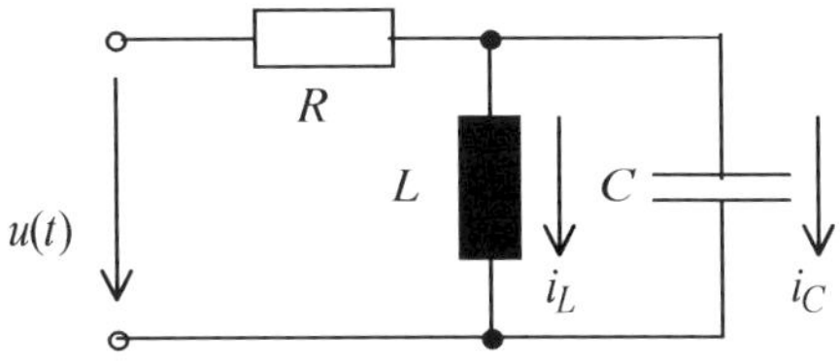

Bild 4.8 Schaltung von Aufgabe 4.7

$$(1)\quad R\left[i_L(t) + i_C(t)\right] + L\frac{di_L(t)}{dt} = U_0\varepsilon(t)$$

$$(2)\quad L\frac{di_L(t)}{dt} = \frac{1}{C}\int_0^t i_C(\tau)d\tau$$

Man berechne für den periodischen Fall: $\frac{1}{2RC} < \frac{1}{\sqrt{LC}}$ den Teilstrom $i_C(t)$, wenn folgende Anfangsbedingungen gelten: $i_C(+0) = 0$ und $u_C(+0) = 0$.

<u>Bemerkung:</u> Durch Differenzieren könnte in Gleichung (2) das Integral weggebracht werden. Gleichung (2) wird dann eine Differentialgleichung 2. Ordnung.

Dies ist aber nicht notwendig, da der Integrationssatz für die Originalfunktion verwendet werden kann.

4.3 *RCL*-Netzwerke

Die Frage nach den Strömen und Spannungen in den Zweigen eines *RCL*-Netzwerks führt im Zeitbereich im Allgemeinen auf ein System von linearen gewöhnlichen Differentialgleichungen mit konstanten Koeffizienten.

Durch Laplace-Transformation wird daraus im Bildbereich ein lineares, algebraisches Gleichungssystem der gesuchten Ströme und Spannungen.

In diesem Abschnitt soll nun gezeigt werden, dass man das lineare Gleichungssystem des Bildbereichs direkt, d. h. ohne Kenntnis des Differentialgleichungssystems des Zeitbereichs, erhalten kann.

Dadurch wird das Lösungsverfahren noch einmal wesentlich vereinfacht.

Definition 4.2

Ein Netzwerk heißt für Zeitpunkte $t < 0$ **unerregt**, wenn für alle Teilspannungen $u_k(t)$ und alle Teilströme $i_k(t)$ gilt: $u_k(t) = 0$ und $i_k(t) = 0$

a) *RCL*-Netzwerke, die für $t < 0$ unerregt sind

Wir wollen im Folgenden zunächst nur Netzwerke betrachten, die für $t < 0$ unerregt sind. Dies kann für viele Anwendungssituationen vorausgesetzt werden.

Bei der Transformation eines Systems von linearen Differentialgleichungen des Zeitbereichs in den Bildbereich tritt die wichtige Frage nach den Anfangsbedingungen auf.

Da zugelassen werden muss, dass die zum Schaltzeitpunkt $t = 0$ einsetzende Erregung sich sprunghaft ändert, werden dann Teilströme und Teilspannungen an Wirkwiderständen sich ebenfalls sprunghaft ändern können.

Bei unstetigen Erregungen werden sich an Induktivitäten Spannungen, nicht aber Ströme, an Kapazitäten Ströme, nicht aber Spannungen, ebenfalls unstetig verhalten.

Die in den Differentialgleichungen auftretenden üblichen Ableitungen sind dann für $t = 0$ **nicht** in allen Fällen definiert.

Wir müssen daher die in den Differentialgleichungen auftretenden Ableitungen durch die **verallgemeinerten Ableitungen** ausdrücken.

Verlaufen für $t = 0$ Teilströme oder Teilspannungen stetig, so stimmen ihre verallgemeinerten Ableitungen mit den üblichen Ableitungen überein.

Anstelle des Differentiationssatzes für die Originalfunktion, der die rechtsseitigen Grenzwerte als Anfangswerte enthält, müssen wir den Differentiationssatz für die verallgemeinerte Ableitung einer Zeitfunktion verwenden, der die linksseitigen Grenzwerte als Anfangswerte enthält.

Gerade diese linksseitigen Grenzwerte aber sind es, die unter der Voraussetzung, dass das Netzwerk für $t < 0$ unerregt ist, alle Null sind.

Würden wir von den üblichen Ableitungen ausgehen und bei Netzwerken, die für $t < 0$ unerregt sind, die rechtsseitigen Grenzwerte Null setzen, so kann dies zu widersprüchlichen Ergebnissen führen. Es kann dann vorkommen, dass das Ergebnis einen rechtsseitigen Grenzwert besitzt, der entgegen der Voraussetzung ungleich Null ist. Das Ergebnis ist zwar richtig, widerspricht aber der Annahme, die rechtsseitigen Grenzwerte seien Null.

Satz 4.1

Für die Teilströme $i_k(t)$ und die Teilspannungen $u_k(t)$ eines **für $t < 0$ unerregten Netzwerks** gelten die Korrespondenzen

$$\begin{array}{llll} i_k(t) \circ\!-\!\bullet\; I_k(s) & & \mathrm{D}^{(n)} i_k(t) \circ\!-\!\bullet\; s^n I_k(s) \\ u_k(t) \circ\!-\!\bullet\; U_k(s) & & \mathrm{D}^{(n)} u_k(t) \circ\!-\!\bullet\; s^n U_k(s) \end{array} \tag{4.4}$$

Betrachten wir nun die Serienschaltung von Widerstand R, Kapazität C und Induktivität L in Bild 4.9, so gilt, wenn das System für $t < 0$ unerregt ist, die Spannungsgleichung

$$R\,i(t) + \frac{1}{C}\int_0^t i(\tau)d\tau + L\,\mathrm{D}i(t) = u(t)$$

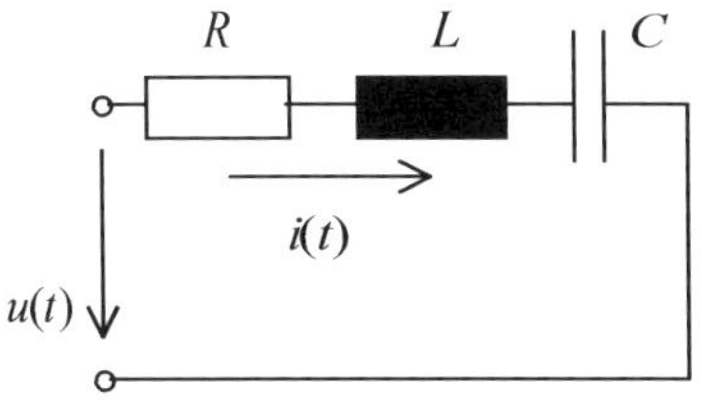

Bild 4.9 Serienschaltun

Durch Laplace-Transformation geht die Spannungsgleichung über in

$$R\,I(s) + \frac{1}{C}\frac{I(s)}{s} + LsI(s) = U(s)$$

Eine Umformung ergibt
$$\left[R + \frac{1}{Cs} + Ls\right] I(s) = U(s) \tag{4.5}$$

Die eckige Klammer von (4.5) enthält die Impedanzwerte der elektrischen Schaltelemente im Bildbereich: $Z(s) = R + \dfrac{1}{Cs} + Ls = Z_R(s) + Z_C(s) + Z_L(s)$.

Damit ergibt sich nach (4.5)

$$\boxed{Z(s) = \frac{U(s)}{I(s)}} \tag{4.6}$$

Gl. (4.6) wird als **„Ohm'sches Gesetz im Bildbereich"** bezeichnet.

Wenn man den einzelnen Schaltelementen R, C, L im Bildbereich die **symbolischen Widerstände** $Z_R(s)$, $Z_C(s)$ und $Z_L(s)$ zuordnet, so ergeben sich zwischen Zeitbereich und Bildbereich die aufgeführten Zusammenhänge, wie sie in der folgenden Tabelle dargestellt sind.

RCL-Schaltelemente im Zeit- und Bildbereich

Schaltelement	Zeitwert der Spannung	Bildspannung	symbolischer Widerstand
R	$u_R(t) = R\,i(t)$	$U_R(s) = RI(s)$	$Z_R(s) = R$
C	$u_C(t) = \frac{1}{C}\int_0^t i(\tau)\mathrm{d}\tau$	$U_C(s) = \frac{1}{Cs}I(s)$	$Z_C(s) = \frac{1}{Cs}$
L	$u_L(t) = L\mathrm{D}i(t)$	$U_L(s) = LsI(s)$	$Z_L(s) = Ls$

Stellen wir uns eine Serienschaltung aus Wirkwiderstand R, Induktivität L, Kapazität C und einer Spannungsquelle $u(t)$ als Zweig eines größeren Netzwerks vor, so geht, wie in Bild 4.10 dargestellt ist, der Originalzweig durch Laplace-Transformation in einen entsprechenden Bildzweig über.

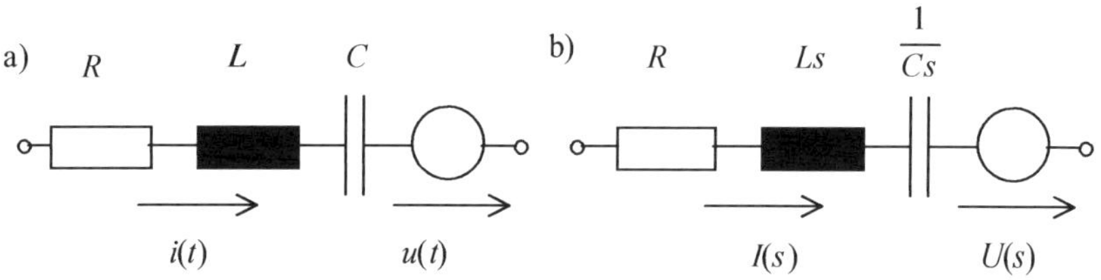

Bild 4.10 Originalzweig (a) und Bildzweig (b) eines RCL-Netzwerks

Das gesamte Originalnetzwerk wird so in ein Bildnetzwerk, mit den entsprechenden Bildströmen, Bildspannungen und Bildwiderständen transformiert.

Dabei gilt der folgende wichtige Satz:

Satz 4.2

> Für die Bildströme $I_k(s)$, Bildspannungen $U_k(s)$ und die symbolischen Widerstände $Z_k(s)$ eines für $t < 0$ unerregten Netzwerks gelten die gleichen Gesetze für Netzwerke wie für die Originalströme $i_k(t)$, Originalspannungen $u_k(t)$ und die Originalwiderstände.

Wir können damit auf das Aufstellen der Differentialgleichungen des Zeitbereichs und ihre Transformation in den Bildbereich verzichten und die im Bildbereich geltenden Gleichungen mit den Gesetzen und Regeln für Netzwerke (Ohm'sches Gesetz, Kirchhoff'sche Regeln, Maschenregeln) direkt aus den Schaltungen herleiten.

Man erhält damit unmittelbar die Laplace-Transformierte $I(s)$ eines gesuchten Stromes $i(t)$ bzw. die Laplace-Transformierte $U(s)$ einer zu berechnenden Spannung $u(t)$.

Ein ähnliches Vorgehen wird in der Wechselstromtechnik angewandt. Dort werden im Fall sinusförmiger Erregungen die Ströme und Spannungen im stationären Zustand analog zu den Gesetzen der Gleichstromlehre dadurch berechnet, dass man den Schaltelementen komplexe Widerstände zuordnet.

Im Gegensatz zu dieser Methode der Wechselstromlehre wird hier über die Erregung $u(t)$ keine Einschränkung gemacht, außer der, dass sie eine Laplace-Transformierte $U(s)$ haben muß. Durch die inverse Laplace-Transformation erhält man die Originalströme und Spannungen, die nicht nur den stationären Zustand für $t \to \infty$, sondern auch den Einschaltvorgang für $t \to 0$ beschreiben.

Beispiel 4.7 An den Stromkreis von Bild 4.11 wird zum Zeitpunkt $t = 0$ die Spannung $u(t) = U_0\varepsilon(t)$ angelegt. Man berechne den Strom $i(t)$.

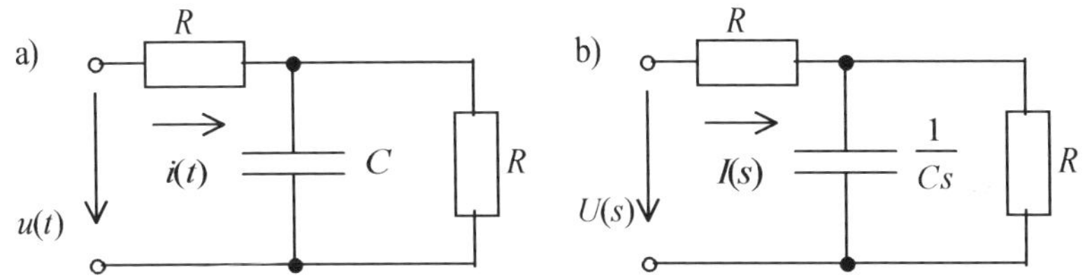

Bild 4.11 Schaltung zu Beispiel 4.7 a) Originalkreis b) Bildkreis

Aus dem Bildkreis erhalten wir den symbolischen Gesamtwiderstand

$$Z(s) = Z_R + Z_C \parallel Z_R = R + \frac{R\frac{1}{Cs}}{R + \frac{1}{Cs}} = R\frac{RCs+2}{RCs+1} = R\frac{s+\frac{2}{RC}}{s+\frac{1}{RC}}$$

und den Bildstrom

$$I(s) = \frac{U(s)}{Z(s)} = \frac{s+\frac{1}{RC}}{R\left(s+\frac{2}{RC}\right)}\cdot\left(\frac{U_0}{s}\right) = \frac{A_1}{s} + \frac{A_2}{s+\frac{2}{RC}}$$

$$\text{Mit } A_1 = \left[\frac{U_0}{R}\frac{s+\frac{1}{RC}}{s+\frac{2}{RC}}\right]_{s=0} = \frac{U_0}{2R} \quad \text{und } A_2 = \left[\frac{U_0}{R}\frac{s+\frac{1}{RC}}{s}\right]_{s=-\frac{2}{RC}} = \frac{U_0}{2R}$$

findet man schließlich den Bildstrom $I(s) = \dfrac{U_0}{2R}\left[\dfrac{1}{s} + \dfrac{1}{s+\frac{2}{RC}}\right]$.

Durch inverse Laplace-Transformation folgt im Zeitbereich für den Strom

$$i(t) = \frac{U_0}{2R}\left[1 + e^{-\frac{2t}{RC}}\right].$$

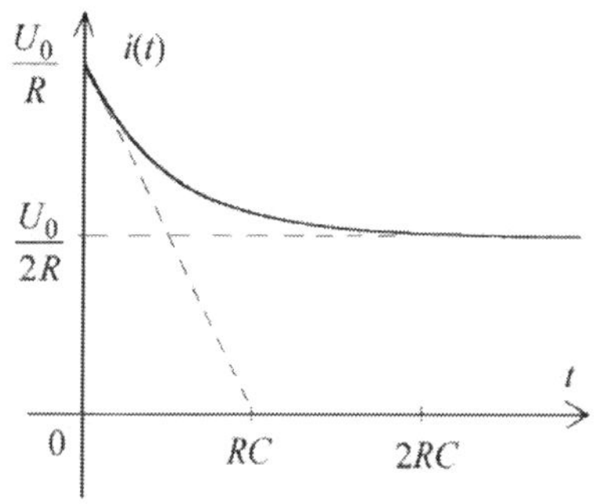

Bild 4.12 Strom $i(t)$

Den zeitlichen Verlauf des Stromes zeigt Bild 4.12. Dabei gilt:

$$i(+0) = \frac{U_0}{R}$$

Man beachte, dass der rechtsseitige Grenzwert des Stromes hier von Null verschieden ist. Der Strom verhält sich zum Schaltzeitpunkt t = 0 unstetig.

Verwendet man bei den Differentialgleichungen des Zeitbereiches die gewöhnlichen Ableitungen, so wird üblicherweise genauso vorgegangen, d. h. es werden bei für $t < 0$ unerregten Netzwerken die Anfangswerte Null gesetzt. Bei diesem Verfahren sind dies aber die rechtsseitigen Grenzwerte. Das Ergebnis ist das gleiche, steht aber im Widerspruch zu den angenommenen Anfangswerten.

Dies ist deshalb der Fall, weil der Strom $i(t)$ sich für $t = 0$ unstetig verhält.

Verwendet man, wie vorgeschlagen die auch für bei $t = 0$ unstetigen Funktionen definierten verallgemeinerten Ableitungen, so werden die linksseitigen Grenzwerte Null gesetzt. Diese linksseitigen Grenzwerte sind aber bei für $t < 0$ unerregte Netzwerke sicher Null. Das Ergebnis steht jetzt **nicht** im Widerspruch zu den Voraussetzungen.

Beispiel 4.8 Für das in Bild 4.13 dargestellte Netzwerk mit den Maschenströmen $i_1(t)$, $i_2(t)$ und $i_3(t)$ soll für die Eingangsspannung $u_e(t) = U_0\varepsilon(t)$ die zugehörige Ausgangsspannung $u_a(t)$ berechnet werden.

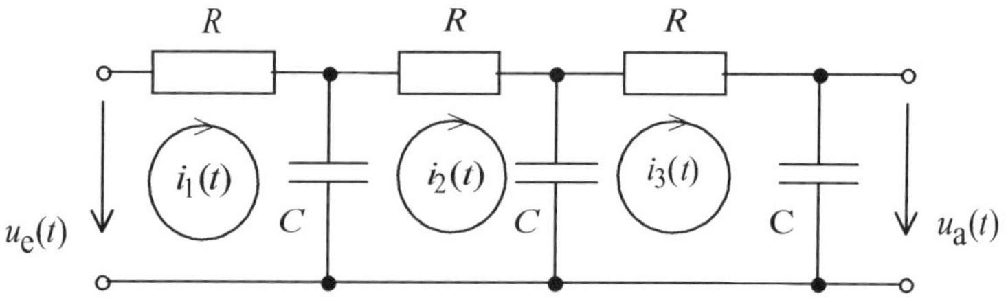

Bild 4.13 Netzwerk zu Beispiel 4.15

Für die Bildströme ergeben sich unter Verwendung der symbolischen Widerstände nach dem Maschenstrom-Verfahren die hier schon geordneten Spannungsgleichungen des Bildbereichs.

$$\begin{aligned}
\left(R+\frac{1}{Cs}\right)I_1(s) &- \frac{1}{Cs}I_2(s) & &= U_e(s)\\
-\frac{1}{Cs}I_1(s) &+ \left(R+\frac{2}{Cs}\right)I_2(s) &- \frac{1}{Cs}I_3(s) &= 0\\
&- \frac{1}{Cs}I_2(s) &+ \left(R+\frac{2}{Cs}\right)I_3(s) &= 0
\end{aligned}$$

Die Auflösung dieses Gleichungssystems nach dem zur Berechnung von $U_a(s)$ benötigten Bildstrom $I_3(s)$ führt zu

$$I_3(s) = \frac{\begin{vmatrix} R+\frac{1}{Cs} & -\frac{1}{Cs} & U_e(s) \\ -\frac{1}{Cs} & R+\frac{2}{Cs} & 0 \\ 0 & -\frac{1}{Cs} & 0 \end{vmatrix}}{\begin{vmatrix} R+\frac{1}{Cs} & -\frac{1}{Cs} & 0 \\ -\frac{1}{Cs} & R+\frac{2}{Cs} & -\frac{1}{Cs} \\ 0 & -\frac{1}{Cs} & R+\frac{2}{Cs} \end{vmatrix}} = \frac{Cs}{R^3C^3s^3+5R^2C^2s^2+6RCs+1}$$

Mit der Eingangsspannung $u(t) = U_0\varepsilon(t) \circ\!-\!\bullet\ U(s) = \frac{U_0}{s}$ folgt für die Laplace-Transformierte der Ausgangsspannung

$$U_a(s) = \frac{1}{Cs}I_3(s) = \frac{U_0}{s(R^3C^3s^3+5R^2C^2s^2+6RCs+1)}$$

Um nun die Ausgangsspannung $u_a(t)$ durch Rücktransformation bestimmen zu können, müssen wir die echt gebrochen rationale Bildfunktion $U_a(s)$ in Partialbrüche zerlegen. Dazu benötigen wir die Pole von $U_a(s)$, d. h. die Lösungen der Gleichung

$$s(R^3C^3s^3+5R^2C^2s^2+6RCs+1) = 0$$

Die Polstelle $s_1 = 0$ erkennt man sofort. Setzt man $RCs = x$, so ergeben sich die übrigen Pole als Lösungen der algebraischen Gleichung

$$x^3+5x^2+6x+1 = 0\,.$$

Einen ersten Überblick über die Lage der gesuchten Nullstellen ergibt der Verlauf von

$$f(x) = x^3+5x^2+6x+1\,.$$

Die graphisch ermittelten Näherungswerte können mit einem numerischen Näherungsverfahren verbessert werden.

Verwenden wir hier die auf 3 Dezimalstellen gerundeten Werte

$$x_1 = -0{,}198 \quad \Rightarrow \quad s_2 = -\frac{0{,}198}{RC}$$

$$x_2 = -1{,}555 \quad \Rightarrow \quad s_3 = -\frac{1{,}555}{RC}$$

$$x_3 = -3{,}247 \quad \Rightarrow \quad s_4 = -\frac{3{,}247}{RC}$$

Die Lösungen der Gleichung $x^3 + 5x^2 + 6x + 1 = 0$ kann man natürlich auch einfacher durch Verwendung entsprechender, selbst auf vielen Taschenrechnern vorhandener Software bekommen. Es gibt aber auch Programme, welche die gesamte Partialbruchzerlegung komplett durchführen.

Der im Koordinatennullpunkt liegenden Polstelle $s_1 = 0$ entspricht im Zeitbereich ein konstanter Anteil, den anderen Polstellen entsprechen verschieden schnell abklingende Exponentialfunktionen.

Da nun die Polstellen von $U_a(s)$, bekannt sind, kann die Partialbruchzerlegung durchgeführt werden.

$$U_a(s) = \frac{U_0}{R^3C^3} \frac{1}{s\left[s+\frac{0{,}198}{RC}\right]\left[s+\frac{1{,}555}{RC}\right]\left[s+\frac{3{,}247}{RC}\right]} \qquad \text{(Zwischengleichung)}$$

$$= \frac{A_1}{s} + \frac{A_2}{s+\frac{0{,}198}{RC}} + \frac{A_3}{s+\frac{1{,}555}{RC}} + \frac{A_4}{s+\frac{3{,}247}{RC}}$$

Für die Konstanten erhält man die auf 3 Dezimalstellen gerundeten Werte

$$A_1 = U_0, \quad A_2 = -1{,}220\, U_0, \quad A_3 = 0{,}280\, U_0, \quad A_4 = -0{,}060\, U_0$$

Durch inverse Laplace-Transformation findet man schließlich die gesuchte Ausgangsspannung

$$u_a(t) = U_0\left[1 - 1{,}220\,\mathrm{e}^{-\frac{1{,}198}{RC}} + 0{,}280\,\mathrm{e}^{-\frac{1{,}555}{RC}} - 0{,}060\,\mathrm{e}^{-\frac{3{,}247}{RC}}\right]$$

Wie bei der Betrachtung des gegebenen Netzwerks zu erkennen ist, gilt für den konstanten Anteil A_1 der Ausgangsspannung $A_1 = \lim\limits_{t\to\infty} u_a(t) = U_0$.

Nach genügend langer Zeit liegt am Ausgang die Spannung U_0. Dieser Zusammenhang läßt sich auch mit dem Endwertsatz berechnen. Ohne die Partialbruchzerlegung durchführen zu müssen, erhält man mit der obigen Zwischengleichung

$$\lim_{t\to\infty} u_a(t) = \lim_{s\to 0} s\, U_a(s) = U_0$$

Der zeitliche Verlauf der Ausgangsspannung $u_a(t)$ ist in Bild 4.14 dargestellt.

Da der am langsamsten abklingende Anteil der Ausgangsspannung die größte Amplitude hat, erreicht die Ausgangsspannung $u_a(t)$ erst zum Zeitpunkt $t = 15$ RC den Wert

$$u_a(t) = 0{,}937\,U_0$$

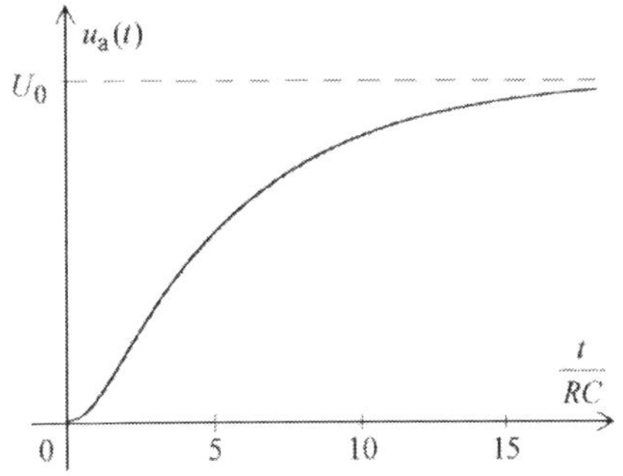

Bild 4.14 Ausgangsspannung $u_a(t)$

Beispiel 4.9 Man berechne den Stromverlauf $i(t)$, wenn an das *RC*-Glied in Bild 4.15a, die in Bild 4.15b dargestellte Spannung $u(t)$ angelegt wird.

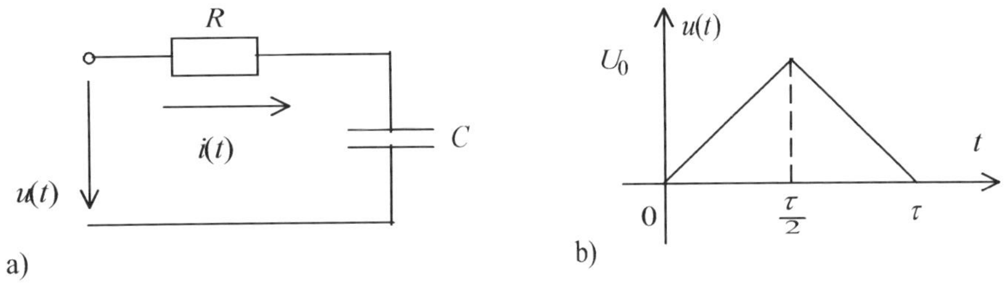

Bild 4.15 *RC*-Glied (a) und Spannungsverlauf (b) von Beispiel 4.9

Im Bildraum gilt nach dem Ohm'schen Gesetz

$$I(s) = \frac{U(s)}{Z(s)} = \frac{U(s)}{R + \frac{1}{Cs}} = \frac{Cs}{RCs+1} U(s) = \frac{1}{R} \frac{s}{s + \frac{1}{Cs}} U(s)$$

Nach dem behandelten Beispiel 3.32, im Abschnitt 3.3.10, gilt für die Bildspannung

$$U(s) = \frac{2U_0}{\tau} \frac{1}{s^2} \left[1 - e^{-\frac{s\tau}{2}}\right]^2$$

Für den Bildstrom folgt damit $\quad I(s) = \dfrac{2U_0}{R\tau} \dfrac{1}{s(s + \frac{1}{RC})} \left[1 - 2e^{-\frac{s\tau}{2}} + e^{-s\tau}\right]$

Eine Partialbruchzerlegung ergibt $\quad \dfrac{1}{s(s+\frac{1}{RC})} = RC\left[\dfrac{1}{s} - \dfrac{1}{s + \frac{1}{RC}}\right]$

Hiermit erhalten wir den Bildstrom $I(s) = \dfrac{2U_0C}{\tau}\left[\dfrac{1}{s} - \dfrac{1}{s+\frac{1}{RC}}\right]\left[1 - 2e^{-\frac{s\tau}{2}} + e^{-s\tau}\right]$

Man kann nun den Bildstrom in drei Anteile aufspalten:

$$I(s) = I_1(s) + I_2(s) + I_3(s)$$

$$I_1(s) = \frac{2U_0C}{\tau}\left[\frac{1}{s} - \frac{1}{s+\frac{1}{RC}}\right], \qquad I_2(s) = \frac{2U_0C}{\tau}\left[\frac{1}{s} - \frac{1}{s+\frac{1}{RC}}\right]\left[-2\mathrm{e}^{-\frac{s\tau}{2}}\right]$$

$$I_3(s) = \frac{2U_0C}{\tau}\left[\frac{1}{s} - \frac{1}{s+\frac{1}{RC}}\right]\mathrm{e}^{-s\tau}$$

Der Strom $i(t)$ besteht demnach aus drei Anteilen, von denen $i_1(t)$ zur Zeit $t = 0$, $i_2(t)$ zur Zeit $t = \frac{\tau}{2}$ und $i_3(t)$ zur Zeit $t = \tau$ einsetzt. Es gilt daher

$$i(t) = \begin{cases} \frac{2U_0C}{\tau}\left(1 - e^{-\frac{t}{RC}}\right) & \text{für } 0 < t < \frac{\tau}{2} \\ \frac{2U_0C}{\tau}\left(-1 - e^{-\frac{t}{RC}} + 2e^{-\frac{t-\frac{\tau}{2}}{RC}}\right) & \text{für } \frac{\tau}{2} < t < \tau \\ \frac{2U_0C}{\tau}\left(-e^{-\frac{t}{RC}} + 2e^{-\frac{t-\frac{\tau}{2}}{RC}} - e^{-\frac{t-\tau}{RC}}\right) & \text{für } t \geq \tau \end{cases}$$

Entsprechend dem Spannungsverlauf, nämlich linear ansteigende Spannung für $0 < t < \frac{\tau}{2}$, linear abfallende Spannung für $\frac{\tau}{2} < t < \tau$ und Spannung $u(t) = 0$ für $t > \tau$, wird der Strom $i(t)$ in den drei Zeitintervallen durch verschiedenen Funktionen beschrieben. Bild 4.16 zeigt den Verlauf des Stromes

$$i(t) = i_1(t)\,\varepsilon(t) + i_2(t - \frac{\tau}{2})\,\varepsilon(t - \frac{\tau}{2}) + i_3(t - \tau)\,\varepsilon(t - \tau)\,.$$

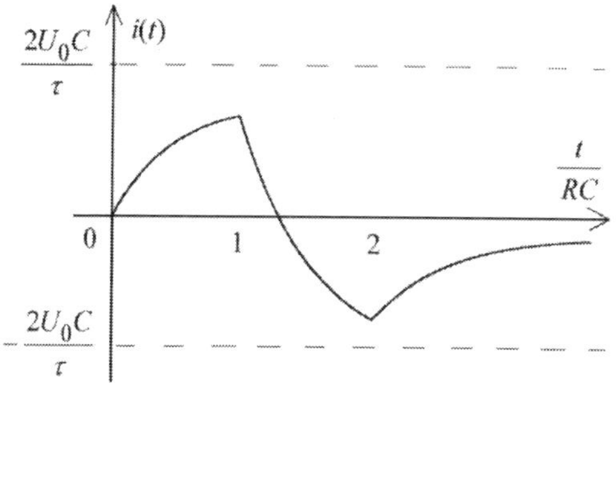

Bild 4.16 Stromverlauf $i(t)$

b) Netzwerke, die für $t < 0$ nicht unerregt sind

Wir wollen nun den Fall behandeln, dass das Netzwerk für $t < 0$ nicht unerregt ist. Dabei sind zwei Fälle zu beachten.

1. Der Strom in einer Induktivität kann einen Anfangswert $i_L(-0) = i_0$ haben.

2. Die Spannung an einer Kapazität kann den Anfangswert $u_C(-0) = U_0$ besitzen.

Die linkseitigen Grenzwerte $i_L(-0)$ und $u_C(-0)$ sind Werte, die aus der Vergangenheit des Systems resultieren. Auf welche Art diese Anfangswerte entstanden sind, spielt dabei keine Rolle.

1. Induktivität mit einem Anfangsstrom $i_L(-0) = i_0$

An die Schaltung von Bild 4.17 werde zur Zeit $t = 0$ eine Spannung $u(t)$ angelegt.

Die Induktivität L hat einen Anfangsstrom i_0.

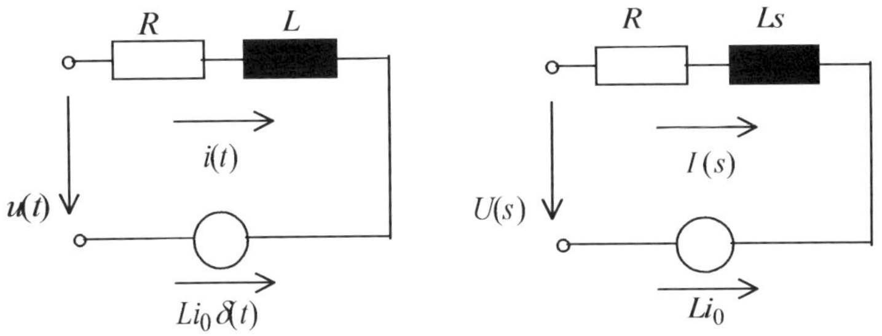

Bild 4.17 a) Originalstromkreis b) Bildstromkreis

Um den Einfluss des Anfangstroms i_0 zu erkennen, gehen wir von der Spannungsgleichung des Zeitbereichs

$$R\,i(t) + L\,\mathrm{D}i(t) = u(t)$$

aus. Diese geht durch Laplace-Transformation unter Beachtung des Anfangsstroms (bei der verallgemeinerten Ableitung ist $i(-0) = i_0$ zu verwenden) über in

$$R\,I(s) + L\big(s\,I(s) - i_0\big) = U(s) \quad \text{bzw.}$$

$$\big[R + Ls\big]\,I(s) = U(s) + L\,i_0 \tag{4.7}$$

An Gl. (4.7) erkennt man, dass im Bildbereich wie bisher gerechnet werden kann, wenn der Anfangsstrom i_0 durch eine zusätzliche Erregung $L\,i_0$ berücksichtigt wird.

Im Zeitbereich entspricht dies einem zusätzlichen Spannungsstoß $L\,i_0\delta(t)$. Dadurch wird die gesamte Vergangenheit des Stromkreises von $t = -\infty$ bis $t = -0$ berücksichtigt.

Beispiel 4.10 An den Stromkreis von Bild 4.16 wird zum Zeitpunkt $t = 0$ die Spannung $u(t) = U_0\varepsilon(t)$ angelegt. Der Anfangsstrom sei $i(-0) = i_0$
Mit Gl. (4.6) folgt

$$[R + Ls]I(s) = \frac{U_0}{s} + L\,i_0\,.$$

Daraus erhält man durch Auflösen nach $I(s)$ und einer Partialbruchzerlegung

$$I(s) = \frac{U_0}{s[R+Ls]} + \frac{L\,i_0}{R+Ls} = \frac{U_0}{R}\left[\frac{1}{s} - \frac{1}{s+\frac{R}{L}}\right] + \frac{i_0}{s+\frac{R}{L}}$$

und im Zeitbereich den Strom

$$i(t) = \frac{U_0}{R}\left[1 - e^{-\frac{R}{L}t}\right] + i_0\,e^{-\frac{R}{L}t}$$

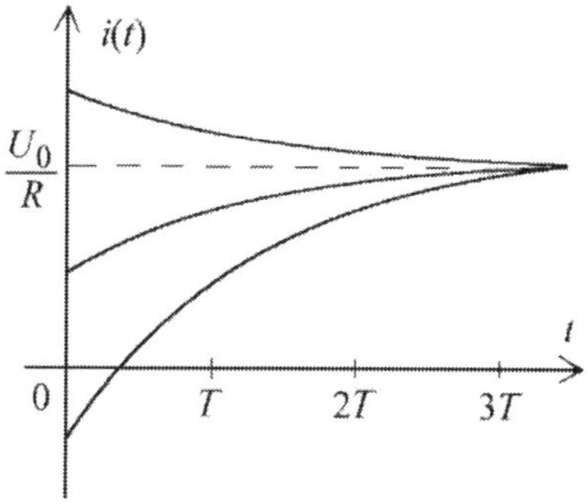

Bild 4.18 Stromverlauf mit $T = \frac{R}{L}$

Da sich in diesem Beispiel der Strom wegen der Induktivität nicht sprunghaft ändern kann, liefert die Rechnung erwartungsgemäß auch den rechtsseitigen Grenzwert

$$i(+0) = i_0\,.$$

In Bild 4.18 ist der Strom für verschiedene Anfangsströme i_0 dargestellt.

Unabhängig von i_0 gilt:

$$\lim_{t\to\infty} i(t) = \frac{U_0}{R}\,.$$

2. Kapazität mit einer Anfangsspannung $u_C(-0) = U_0$

An den Stromkreis von Bild 4.19 wird zum Zeitpunkt $t = 0$ eine Spannung $u(t)$ angelegt. Die Kapazität C hat eine Anfangsspannung $u_C(-0) = U_0$.

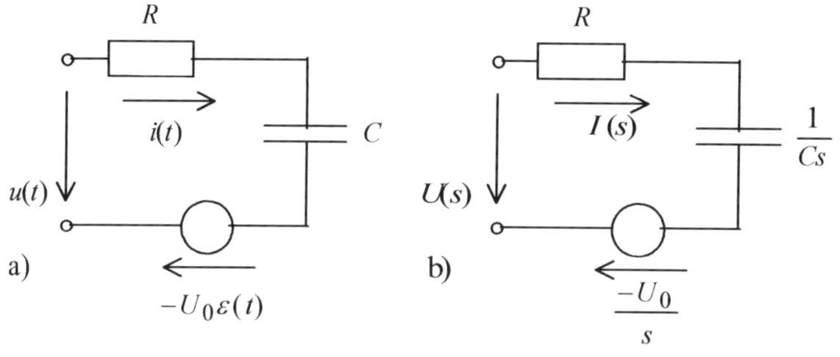

Bild 4.19 a) Originalstromkreis b) Bildstromkreis

Die Spannungsgleichung des Zeitbereiches

$$R\,i(t)+\frac{1}{C}\int_{-\infty}^{t} i(\tau)d\tau = u(t)$$

enthält im Integral

$$\frac{1}{C}\int_{-\infty}^{-0} i(\tau)d\tau = u_C(-0) = U_0$$

die gesamte Vergangenheit des Stromkreises. Man erhält somit die Spannungsgleichung

$$u(t) = R\,i(t)+\frac{1}{C}\int_{0}^{t} i(\tau)d\tau + u_C(-0)$$

Im Bildbereich erhalten wir durch Laplace-Transformation unter Beachtung des Integrationssatzes die Gleichung

$$R\,I(s)+\frac{U_0}{s}+\frac{1}{Cs}I(s) = U(s) \quad \text{oder}$$

$$\left(R+\frac{1}{Cs}\right)I(s) = U(s)-\frac{U_0}{s} \tag{4.8}$$

Gl. (4.8) zeigt, dass im Falle einer Kapazität mit einer Anfangsspannung $u_C(-0) = U_0$ mit den gewohnten Bildströmen, Bildspannungen und Bildwiderständen gerechnet werden kann, wenn die Anfangsspannung der Kapazität im Bildbereich durch eine zusätzliche Erregung

$$-U_0 / s$$

berücksichtigt wird.

Im Zeitbereich hat dies eine zusätzliche Spannung $U_0\,\varepsilon(t)$ zur Folge.

Satz 4.3

> Der Zustand eines Netzwerks zum Zeitpunkt $t = 0$ ist durch die Ströme in den Induktivitäten und den Spannungen an den Kapazitäten eindeutig bestimmt.
>
> Kennt man diese Anfangswerte und die vom Zeitpunkt $t = 0$ ab wirksamen Erregungen, so ist das Verhalten des Netzwerks für alle Zeitpunkte $t \geq 0$ berechenbar.

Beispiel 4.11 An den Stromkreis von Bild 4.19 wird zum Zeitpunkt $t = 0$ eine Gleichspannung $u(t) = U_1\varepsilon(t)$ angelegt. Die Anfangsspannung sei U_0.

Man berechne den Strom $i(t)$.

Gl. (4.8) ergibt mit $U(s) = \dfrac{U_1}{s}$ nach dem Bildstrom aufgelöst

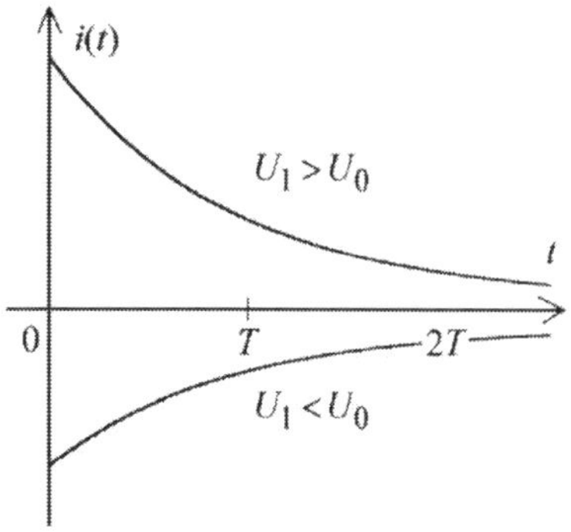

Bild 4.20 Stromverlauf mit $T = \frac{1}{RC}$

$$I(s) = \frac{U_1 - U_0}{s} \frac{1}{R + \frac{1}{Cs}} = \frac{U_1 - U_0}{s} \frac{Cs}{RCs + 1} = \frac{U_1 - U_0}{R} \frac{1}{s + \frac{1}{RC}}$$

Im Zeitbereich erhält man damit den Strom

$$i(t) = \frac{U_1 - U_0}{R} e^{-\frac{1}{RC}t}$$

Aufgaben zum Abschnitt 4.3

(Ergebnisse im Anhang)

Bei den folgenden Aufgaben sei angenommen, dass vor dem Schaltzeitpunkt $t = 0$ alle Energiespeicher leer sind.

Aufgabe 4.8

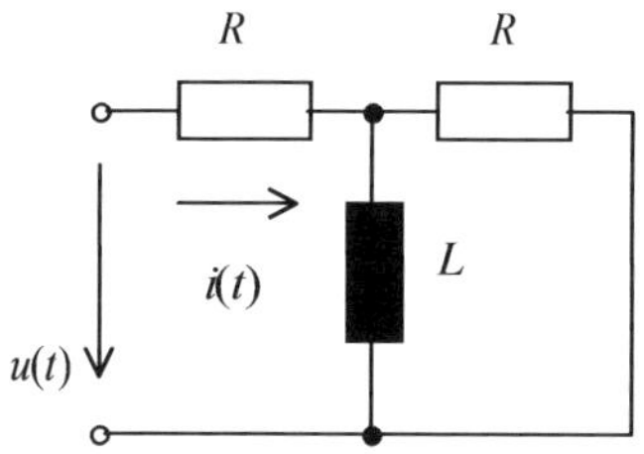

Bild 4.21 Stromkreis

Man berechne den Strom $i(t)$, wenn an die Schaltung von Bild 4.21 die Spannung

$$u(t) = U_0\, \varepsilon(t)$$

angelegt wird.

Aufgabe 4.9 Man berechne den Spannungsverlauf $u_R(t)$ am Wirkwiderstand R der Schaltung von Bild 4.22 a für die Eingansspannung $u(t) = k\,t$.

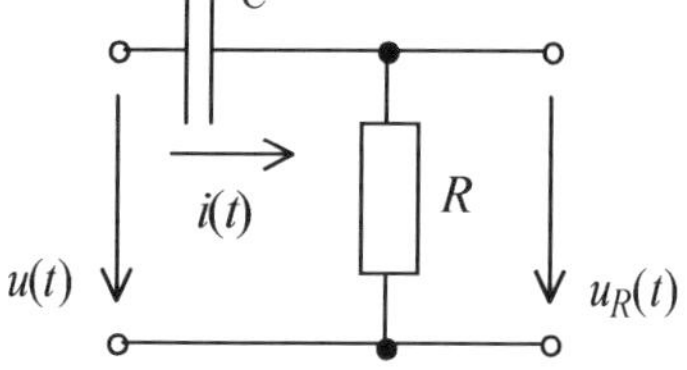

a)

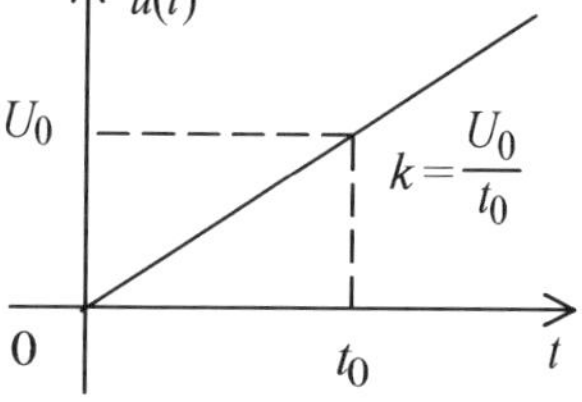

b)

Bild 4.22 Schaltung (a) und Spannungsverlauf (b) von Beispiel 4.9

Aufgabe 4.10 Man berechne für das Netzwerk von Bild 4.23a den Maschenstrom $i_2(t)$, wenn die Spannung $u(t)$ ein Rechteckimpuls der Höhe U_0 und der Dauer τ nach Bild 4.23b ist.

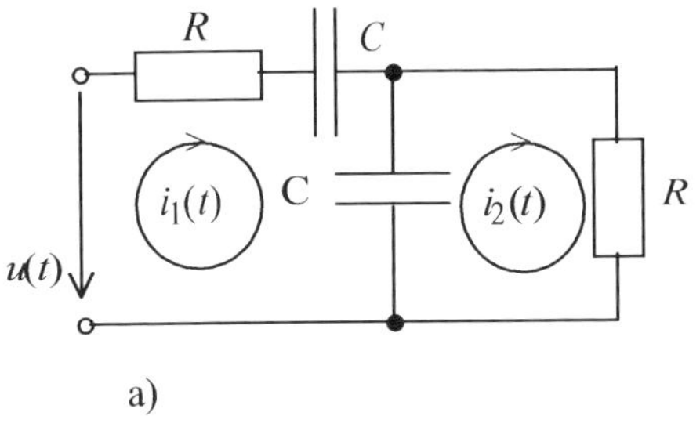

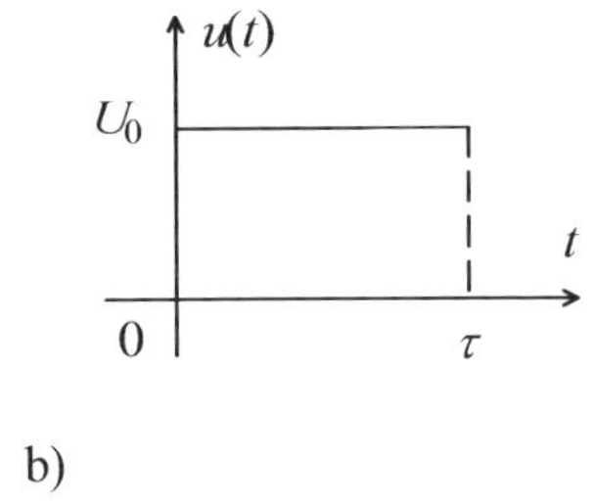

Bild 4.23 Schaltung (a) und Spannungsverlauf (b) von Beispiel 4.10

Aufgabe 4.11 Gegeben ist der Serienschwingkreis von Bild 4.24. Man berechne für die Spannung $u(t) = U_0\,\varepsilon(t)$ den Strom $i(t)$, wobei die folgenden drei Fälle unterschieden werden sollen.

a) $\left(\frac{R}{2L}\right)^2 > \frac{1}{LC}$ aperiodischer Fall

b) $\left(\frac{R}{2L}\right)^2 = \frac{1}{LC}$ aperiodischer Grenzfall

c) $\left(\frac{R}{2L}\right)^2 < \frac{1}{LC}$ periodischer Fall

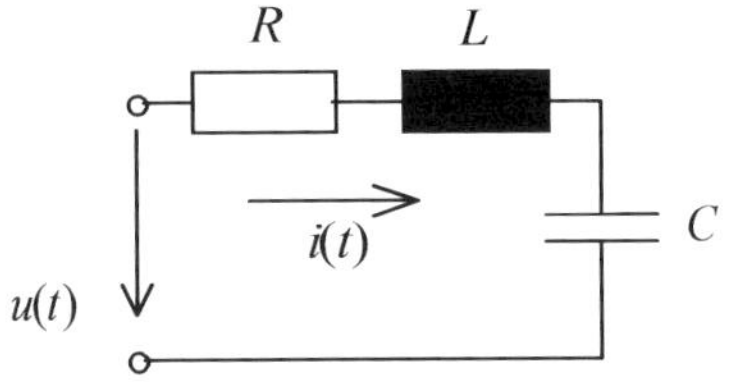

Bild 4.24 Serienschwingkreis

Aufgabe 4.12

a) Man berechne den Strom $i(t)$ für die Schaltung nach Bild 4.25a bei einem Spannungsverlauf nach Bild 4.25b.

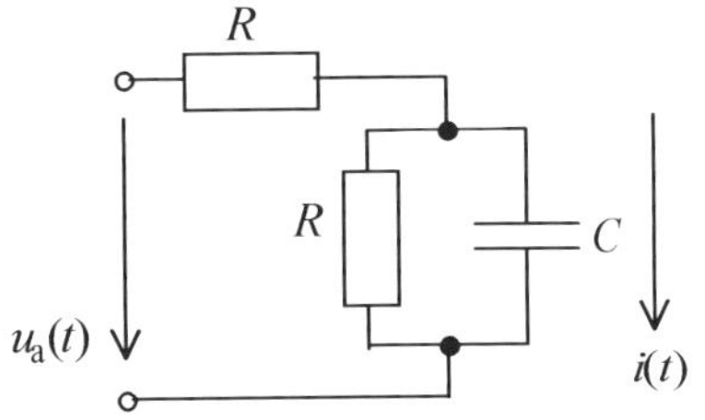

Bild 4.25a Schaltung

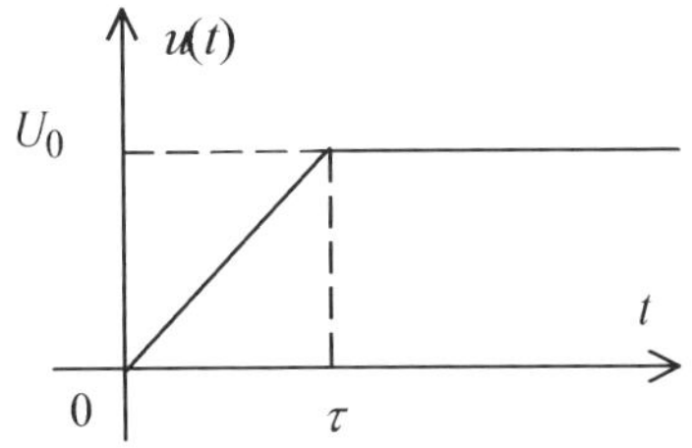

Bild 4.25b Spannungsverlauf $u(t)$

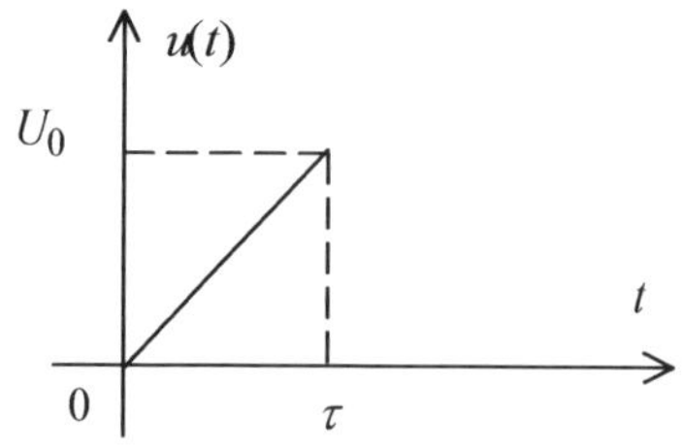

Bild 4.25c Spannung $u(t)$

b) Man berechne den Strom $i(t)$, wenn eine Spannung $u(t)$ angelegt wird, deren Verlauf in Bild 4.25c dargestellt ist.

Aufgabe 4.13

a) An das Übertragungsglied nach Bild 4.26a wird eine Eingangsspannung

$$u_e(t) = U_0\,\varepsilon(t)$$

angelegt. Man berechne den Strom $i(t)$ und die Ausgangsspannung $u_a(t)$.

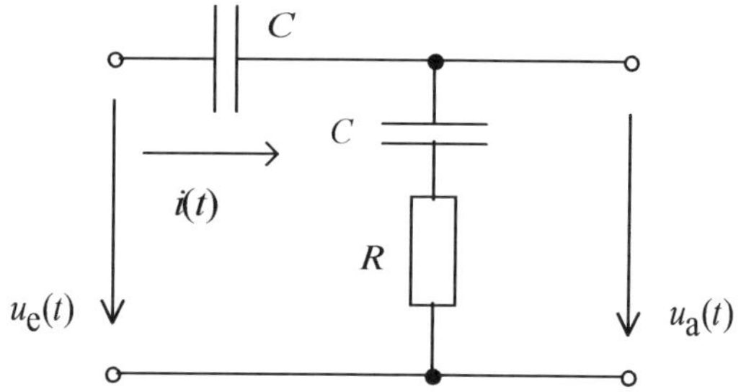

Bild 4.26a Schaltung

b) Für das Übertragungsglied nach Bild 4.26b sollen der Maschenstrom $I_2(s)$ und die Ausgangsspannungen $u_a(t)$ am Wirkwiderstand R berechnet werden, wenn die Eingansspannung gegeben ist durch

1) $u_e(t) = \delta(t)$
2) $u_e(t) = U_0\,\varepsilon(t)$

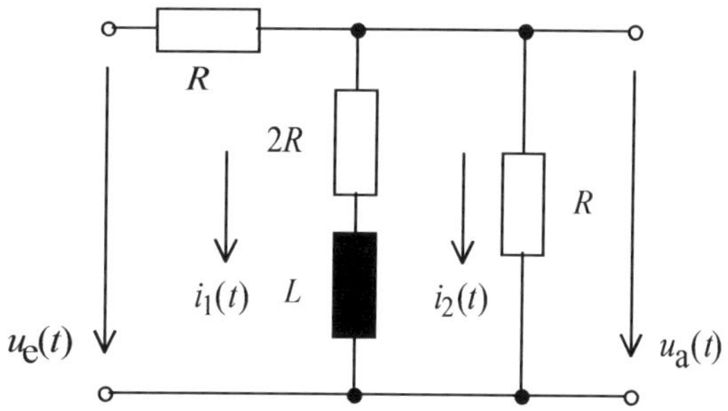

Bild 4.26b Schaltung

4.4 Übertragungsverhalten von linearen Netzwerken

4.4.1 LTI-Systeme

Eine besondere Bedeutung bei Netzwerken haben lineare Systeme. Beispiele dafür sind RCL-Netzwerke der Elektrotechnik, lineare Übertragungssysteme der Kommunikationstechnik oder lineare Steuerungs- und Regelungssysteme.
Wenn das **lineare** System auch **zeitinvariant** ist, nennt man es ein **LTI-System** (linear time-invariant). Im weiteren Verlauf sollen ausschließlich LTI-Systeme behandelt werden.

In diesem Abschnitt soll der Zusammenhang zwischen dem Eingangssignal $x(t)$ und dem Ausgangssignal $y(t)$ eines LTI-Systems betrachtet werden.

Vor dem Einschalten werden alle Energiespeicher des Systems als leer vorausgesetzt.

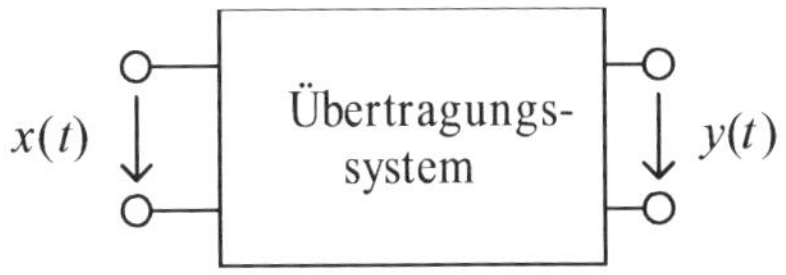

Bild 4.27 Übertragungsglied

Eingangssignal $x(t)$	$\longrightarrow$	Ausgangssignal, Systemantwort $y(t) = f(x(t))$

Mit $y(t) = f\left(x(t)\right)$ wird die Reaktion eines Systems auf das Eingangssignal $x(t)$ beschrieben. Die Eigenschaften des Systems werden dabei durch die Systemfunktion f festgelegt.

Definition 4.3

Ein Übertragungssystem heißt **linear**, wenn gilt:

$$y(k_1 x_1 + k_2 x_2) = k_1 y(x_1) + k_2 y(x_2) \tag{4.9}$$

Bei linearen Systemen gilt das **Superpositionsgesetz**, das heißt, die Reaktion des Systems auf eine Linearkombination von Eingangssignalen, besteht aus der gleichen Linearkombination der zugehörigen Ausgangssignale.

Definition 4.4

Ein System heißt **zeitinvariant**, wenn auf ein verzögertes Eingangssignal, ein entsprechend verzögertes Ausgangssignal folgt:

$$y(t - t_0) = f\left(x(t - t_0)\right) \tag{4.10}$$

Die Reaktion eines zeitinvarianten Systems ist unabhängig vom Zeitpunkt, wann das Eingangssignal eintrifft.

Eine Information über das Verhalten eines Übertragungssystems erhält man, in dem man die Reaktion des Systems auf bestimmte Test-Signale untersucht.

Wichtige **Testfunktionen** dieser Art sind die Sprungfunktion $\varepsilon(t)$ und die Impulsfunktion $\delta(t)$.

Die Antworten eines Übertragungssystems auf diese Eingangssignale werden wir im Folgenden näher betrachten. Dabei gelten folgende Festlegungen.

4.4.2 Impulsantwort und Sprungantwort

Definition 4.5

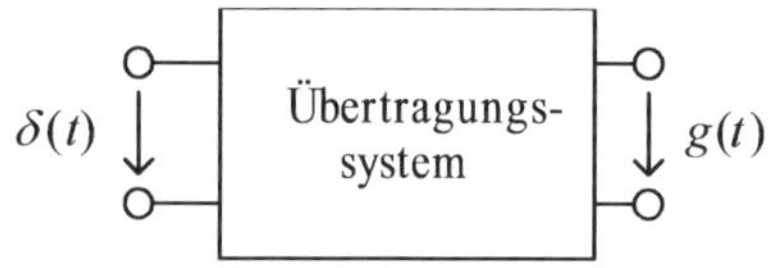

Bild 4.28 Impulsantwort $g(t)$

Unter der **Impulsantwort *g(t)*** (oder Gewichtsfunktion) eines Übertragungssystems versteht man die Systemreaktion auf ein impulsförmiges Eingangssignal $x(t) = \delta(t)$.

Die Impulsantwort hat eine große praktische Bedeutung. Wir werden später zeigen, dass für jedes Eingangssignal $x(t)$ das zugehörige Ausgangssignal $y(t)$ berechnet werden kann, wenn die Impulsantwort $g(t)$ des Übertragungssystems bekannt ist.

Definition 4.6

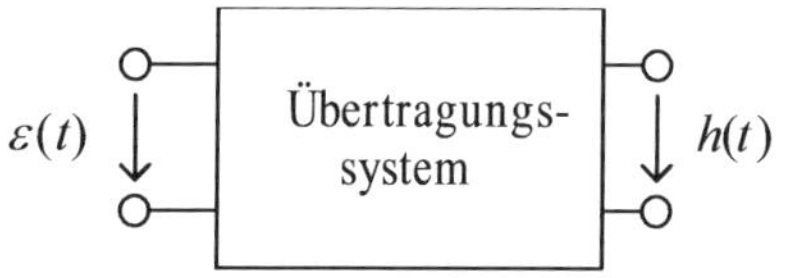

Bild 4.29 Sprungantwort $h(t)$

Unter der **Sprungantwort *h(t)*** (oder Übergangsfunktion) eines Übertragungssystems versteht man die Systemreaktion auf ein sprungförmiges Eingangssignal $x(t) = \varepsilon(t)$.

4.4.3 Übertragungsfunktion

Das Ausgangssignal $y(t)$ eines LTI-Systems ist bei einem gegebenen Eingangssignal $x(t)$, durch das Übertragungssystem eindeutig bestimmt.

Es ist daher auch die Laplace-Transformierte des Ausgangssignals $Y(s) = \mathscr{L}\{y(t)\}$ durch die Laplace-Transformierte des Eingangssignals $X(s) = \mathscr{L}\{x(t)\}$ eindeutig festgelegt.

Definition 4.7

Unter der **Übertragungsfunktion *G(s)*** eines LTI-Systems versteht man das Verhältnis der Laplace-Transformierten $Y(s)$ des Ausgangssignals zur Laplace-Transformierten $X(s)$ des Eingangssignals.

$$G(s) = \frac{Y(s)}{X(s)} \tag{4.11}$$

Satz 4.4

Die Übertragungsfunktion $G(s)$ ist die Laplace-Transformierte der Impulsantwort $g(t)$.

$$G(s) = \mathscr{L}\{g(t)\} \tag{4.12}$$

Beweis: Nach Definition 4.5 ist die Impulsantwort $g(t)$ die Systemreaktion auf das Eingangssignal $x(t) = \delta(t)$. Für die Bildfunktion des Eingangssignals ergibt sich $X(s) = \mathscr{L}\{\delta(t)\} = 1$ und für das Ausgangssignal erhält man $Y(s) = \mathscr{L}\{g(t)\}$.

Nach Gl. (4.11) folgt daraus $G(s) = \dfrac{Y(s)}{1} = \mathscr{L}\{g(t)\}$

Satz 4.5

Die Sprungantwort $h(t)$ ist das Integral über die Impulsantwort $g(t)$

$$h(t) = \int_0^t g(\tau)\,d\tau \tag{4.13}$$

Beweis: Die Systemreaktion auf das Eingangssignal $x(t) = \varepsilon(t)$ ○—● $X(s) = \dfrac{1}{s}$ ist die Sprungantwort $y(t) = h(t)$.

Nach Gl. (4.11) folgt daraus, $Y(s) = X(s)G(s) = \dfrac{1}{s}G(s)$. Mit dem Integrationssatz für die Originalfunktion ergibt sich schließlich: $\dfrac{1}{s}G(s)$ ●—○ $\displaystyle\int_0^t g(\tau)\,d\tau = h(t)$

Durch Umkehrung von Satz 4.5 erhält man die **Impulsantwort *g(t)* als Ableitung der Sprungantwort** $h(t)$.

$$\boxed{g(t) = \frac{h(t)}{dt}} \tag{4.13a}$$

Enthält $h(t)$ Unstetigkeitsstellen wie z. B. $\varepsilon(t)$, so ist statt der gewöhnlichen, die verallgemeinerte Ableitung zu verwenden.

$$g(t) = Dh(t) \tag{4.13b}$$

Zum Beispiel ist die verallgemeinerte Ableitung der Sprungfunktion $D\varepsilon(t) = \delta(t)$.

Satz 4.6

Das Ausgangssignal $y(t)$ eines LTI-Systems erhält man durch Faltung des Eingangssignals $x(t)$ mit der Impulsantwort $g(t)$.

$$y(t) = x(t) * g(t) = \int_0^t g(\tau)x(t-\tau)\,d\tau \tag{4.14}$$

Beweis: Mit Gl. (4.11) $Y(s) = X(s)G(s)$ und Anwendung des Faltungssatzes, Abschnitt 3.3.8, ergibt sich $y(t) = \mathscr{L}^{-1}\{X(s)G(s)\} = x(t) * g(t)$

Mit Gl. (4.14) erhalten wir die Aussage, dass zu einem gegebenen Eingangssignal $x(t)$ auch das Ausgangssignal $y(t)$ berechnet werden kann, sofern die Impulsantwort $g(t)$ des Übertragungssystems bekannt ist. Faltungsintegrale können sehr umfangreich sein, so dass eine analytische Lösung oft nicht erreichbar ist. In solchen Fällen muss man auf numerische Methoden zurück greifen.

Bei Anwendungen in der Elektrotechnik hat man als Eingangssignal eine Spannung $u_e(t)$ und als Ausgangssignal die zugehörige Spannung $u_a(t)$.

Für die Übertragungsfunktion gilt dann mit $u_e(t) \circ\!-\!\bullet\ U_e(s)$ und $u_a(t) \circ\!-\!\bullet\ U_a(s)$

$$G(s) = \frac{U_a(s)}{U_e(s)} \tag{4.15}$$

Eingangs- und Ausgangssignal müssen nicht immer Größen der gleichen Art (z. B. Spannungen) sein. Es können z. B. auch Spannungen mit Strömen verknüpft werden.

Beispiel 4.12

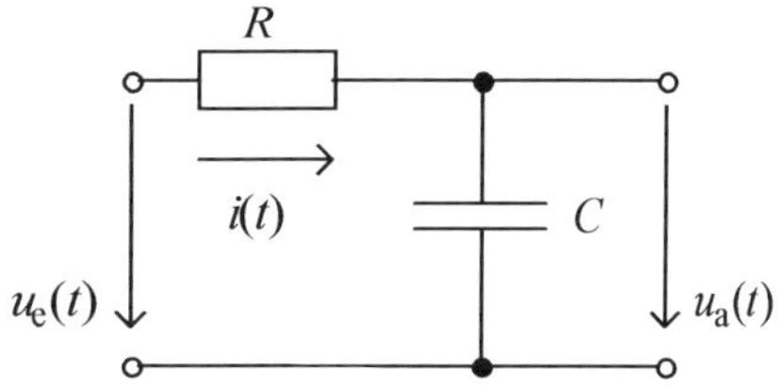

Man berechne die Übertragungsfunktion $G(s)$, die Sprungantwort $h(t)$ und die Impulsantwort $g(t)$ des *RC*-Glieds in Bild 4.30.

Bild 4.30 *RC*-Glied

a) Übertragungsfunktion *G*(*s*)

Als Eingangssignal haben wir hier die Eingangsspannung

$$u_e(t) \circ\!-\!\bullet\ U_e(s) = \left(R + \frac{1}{Cs}\right) I(s)$$

und als Ausgangssignal die Ausgangsspannung

$$u_a(t) \circ\!-\!\bullet\ U_a(s) = \frac{1}{Cs} I(s)$$

Mit Gl. (4.15) erhalten wir für die Übertragungsfunktion

$$G(s) = \frac{U_a(s)}{U_e(s)} = \frac{\frac{1}{Cs} I(s)}{\left(R + \frac{1}{Cs}\right) I(s)} = \frac{1}{RCs + 1} = \frac{1}{RC}\left(\frac{1}{s + \frac{1}{RC}}\right)$$

b) Sprungantwort oder Übergangsfunktion *h*(*t*)

Als Eingangssignal wählen wir die Sprungfunktion $u_e(t) = \varepsilon(t) \;\circ\!-\!\bullet\; U_e(s) = \frac{1}{s}$

Die zugehörige Ausgangsspannung $u_a(t)$ ist die Sprungantwort

$$U_a(s) = G(s)U_e(s) = \frac{1}{RC}\left(\frac{1}{s+\frac{1}{RC}}\right)\cdot\frac{1}{s} = \frac{1}{RC}\frac{1}{s\left(s+\frac{1}{RC}\right)}$$

Eine Partialbruchzerlegung ergibt $U_a(s) = \frac{1}{s} - \frac{1}{s+\frac{1}{RC}}$ und nach Rücktransformation in den Zeitbereich erhält man $\underline{u_a(t) = 1 - e^{-\frac{1}{RC}t}}$

c) Impulsantwort oder Gewichtsfunktion *g*(*t*)

Nach Satz 4.4 gilt $G(s) \;\bullet\!-\!\circ\; g(t)$. Die Rücktransformation von $G(s)$ ergibt

$$G(s) = \frac{1}{RC}\left(\frac{1}{s+\frac{1}{RC}}\right) \;\bullet\!-\!\circ\; \underline{g(t) = \frac{1}{RC}e^{-\frac{1}{RC}t}}$$

Bild 4.31 zeigt den Verlauf der Sprungantwort $h(t)$ und der Impulsantwort $g(t)$ des *RC*-Glieds.

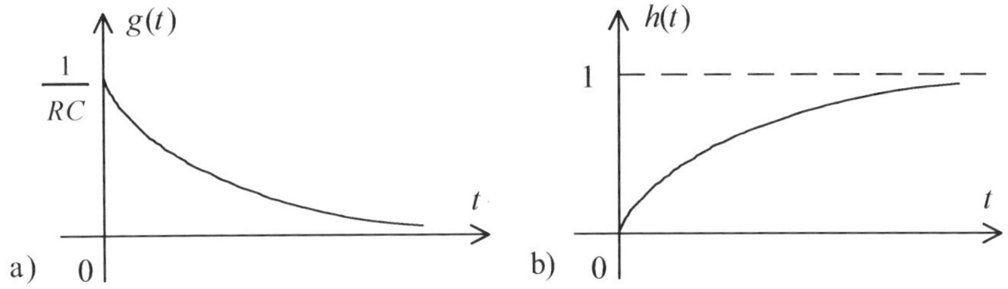

Bild 4.31 a) Impulsantwort $g(t)$ b) Sprungantwort $h(t)$

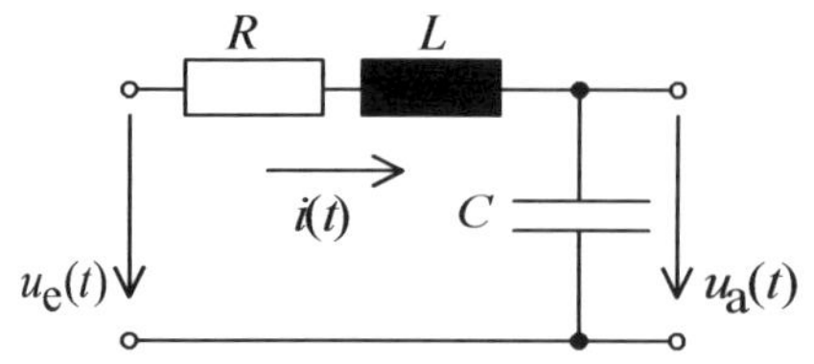

Bild 4.32 Schwingkreis

Beispiel 4.13

Es ist die Übertragungsfunktion $G(s)$ und die Impulsantwort $g(t)$ des in Bild 4.32 dargestellten Schwingkreises zu berechnen.

a) Übertragungsfunktion $G(s)$

$$G(s) = \frac{U_a(s)}{U_e(s)} = \frac{\frac{1}{Cs} I(s)}{\left(R + Ls + \frac{1}{Cs}\right) I(s)} = \frac{1}{LCs^2 + RCs + 1}$$

b) Impulsantwort $g(t)$

Die Impulsantwort $g(t)$ erhält man durch Rücktransformation aus der Übertragungsfunktion $G(s)$. Für die Partialbruchzerlegung der echt gebrochen rationalen Bildfunktion $G(s)$ wollen wir diese zuerst noch umformen.

Mit der Kennkreisfrequenz $\omega_0 = \frac{1}{\sqrt{LC}}$ und der Abklingkonstanten $\delta = \frac{R}{2L}$ folgt

$$G(s) = \frac{\omega_0^2}{s^2 + 2\delta s + \omega_0^2} = \frac{\omega_0^2}{(s+\delta)^2 + (\omega_0^2 - \delta^2)}$$

Wir unterscheiden die folgenden drei Fälle:

1. Periodischer Fall: $\omega_0^2 - \delta^2 > 0$, Dämpfungsgrad $\vartheta = \frac{\delta}{\omega_0} < 1$

Mit $\omega = \sqrt{\omega_0^2 - \delta^2}$ erhalten wir für die Übertragungsfunktion $G(s) = \frac{\omega_0^2}{(s+\delta)^2 + \omega^2}$

Daraus die Impulsantwort $G(s) \bullet\!-\!\circ\ g(t) = \frac{\omega_0^2}{\omega} \mathrm{e}^{-\delta t} \sin(\omega t)$

2. Aperiodischer Grenzfall: $\omega_0^2 - \delta^2 = 0$, Dämpfungsgrad $\vartheta = 1$

Übertragungsfunktion $G(s) = \frac{\omega_0^2}{(s+\delta)^2} \bullet\!-\!\circ\ g(t) = \omega_0^2\, t e^{-\delta t}$ Impulsantwort

3. Aperiodischer Fall: $\omega_0^2 - \delta^2 < 0$, Dämpfungsgrad $\vartheta > 1$

Mit $\Omega = \sqrt{\delta^2 - \omega_0^2}$ erhalten wir für die Übertragungsfunktion $G(s) = \frac{\omega_0^2}{(s+\delta)^2 - \Omega^2}$

Daraus die Impulsantwort $G(s) \bullet\!-\!\circ\ g(t) = \frac{\omega_0^2}{\Omega} \mathrm{e}^{-\delta t} \sinh(\Omega t)$

Bild 4.33 zeigt den Verlauf der Impulsantwort $g(t)$ für verschiedene Dämpfungsgrade ϑ.

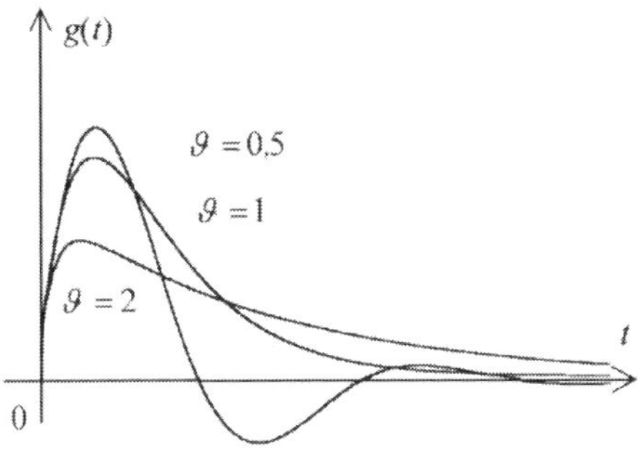

Bild 4.33

Beispiel 4.14

Für die im Bild 4.34a und b dargestellten Übertragungsglieder sollen die Übertragungsfunktionen bestimmt werden.

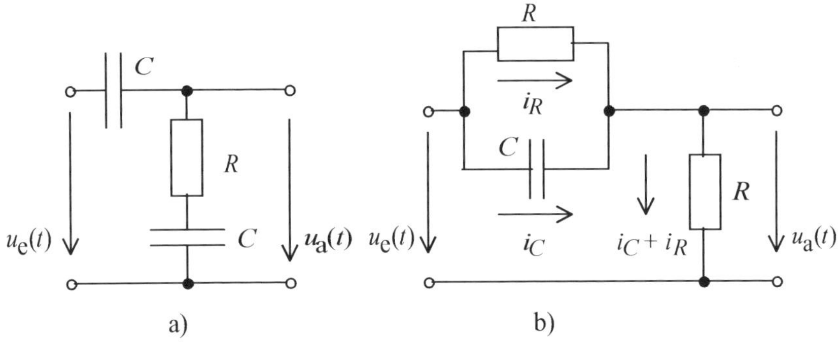

Bild 4.34 Übertragungsglieder zu Beispiel 4.14

a) Für das in Bild 4.34a dargestellte Übertragungsglied gelten im Bildbereich die Gleichungen

$$U_a(s) = \left[R + \frac{1}{Cs}\right] I(s) \quad \text{und} \quad U_e(s) = \left[R + \frac{2}{Cs}\right] I(s)$$

Für die Übertragungsfunktion folgt hieraus

$$G(s) = \frac{U_a(s)}{U_e(s)} = \frac{\left[R + \frac{1}{Cs}\right] I(s)}{\left[R + \frac{2}{Cs}\right] I(s)} = \frac{RCs + 1}{RCs + 2}$$

b) Das Übertragungsglied in Bild 4.34b hat die Übertragungsfunktion

$$G(s) = \frac{U_a(s)}{U_e(s)} = \frac{R\left[I_R(s) + I_C(s)\right]}{R\left[2I_R(s) + I_C(s)\right]}$$

Mit der Nebenbedingung

$$RI_R(s) = \frac{1}{Cs} I_C(s) \quad \Rightarrow \quad I_C(s) = RCsI_R(s)$$

erhalten wir für die Übertragungsfunktion

$$G(s) = \frac{I_R(s)[1 + RCs]}{I_R(s)[2 + RCs]} = \frac{RCs + 1}{RCs + 2}$$

Die beiden hier betrachteten Übertragungsglieder haben also die gleiche Übertragungsfunktion $G(s)$. Sie stimmen daher auch in ihrem Übertragungsverhalten überein.

Beispiel 4.15

Für das Übertragungsglied von Bild 4.35 soll die Übertragungsfunktion berechnet werden.

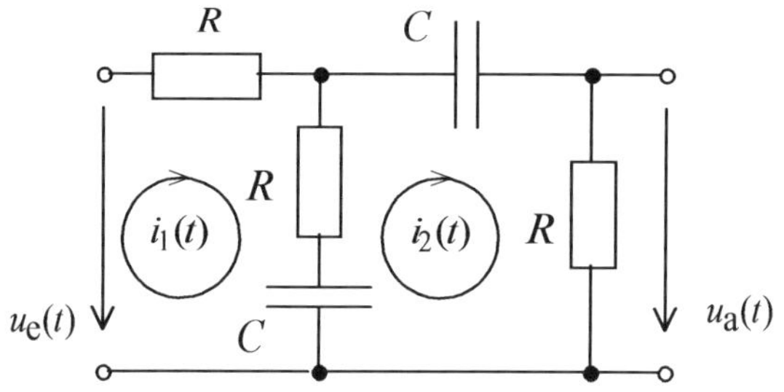

Bild 4.35 Übertragungsglied

Für die Bildströme $I_1(s)$ und $I_2(s)$ erhält man die folgenden Gleichungen:

$$(1) \quad \left(2R + \frac{1}{Cs}\right) I_1(s) - \left(R + \frac{1}{Cs}\right) I_2(s) = U_e(s)$$

$$(2) \quad -\left(R + \frac{1}{Cs}\right) I_1(s) + \left(2R + \frac{2}{Cs}\right) I_2(s) = 0$$

Zur Berechnung von $U_a(s) = RI_2(s)$ benötigen wir den Bildstrom $I_2(s)$.

Wir erhalten mit der Cramer'schen Regel:

$$I_2(s) = \frac{\begin{vmatrix} 2R+\frac{1}{Cs} & U_e(s) \\ -\left(R+\frac{1}{Cs}\right) & 0 \end{vmatrix}}{\begin{vmatrix} 2R+\frac{1}{Cs} & -\left(R+\frac{1}{Cs}\right) \\ -\left(R+\frac{1}{Cs}\right) & 2R+\frac{2}{Cs} \end{vmatrix}} = \frac{Cs}{3RCs+1}U_e(s)$$

Die Laplace-Transformierte der Ausgangsspannung lautet damit

$$U_a(s) = RI_2(s) = \frac{RCs}{3RCs+1}U_e(s)$$

Für die gesuchte Übertragungsfunktion folgt daraus

$$G(s) = \frac{U_a(s)}{U_e(s)} = \frac{RCs}{3RCs+1} = \frac{s}{3(s+\frac{1}{3RC})}$$

Beispiel 4.16

Für das in Bild 4.36 skizzierte Übertragungsglied sollen die Übertragungsfunktion $G(s)$, die Sprungantwort $h(t)$ und die Impulsantwort $g(t)$ bestimmt werden.

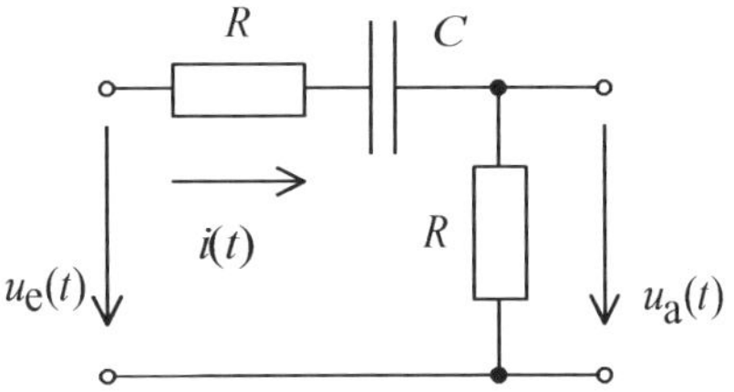

Bild 4.36 Übertragungsglied

a) Übertragungsfunktion

$$G(s) = \frac{U_a(s)}{U_e(s)} = \frac{R\,I(s)}{\left(2R+\frac{1}{Cs}\right)I(s)} = \frac{RCs}{2RCs+1} = \frac{1}{2}\left(\frac{s}{s+\frac{1}{2RC}}\right)$$

Bei Schaltungen wie in Bild 4.36, wo ein gemeinsamer Strom $i(t)$ ○—● $I(s)$ durch alle Bauteile gegeben ist, kann die Übertragungsfunktion auch durch das Widerstandsverhältnis berechnet werden: $G(s) = \frac{Z_a(s)}{Z(s)}$

In Bild 4.36 haben wir für $Z(s) = R+\frac{1}{Cs}+R$ und für $Z_a(s) = R$

Somit ergibt sich für $G(s) = \frac{Z_a(s)}{Z(s)} = \frac{R}{2R+\frac{1}{Cs}} = \frac{1}{2}\left(\frac{s}{s+\frac{1}{2RC}}\right)$

b) Für die Sprungantwort $h(t) \circ\!-\!\bullet\, H(s)$ erhalten wir

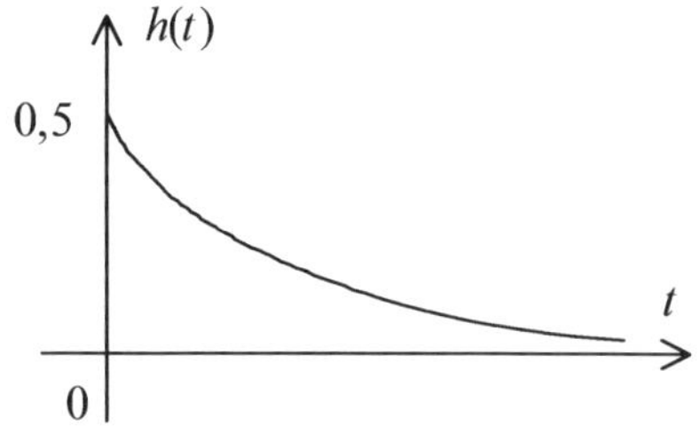

$$H(s) = G(s)\frac{1}{s} = \frac{1}{2}\left(\frac{1}{s+\frac{1}{2RC}}\right)$$

$$\Rightarrow \quad h(t) = \frac{1}{2}e^{-\frac{1}{2RC}t}\varepsilon(t)$$

Bild 4.37 Sprungantwort $h(t)$

c) Impulsantwort $g(t)$:

Die Impulsantwort $g(t)$ ergibt sich durch Rücktransformation der Übertragungsfunktion $G(s)$. Dabei ist zu beachten, dass $G(s)$ hier eine unecht gebrochen rationale Bildfunktion ist, die erst durch eine Polynomdivision in eine Form gebracht werden muss, die man mit den üblichen Korrespondenz-Relationen zurück transformieren kann.

$$G(s) = \frac{1}{2}\frac{s}{s+\frac{1}{2RC}} = \frac{1}{2} - \frac{1}{4RC}\left(\frac{1}{s+\frac{1}{2RC}}\right) \quad \bullet\!-\!\circ \quad g(t) = \frac{1}{2}\delta(t) - \frac{1}{4RC}e^{-\frac{1}{2RC}t}\varepsilon(t)$$

Liegt am Eingang des Übertragungsgliedes ein kurzer Spannungsimpuls, so erkennt man aus dem Ergebnis, dass am Ausgang ein ebenso kurzer Spannungsimpuls, aber halber Größe erscheint. Der durch den Spannungsimpuls verursachte Stromimpuls hat den Kondensator geladen, der anschließend wieder entladen wird.

Ergänzung: Will man alternativ die Impulsantwort $g(t)$ als Ableitung der Sprungantwort $h(t)$ bestimmen, so ist zu beachten, dass die gewöhnliche Ableitung (4.13a) wegen der Sprungstelle bei $t = 0$, durch die verallgemeinerte Ableitung (4.13b) zu ersetzen ist.

$h(t)$ ist wegen $h(-0) = 0$ und $h(+0) = \frac{1}{2}$ an der Stelle $t = 0$ unstetig.

Die Anwendung von (4.13b) ergibt:

$$g(t) = Dh(t) = -\frac{1}{4RC}e^{-\frac{1}{2RC}t}\varepsilon(t) + \frac{1}{2}e^{-\frac{1}{2RC}t}\delta(t)$$

Die Eigenschaft 4a der Deltafunktion von Tabelle 7.2 ergibt $e^{-\frac{1}{2RC}t}\delta(t) = e^0\delta(t)$

Damit erhalten wir in Übereinstimmung mit der obigen Korrespondenz $G(s) \;\bullet\!-\!\circ\; g(t)$ die

Impulsantwort $\quad g(t) = \frac{1}{2}\delta(t) - \frac{1}{4RC}e^{-\frac{1}{2RC}t}\varepsilon(t)$

Bei Anwendung der gewöhnlichen Ableitung (4.13a) auf $h(t)$, geht der Term $\frac{1}{2}\delta(t)$ verloren.

Beispiel 4.17

Gegeben ist das lineare Übertragungsglied von Bild 4.38.

Zu berechnen ist die Übertragungsfunktion *G*(*s*), die Impulsantwort *g*(*t*) und die Sprungantwort *h*(*t*).

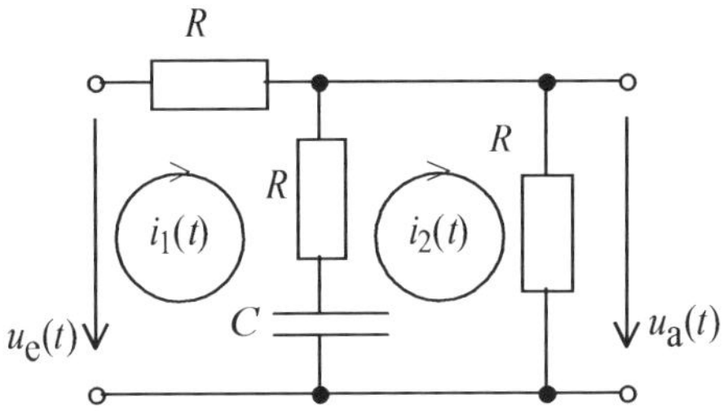

Bild 4.38a Übertragungsglied

a) Übertragungsfunktion

1. Wir berechnen *G*(*s*) mit Hilfe des Maschenbildstromes $I_2(s)$

Die Maschengleichungen lauten

$$\begin{aligned} &(1) \quad \left(2R+\frac{1}{Cs}\right)I_1(s) - \left(R+\frac{1}{Cs}\right)I_2(s) = U_e(s) \\ &(2) \quad -\left(R+\frac{1}{Cs}\right)I_1(s) + \left(2R+\frac{1}{Cs}\right)I_2(s) = 0 \end{aligned}$$

Daraus folgt für den gesuchten Maschenstrom $I_2(s)$

$$I_2(s) = \frac{\begin{vmatrix} \left(2R+\frac{1}{Cs}\right) & U_e(s) \\ -\left(R+\frac{1}{Cs}\right) & 0 \end{vmatrix}}{\begin{vmatrix} \left(2R+\frac{1}{Cs}\right) & -\left(R+\frac{1}{Cs}\right) \\ -\left(R+\frac{1}{Cs}\right) & \left(2R+\frac{1}{Cs}\right) \end{vmatrix}} = \frac{RCs+1}{R(3RCs+2)}U_e(s)$$

Mit $I_2(s)$ ergibt sich die Ausgangsspannung

$$U_a(s) = RI_2(s) = \frac{RCs+1}{3RCs+2}U_e(s)$$

und daraus die Übertragungfunktion

$$G(s) = \frac{U_a(s)}{U_e(s)} = \frac{RCs+1}{3RCs+2}$$

Da die Übertragungsfunktion *G*(*s*) die Laplace-Transformierte der Impulsantwort *g*(*t*) ist, kann in den Maschengleichungen eine beliebige Eingangsspannung z. B. $U_e(s) = \mathscr{L}\{\delta(t)\} = 1$ eingesetzt werden. Man erhält dann für diesen Fall

$$G(s) = RI_2(s)$$

2. Bestimmung von $G(s)$ durch das Widerstandsverhältnis $G(s) = \dfrac{Z_a(s)}{Z(s)}$

Am Ausgang des Übertragungsgliedes liegt die Parallelschaltung $Z_a = R \,||\left(R + \dfrac{1}{Cs}\right)$. Weiter ist Gesamt- $Z = R + Z_a$. Damit folgt für die Übertragungsfunktion

$$G(s) = \frac{R\,||\left(R+\frac{1}{Cs}\right)}{R + R\,||\left(R+\frac{1}{Cs}\right)} = \frac{\frac{R(RCs+1)}{2RCs+1}}{R + \frac{R(RCs+1)}{2RCs+1}} = \frac{R(RCs+1)}{R(2RCs+1)+R(RCs+1)} = \frac{RCs+1}{3RCs+2}$$

Man spart sich so die Berechnung des Bildstromes $I_2(s)$, muss aber stattdessen ein Widerstandsnetzwerk ausrechnen.

b) Impulsantwort

Die Übertragungsfunktion $G(s)$ ist eine unecht gebrochen rationale Funktion. Durch Polynomdivision erhält man

$$G(s) = \frac{1}{3}\frac{s+\frac{1}{RC}}{s+\frac{2}{3RC}} = \frac{1}{3}\left[1+\frac{\frac{1}{3RC}}{s+\frac{2}{3RC}}\right].$$

Durch Rücktransformation ergibt sich die Impulsantwort

$$g(t) = \frac{1}{3}\left[\delta(t)+\frac{1}{3RC}e^{-\frac{2}{3RC}t}\right]$$

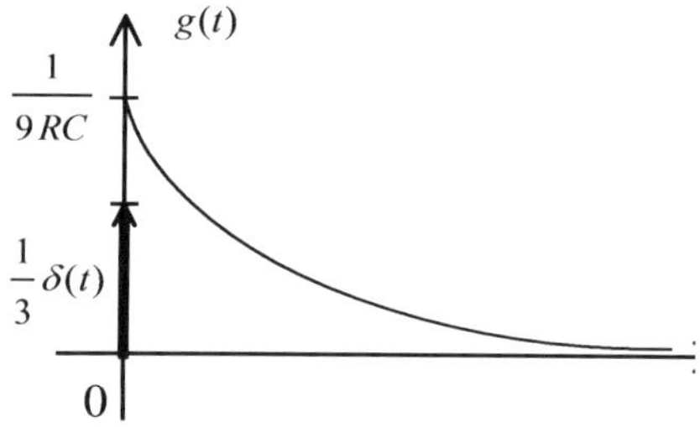

Bild 4.38b Impulsantwort $g(t)$

c) Sprungantwort

$$H(s) = G(s)\cdot\frac{1}{s} = \frac{1}{3}\cdot\frac{s+\frac{1}{RC}}{s\left(s+\frac{2}{3RC}\right)} = \frac{1}{2}\cdot\frac{1}{s}-\frac{1}{6}\cdot\frac{1}{s+\frac{2}{3RC}}$$

$$h(t) = \frac{1}{2}\varepsilon(t)-\frac{1}{6}e^{-\frac{2}{3RC}t}$$

Für $t = +0$ und $t \to \infty$ ergibt sich der Funktionsverlauf zwischen

$$h(+0) = \frac{1}{3} \text{ und } h(\infty) = \frac{1}{2}.$$

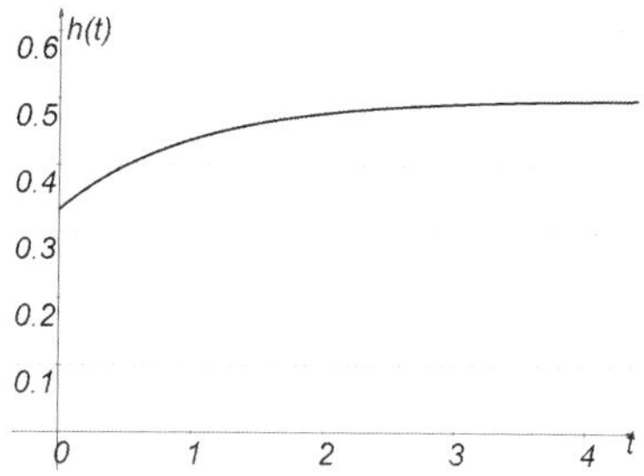

Bild 4.38c Sprungantwort $h(t)$

4.4.4 Pol-Nullstellen-Plan einer echt gebrochen, rationalen Bildfunktion

Wir gehen aus von einer echt gebrochen, rationalen Bildfunktion $F(s)$, mit reellen Koeffinzienten a_i und b_i.

$$F(s) = \frac{b_0 + b_1 s + \ldots + b_m s^m}{a_0 + a_1 s + \ldots + a_n s^n}, \text{ mit } m < n \text{ und } a_n \neq 0$$

Wir suchen getrennt die Nullstellen des Zählerpolynoms N_i und die Nullstellen des Nennerpolynoms P_i, das sind die Pole von $F(s)$.

Sind die Pole und Nullstellen bekannt, kann $F(s)$ nach dem Fundamentalsatz der Algebra in die Produktform umgewandelt werden.

$$F(s) = k \cdot \frac{(s - N_1)(s - N_2)\ldots(s - N_m)}{(s - P_1)(s - P_2)\ldots(s - P_n)} \quad \text{mit} \quad k = \frac{b_m}{a_n}$$

Der Pol-Nullstellen-Plan, kurz **PN-Plan** genannt, entsteht dadurch, dass die Lage der Pole ($*$) und der Nullstellen (o), in das Diagramm von Bild 4.39 eingezeichnet werden. Da die Bildvariable $s = \sigma + j\omega$ komplexwertig ist, so sind auch die Pole und Nullstellen von Bildfunktionen im Allgemeinen komplexwertig, bestehen also aus einem Real- und einem Imaginärteil.

Bei reellen Koeffizienten a_i und b_i sind die Pole und Nullstellen reell bzw. konjugiert komplex.

Auch mehrfache Pole und Nullstellen können auftreten.

Bei reellen Koeffizienten a_i und b_i ist der PN-Plan symmetrisch zur reellen σ-Achse.

Durch die Lage der Pole kann auf das Zeitverhalten im Originalbereich geschlossen werden.

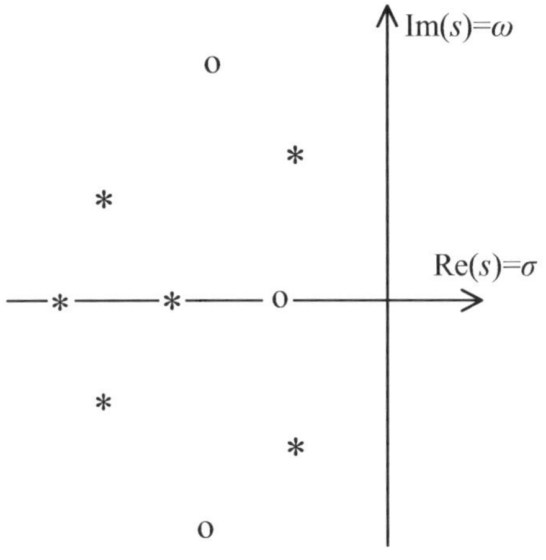

Bild 4.39 PN-Plan der s-Ebene

Ist P_i die Polstelle einer echt gebrochen, rationalen Bildfunktion $F(s)$, so entspricht

$\text{Re}(P_i) < 0$	einer zeitlich abklingenden Funktion
$\text{Re}(P_i) = 0$	einer Funktion mit konstantem Betrag, z. B. $\varepsilon(t)$
$\text{Re}(P_i) > 0$	einer zeitlich ansteigenden Funktion

Aus der Art und der Lage der Polstellen im PN-Plan auf die Zeitfunktion zu schließen ist bei vielen Anwendungen im Hinblick auf eine schnelle Übersicht zum Systemverhalten wichtig.

So kann etwa aus der Art der Polstellen einer Übertragungsfunktion auf das Zeitverhalten des zugehörigen Übertragungssystems geschlossen werden.

Im Folgenden soll der Zusammenhang zwischen der Art der Polstellen im PN-Plan und den zugehörigen Zeitfunktionen erläutert werden.

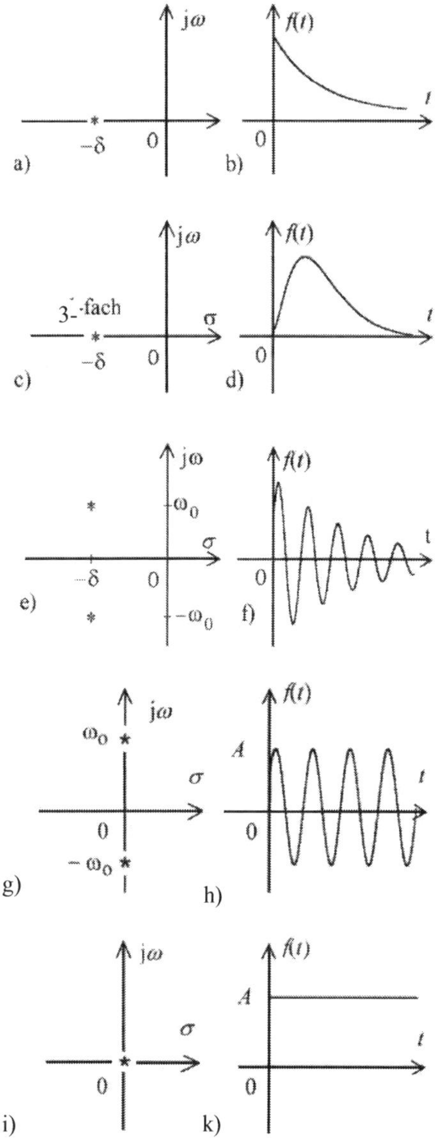

Bild 4.40 PN-Plan mit Zeitfunktionen

a) Der einfachen Polstelle $-\delta$ entspricht im Bildbereich $\dfrac{1}{s+\delta}$. Da sie in der linken Halbebene des PN-Plans liegt, ist

b) die korrespondierende Zeitfunktion eine abklingende Funktion $f(t) = e^{-\delta t}$

c) Der 3-fachen Polstelle $-\delta$ entspricht im Bildbereich $\dfrac{1}{(s+\delta)^3}$

d) Die korrespondierende Zeitfunktion lautet $f(t) = \dfrac{t^2}{2} e^{-\delta t}$

e) Dem konjugiert komplexen Polstellenpaar $-\delta \pm j\omega_0$ entspricht $\dfrac{\omega_0}{(s+\delta)^2 + \omega_0^2}$

f) Im Zeitbereich ergibt sich eine gedämpfte Schwingung $f(t) = e^{-\delta t} \sin(\omega_0 t)$

g) Den beiden Polstellen $\pm j\omega_0$ entsprechen im Bildbereich $\dfrac{\omega_0}{s^2 + \omega_0^2}$

h) Die korrespondierende Zeitfunktion ist eine ungedämpfte Schwingung $f(t) = \sin(\omega_0 t)$

i) Einer im Ursprung liegenden einfachen Polstelle, entspricht im Bildbereich $\dfrac{A}{s}$ und im Zeitbereich $f(t) = A\varepsilon(t)$

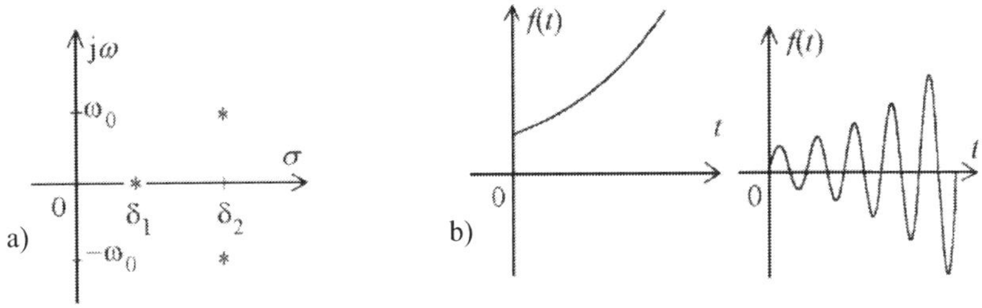

Bild 4.41 PN-Plan mit ansteigenden Zeitfunktionen

a) Der Polstelle $+\delta_1$ entspricht im Bildbereich $\frac{1}{s-\delta_1}$ und der konjugiert komplexen Polstelle

$\delta_2 \pm j\omega_0$ entspricht $\frac{\omega_0}{(s-\delta_2)^2+\omega_0^2}$.

Dazu gehören im Zeitbereich die ansteigenden Funktionen

b) $f(t)=e^{\delta_1 t}$ und $f(t)=e^{\delta_2 t}\sin(\omega_0 t)$

Beispiel: Eine echt gebrochen rationale Bildfunktion $F(s)$ hat die folgenden Pole: $P_1 = -0{,}5$, $P_2 = -2+3j$ und $P_3 = -2-3j$. Welche Aussage kann für den Zeitbereich gemacht werden?

Alle Pole haben einen negativen Realteil. Die Zeitfunktionen $f(t)$ sind daher abklingend.

Die einfache, reelle Polstelle P_1 bedingt im Zeitbereich eine abklingende Exponentialfunktion. Das Paar der konjugiert komplexen Pole mit negativem Realteil entspricht einer gedämpften Schwingung mit der Kreisfrequenz $\omega = 3$. Im Zeitbereich ergibt sich daher die Form

$$f(t) = Ae^{-0{,}5t} + e^{-2t}\left[B\sin(3t) + C\cos(3t)\right]$$

Satz 4.7

Sämtliche Polstellen P_i der Übertragungsfunktion $G(s)$ eines passiven Netzwerks liegen im Inneren der linken Halbebene des PN-Plans, d. h., es gilt

$$\mathrm{Re}(P_i) < 0, \quad \forall i$$

Beweis: Ein passives Netzwerk, z. B. ein *RCL*-Netzwerk, antwortet auf ein impulsförmiges Eingangssignal mit einem zeitlich abklingenden Ausgangssignal. Die Impulsantwort $g(t)$ ist daher ebenfalls eine abklingende Zeitfunktion. Ihre Laplace-Transformierte, die Übertragungsfunktion $G(s)$, hat daher nur Pole, die in der offenen, linken Halbebene des PN-Plans liegen.

4.4.5 Stabilität von linearen Systemen

1. Stabilitätskriterium im Zeitbereich:

Reagiert ein System auf ein beschränktes Eingangssignal $|\ x(t)\ | \leq N < \infty$ mit einem beschränkten Ausgangssignal $|\ y(t)\ | \leq M < \infty$, mit $N, M \in \mathbb{N}$, so bezeichnet man es als stabil.

Diese Stabilitätsdefinition wird auch als BIBO-Stabilität (bounded input – bounded output) bezeichnet.

Kriterium: Ein LTI-System ist dann stabil, wenn seine Impulsantwort $g(t)$ absolut integrierbar ist.

$$\boxed{\int_{-\infty}^{+\infty} |\,g(t)\,|\,dt \leq K < \infty} \quad \text{mit } K \in \mathbb{N} \tag{4.17}$$

Beweis:

Wir betrachten ein beschränktes Eingangssignal $|\ x(t)\ | \leq N < \infty$

Die Beschränkung des Ausgangssignals ist dann gegeben,

$$|\ y(t)\ | = |\ g(t) * x(t)\ | \leq \int_{-\infty}^{+\infty} |\,g(\tau)x(t-\tau)\,|\,d\tau \leq N \int_{-\infty}^{+\infty} |\,g(\tau)\,|\,d\tau$$

wenn $N \int_{-\infty}^{+\infty} |\,g(\tau)\,|\,d\tau \leq M < \infty$ ist, mit $M = N \cdot K$, wenn also Gl. (4.17) erfüllt ist.

2. Stabilitätskriterium im Bildbereich:

Zur Überprüfung der Stabilität wird der PN-Plan herangezogen.

Ein LTI-System ist **stabil**, wenn alle Pole der Übertragungsfunktion $G(s)$ in der offenen, linken Halbebene des PN-Plans liegen.

Es ist **grenzstabil**, wenn auf der imaginären Achse nur einfache Pole auftreten, alle weiteren Pole aber in der linken Halbebene des PN-Plans liegen.

Es ist **instabil**, sobald nur ein Pol der Übertragungsfunktion $G(s)$ in der offenen, rechten Halbebene des PN-Plans auftritt oder wenn ein mehrfacher Pol auf der imaginären Achse liegt.

Beispiel: Das Eingangssignal $x(t) = \sin(2t)$ ergibt folgende Systemreaktion: $y(t) = e^{0,1t} x(t)$. Ist das System BIBO-stabil?

Nach obigem Kriterium gilt: $x(t)$ ist ein beschränktes Eingangssignal, da $|x(t)| \leq 1$ ist.

Für das Ausgangssignal gilt: $|y(t)| = \left|e^{0,1t} \cdot x(t)\right| = e^{0,1t} \cdot 1 \to \infty$, für $t \to \infty$.

Es existiert keine obere Schranke M für $|y(t)|$, das System ist instabil.

4.4.6 Übertragungsfunktion und Frequenzgang

Die Systemreaktionen

Impulsantwort $g(t) = \mathscr{L}\{\delta(t)\}$

Sprungantwort $h(t) = \mathscr{L}\{\varepsilon(t)\}$

Frequenzgang $F(\omega) = A(\omega) \cdot e^{j\varphi}$

sind wichtige Kenngrößen eines Übertragungssystems.

Wir wollen nun untersuchen, wie ein lineares Netzwerk auf ein periodisches Eingangssignal reagiert. Dabei interessiert besonders die Systemantwort auf ein sinusförmiges Eingangssignal.

Satz 4.8

> Ein lineares Netzwerk antwortet auf ein **periodisches** Eingangssignal $x(t)$ nach Abklingen des Einschwingvorganges mit einem stationären periodischen Ausgangssignal $y_{st}(t)$ der **gleichen** Periodendauer.
>
> Ist das Eingangssignal $x(t)$ sinusförmig, so ist das **stationäre** Ausgangssignal $y_{st}(t)$ ebenfalls sinusförmig, mit der gleichen Frequenz wie das Eingangssignal.

Beweis: Eine T-periodische Funktion $x(t)$ hat, wie im Satz 3.12 von Abschnitt 3.3.3 gezeigt wurde, eine Bildfunktion: $X(s) = \dfrac{X_0(s)}{1-e^{-sT}}$.

Hierbei ist $X_0(s)$ die Bildfunktion einer nur im Intervall $0 \le t \le T$ von Null verschiedenen Zeitfunktion, deren periodische Fortsetzung $x(t)$ ergibt.

Für das Ausgangssignals im Bildbereich erhalten wir mit dem Eingangssignal $X(s)$:

$$Y(s) = G(s)\frac{X_0(s)}{1-e^{-sT}}.$$

Wir wollen uns nun die Lage der Pole der Bildfunktion $Y(s)$ ansehen.

Der erste Faktor $G(s)$ hat nach Satz 4.7 nur Pole mit negativem Realteil, die also links von der imaginären Achse des PN-Plans liegen.

Bei dem zweiten Faktor $\dfrac{X_0(s)}{1-e^{-sT}}$, liegen keine Pole von $X_0(s)$ in der rechten Halbebene, sofern $x_0(t)$ beschränkt ist, was vorausgesetzt wird. Bleibt noch zu untersuchen, wo die Pole von $1 - e^{-sT} = 0$ liegen.

Als Lösungen für diese Gleichung $e^{-sT} = 1 = e^{\pm k2\pi j}$ erhalten wir

$$s = \pm j\frac{k2\pi}{T} = \pm jk\omega_0 \quad \text{mit } k = 0, 1, 2, 3, \ldots$$

Hierbei ist $\omega_0 = \dfrac{2\pi}{T}$ die Kreisfrequenz des periodischen Eingangssignals $x(t)$.

Neben den Polen der Übertragungsfunktion G(s) und der Bildfunktion $X_0(s)$, die im Inneren der linken Halbebene liegen, gibt es noch die Polstellenpaare

$$s = \pm jk\omega_0$$

die auf der imaginären Achse des PN-Plans liegen.

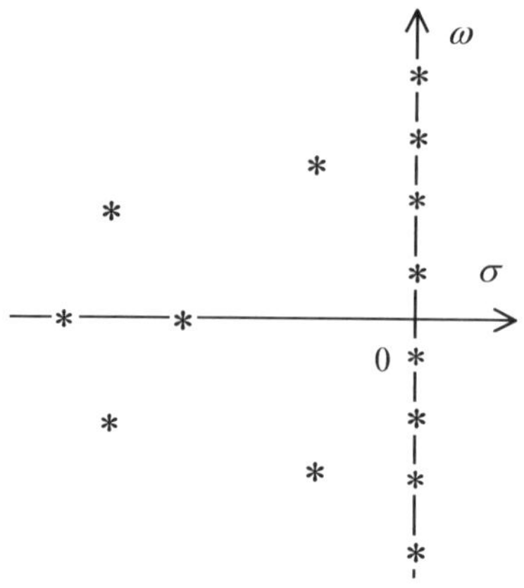

Bild 4.42 Lage der Polstellen von $Y(s)$

Den Polen in der linken Halbebene entsprechen im Zeitbereich abklingende Funktionen, die mit zunehmender Zeit verschwinden. Diese stellen den flüchtigen Anteil in der Systemreaktion dar.

Den Polen auf der imaginären Achse entsprechen im Zeitbereich sinusförmige Funktionen, die mit der Zeit erhalten bleiben und dem stationären Anteil $y_S(t)$ der Systemreaktion entsprechen.

Da nun jedem Polstellenpaar $s = \pm jk\omega_0$ im Zeitbereich eine stationäre harmonische Schwingung der Kreisfrequenz $k\omega_0$ entspricht, stellt die Summe dieser harmonischen Schwingungen, die Fourier-Reihe eines periodischen, stationären Ausgangssignals $y_S(t)$ der Grundkreisfrequenz ω_0 dar.

Harmonische Anregung:

Für ein sinusförmiges Eingangssignal gilt $x(t) = \sin(\omega t) \quad \circ\!-\!\bullet \quad X(s) = \dfrac{\omega}{s^2 + \omega^2}$

Für das Ausgangssignals im Bildbereich ergibt sich

$$Y(s) = G(s) \cdot \frac{\omega}{s^2 + \omega^2}$$

Da wir jetzt nur ein Polstellenpaar $s = \pm j\omega$ auf der imaginären Achse haben, muß das Ausgangssignal nach Abklingen der flüchtigen Anteile ebenfalls wieder sinusförmig sein.

Diese Tatsache führt dazu, dass sich bei linearen Netzwerken im Ausgangssignal, Amplituden- und Phasenänderungen ergeben, aber keine Frequenzänderung statt findet.

Definition 4.8

Nach Abschnitt 2.2.4, Gl. (2.10) ist der **Frequenzgang** eines linearen Übertragungssystems bestimmt durch

$$F(\omega) = A(\omega) \cdot e^{j\varphi} \tag{4.18}$$

Dabei ist $A(\omega)$ ist die frequenzabhängige Amplitude des stationären Ausgangssignals $y_S(t)$ und φ die Phasenverschiebung gegenüber dem Eingangssignal $x(t)$.

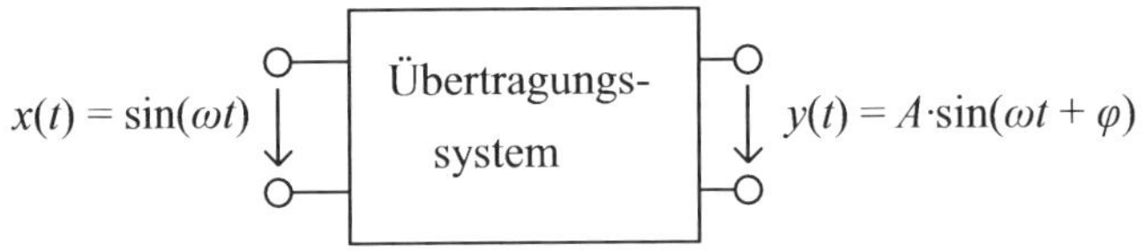

Übertragungsfunktion und Frequenzgang eines LTI-Systems

Der Frequenzgang als wichtige Kenngröße eines Übertragungssystems, kann auf elegante Art aus der Übertragungsfunktion $G(s)$, eines stabilen und kausalen LTI-Systems bestimmt werden.

Dies ist möglich, da die Übertragungsfunktion $G(s)$ bereits sämtliche Informationen über das System enthält und damit auch den Frequenzgang.

Bei harmonischer Anregung antwortet das System mit einer ebenfalls harmonischen Funktion der gleichen Frequenz. Das LTI-System verändert also lediglich die Amplitude A und die Phasenlage φ, nicht aber die Frequenz ω.

Satz 4.9

Ist $G(s)$ die Übertragungsfunktion eines stabilen und kausalen LTI-Systems, so gilt für den Frequenzgang

$$F(\omega) \;=\; G(s)\big|_{s=j\omega} \tag{4.19}$$

Die Notation bedeutet, dass in der Übertragungsfunktion $G(s)$ die Variable s durch $j\omega$ ersetzt wird. Die dabei entstehende Funktion $F(\omega)$ entspricht dem Frequenzgang des Systems.

Für dem Amplituden- und Phasengang, die sich aus Gl. (4.19) ergeben, gelten die Ausführungen von Abschnitt 2.2.4

Beispiel: Für einen RC-Tiefpaß lautet die Übertragungsfunktion

$$G(s) = \frac{1/RC}{s + 1/RC}$$

Man bestimme den Frequenzgang und den Amplitudengang.

Frequenzgang nach (4.19): $F(\omega) = \left.\dfrac{1/RC}{s+1/RC}\right|_{s=j\omega} = \dfrac{1/RC}{j\omega + 1/RC}$

Amplitudengang: $A(\omega) = |F(\omega)| = \left|\dfrac{1/RC}{1/RC + j\omega}\right| = \dfrac{1}{\sqrt{1+(\omega RC)^2}}$

Beispiel 4.18

Man bestimme für das Übertragungsglied in Bild 4.43

a) die Übertragungsfunktion $G(s)$

b) die Impulsantwort $g(t)$ und

c) den Frequenzgangs $F(\omega)$

d) die Ortskurve des Frequenzgangs

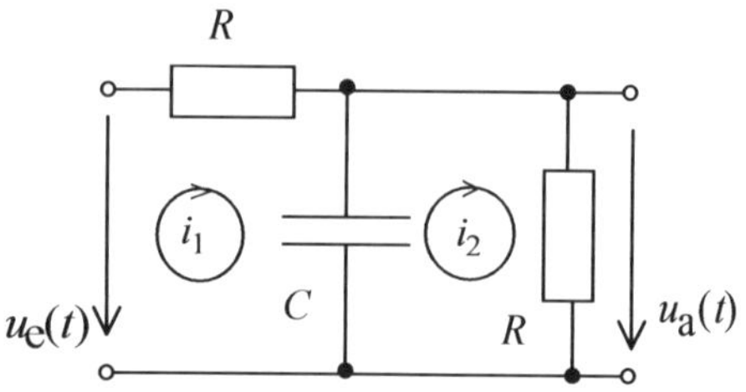

Bild 4.43 Übertragungsglied

a1). Bestimmung von $G(s)$ durch Berechnung des Maschenbildstromes $I_2(s)$

Aus den Maschengleichungen

$$(1)\quad \left(R+\frac{1}{Cs}\right)I_1(s) - \frac{1}{Cs}I_2(s) = U_e(s)$$

$$(2)\quad -\frac{1}{Cs}I_1(s) + \left(R+\frac{1}{Cs}\right)I_2(s) = 0$$

folgt für den gesuchten Maschenstrom

$$I_2(s) = \frac{\begin{vmatrix} R+\frac{1}{Cs} & U_e(s) \\ -\frac{1}{Cs} & 0 \end{vmatrix}}{\begin{vmatrix} R+\frac{1}{Cs} & -\frac{1}{Cs} \\ -\frac{1}{Cs} & R+\frac{1}{Cs} \end{vmatrix}} = \frac{1}{R\left(RCs+2\right)}U_e(s)$$

$$\Rightarrow\quad U_a(s) = RI_2(s) = \frac{1}{RCs+2}U_e(s) \text{ und daraus } \underline{G(s) = \frac{U_a(s)}{U_e(s)} = \frac{1}{RCs+2}}$$

a2). Alternative Bestimmung von $G(s)$ durch das Bildwiderstandsverhältnis

$$G(s) = \frac{Z_a(s)}{Z(s)} \quad\Rightarrow\quad G(s) = \frac{\left(\dfrac{R\frac{1}{Cs}}{R+\frac{1}{Cs}}\right)}{\left(R+\dfrac{R\frac{1}{Cs}}{R+\frac{1}{Cs}}\right)} = \frac{1}{RCs+2}$$

b) Impulsantwort: $G(s) = \dfrac{1}{RCs+2} = \dfrac{1}{RC}\dfrac{1}{s+\frac{2}{RC}}$ $\bullet\!-\!\circ$ $\underline{g(t) = \dfrac{1}{RC}e^{-\frac{2}{RC}t}}$

c) Frequenzgang: $\underline{F(\omega) = G(s)\big|_{s=j\omega} = \dfrac{1}{2+j\omega RC}}$

d) Die Ortskurve von $\dfrac{1}{F(\omega)} = 2 + j\omega RC$ ist für $\omega \geq 0$ eine Halbgerade mit dem konstanten Realteil $\text{Re}\left(\dfrac{1}{F(\omega)}\right) = 2$. Durch Inversion dieser Halbgeraden (Bild 4.44a) erhält man den durch den Ursprung verlaufenden Halbkreis (Bild 4.44b).

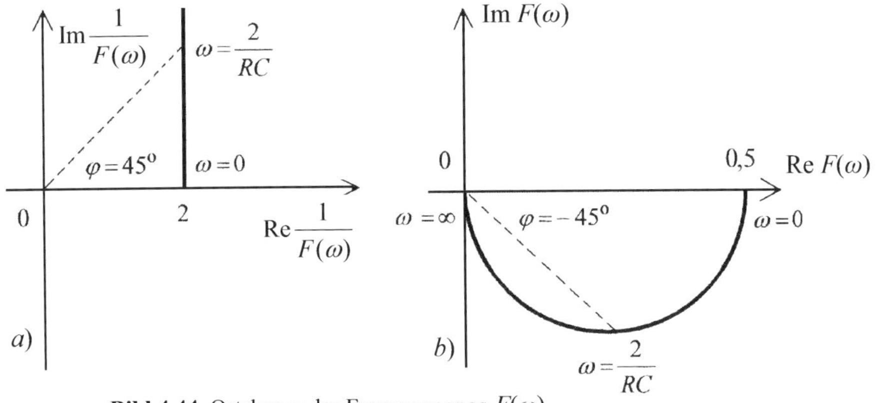

Bild 4.44 Ortskurve des Frequenzgangs $F(\omega)$

4.4.7 Ausgangssignal bei impulsförmig, periodischer Anregung

Wie im Abschnitt 3.3.3, Satz 3.12 gezeigt wurde, hat ein T-periodisches Eingangssignal $x(t)$ die Laplace-Transformierte

$$X(s) = \frac{X_0(s)}{1 - e^{-sT}} \tag{4.20}$$

$X_0(s)$ ist hierbei die Laplace-Transformierte einer nur im Zeitintervall $0 \leq t \leq T$ von Null verschiedenen Zeitfunktion $x_0(t)$, deren periodische Fortsetzung $x(t)$ ergibt.

Auf das periodische Eingangssignal $x(t)$ antwortet das System mit einem Ausgangssignal $y(t) = y_{fl}(t) + y_{st}(t)$, das sich zusammensetzt aus einem flüchtigen (abklingenden) Anteil und einem stationären Anteil. Nach Verschwinden des flüchtigen Anteils $y_{fl}(t)$ bleibt der stationäre Anteil $y_{st}(t)$ übrig, der nach Satz 4.8 ebenfalls T-periodisch ist.

Die Zerlegung der Bildfunktion $Y(s)$ in einen flüchtigen Anteil $Y_{fl}(s)$ und einen stationären Anteil $Y_{st}(s)$ ergibt

$$Y(s) = G(s)\,X(s) = Y_{fl}(s) + Y_{st}(s) \tag{4.21}$$

Die Auflösung der Gleichung nach dem stationären Anteils ergibt

$$\boxed{Y_{stat}(s) \; = \; G(s)X(s) - Y_{fl}(s)}$$

Wie wir wissen ist die Bildfunktion des flüchtigen Anteils $Y_f(s)$ durch die im Inneren der linken Halbebene gelegenen Pole der Übertragungsfunktion G(s) bestimmt.

Im Zeitbereich ist das stationäre Ausgangssignal $y_{st}(t)$ eine T-periodische Funktion. Daher genügt es

$$y_{st}^o(t) = \begin{cases} \text{definiert für } 0 \le t \le T \\ 0 \text{ für alle übrigen Zeitpunkte} \end{cases}$$

zu berechnen. Das gesuchte Ausgangssignal $y_{st}(t)$ entsteht dann durch periodisches Fortsetzen von $y_{st}^o(t)$.

Beispiel 4.19 Auf den RC-Tiefpaß von Bild 4.45a wirkt als Eingangssignal eine doppeltgleichgerichtete Sinusspannung $u_e(t)$ nach Bild 4.45b. Man berechne

a) die Systemreaktion $u_a(t)$ ab dem Einschaltzeitpunkt,

b) den stationäre Anteil $u_{st}(t)$ der Ausgangsspannung.

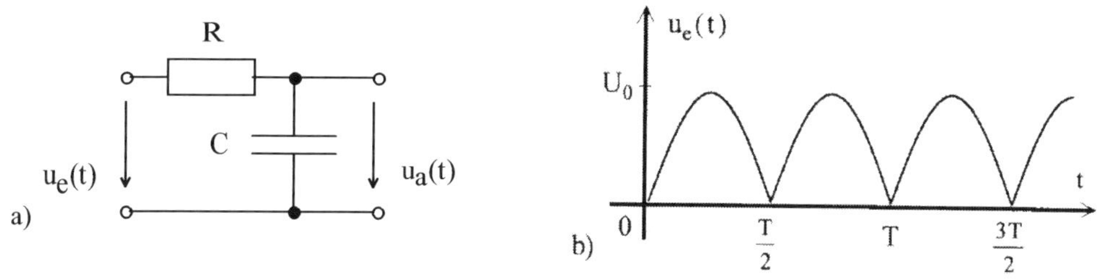

Bild 4.45 RC-Tiepaß und Eingangsspannung $u_e(t)$

Die periodische Eingangsspannung $u_e(t)$ entsteht durch periodisches Fortsetzen der Spannung

$$u_0(t) = \begin{cases} U_0 \sin(\omega t) & \text{für } 0 \le t \le \dfrac{T}{2} \\ 0 & \text{für alle übrigen Zeitpunkte} \end{cases}$$

Nach Bild 4.46 setzt sich der Spannungspuls $u_0(t)$ zusammen aus der Überlagerung von $\sin(\omega t)$ mit der um $T/2$ verschobenen sin-Funktion.

$$u_0(t) = U_0 \left\{ \sin(\omega t) + \sin\left[\omega\left(t - \tfrac{T}{2}\right)\right] \cdot \varepsilon\left(t - \tfrac{T}{2}\right) \right\}$$

Wir erhalten mit dem Verschiebungssatz die Korrespondenz

$$u_0(t) \quad \bullet\!-\!\circ \quad U_0(s) = U_0 \frac{\omega}{s^2 + \omega^2} \left(1 + e^{-\frac{sT}{2}}\right)$$

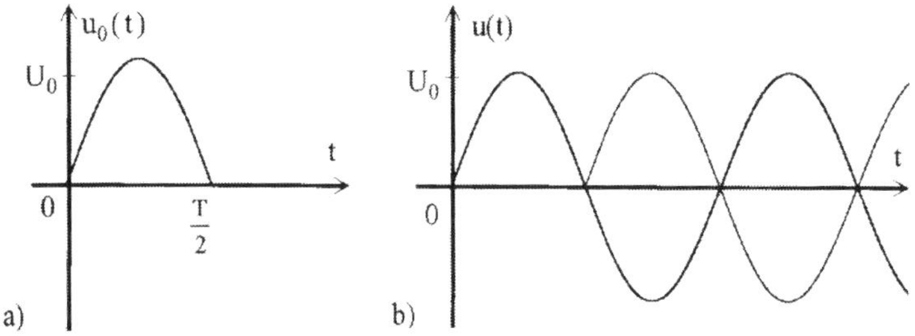

Bild 4.46 a) Spannungspuls $u_0(t)$ und b) seine Darstellung aus 2 Teilspannungen

Nach Gl. (4.20) ergibt sich die Korrespondenz für $u_e(t)$:

$$u_e(t) \quad \circ\!-\!\bullet \quad U_e(s) = \frac{U_0(s)}{1-e^{-\frac{sT}{2}}} = U_0 \frac{\omega}{s^2+\omega^2}\left(\frac{1+e^{-\frac{sT}{2}}}{1-e^{-\frac{sT}{2}}}\right)$$

Der RC-Tiefpaß hat die Übertragungsfunktion $G(s) = \dfrac{\frac{1}{RC}}{s+\frac{1}{RC}}$. Damit erhält man die

Ausgangsspannung im Bildbereich $U_a(s) = G(s)\cdot U_e(s) = \dfrac{\frac{1}{RC}}{s+\frac{1}{RC}}\cdot\dfrac{U_0\omega}{s^2+\omega^2}\left(\dfrac{1+e^{-\frac{sT}{2}}}{1-e^{-\frac{sT}{2}}}\right)$ (4.22)

Da eine direkte Rücktransformation von $U_a(s)$ in den Zeitbereich nicht möglich ist, entwickeln wir den Term in der Klammer in eine geometrische Reihe

$$\frac{1+e^{-\frac{sT}{2}}}{1-e^{-\frac{sT}{2}}} = \left(1+e^{-\frac{sT}{2}}\right)\cdot\left[1+e^{-\frac{sT}{2}}+e^{-sT}+e^{-\frac{3sT}{2}}+\ldots\right] = 1+2e^{-\frac{sT}{2}}+2e^{-sT}+2e^{-\frac{3sT}{2}}+\ldots$$

Damit lässt sich die Ausgangsspannung angeben,

$$U_a(s) = G(s)\cdot U_e(s) = \frac{\frac{1}{RC}}{s+\frac{1}{RC}}\cdot\frac{U_0\omega}{s^2+\omega^2}\left[1+2e^{-\frac{sT}{2}}+2e^{-sT}+2e^{-\frac{3sT}{2}}+\ldots\right]$$

die nach Tabelle 7.4, Korrespondenz Nr. 26 und dem Verschiebungssatz gliedweise in den Zeitbereich zurück transformiert werden kann. Es ergibt sich

$$\begin{aligned} u_a(t) = U_0\frac{\omega RC}{1+(\omega RC)^2}\Bigg\{&\left[e^{-\frac{t}{RC}}+\frac{1}{\omega RC}\sin(\omega t)-\cos(\omega t)\right]\cdot\varepsilon(t)+ \\ &+2\cdot\left[e^{-\frac{(t-T/2)}{RC}}+\frac{1}{\omega RC}\sin\left(\omega(t-\tfrac{T}{2})\right)-\cos\left(\omega(t-\tfrac{T}{2})\right)\right]\cdot\varepsilon(t-\tfrac{T}{2})+ \\ &+2\cdot\left[e^{-\frac{(t-T)}{RC}}+\frac{1}{\omega RC}\sin\left(\omega(t-T)\right)-\cos\left(\omega(t-T)\right)\right]\cdot\varepsilon(t-T)+\ldots\Bigg\} \end{aligned} \quad (4.23)$$

Den Verlauf der Ausgangsspannung nach Gl. (4.23) zeigt Bild 4.47 für die gewählten Parameter: $RC = 1$, Amplitude $U_0 = 1$, Periodendauer $T = 1$ und $\omega = \frac{2\pi}{T} = 2\pi$

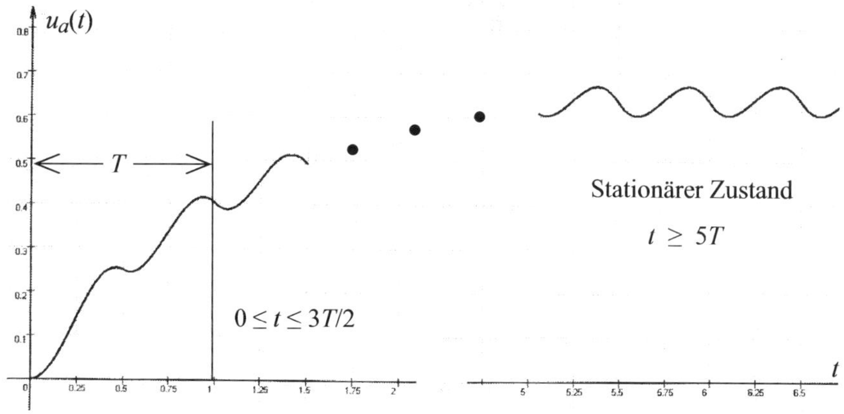

Bild 4.47 Ausgangsspannung am RC-Tiefpaß

Wie im Kurvenverlauf von $u_a(t)$ zu sehen ist, schaukelt sich die Spannung in einem welligen Anstieg hoch, bis nach etwa $t \ge 5T$ der stationäre Zustand erreicht ist.

Wie groß die Welligkeit im stationären Zustand ist, hängt entscheidend von den Werten des RC-Glieds ab. Für eine gute Glättung ist ein Kondensator ausreichend hoher Kapazität erforderlich.

Stationärer Zustand: Obwohl man aus Gl. (4.23) den stationären Zustand bestimmen kann, lohnt es sich, eine andere Methode der Berechnung dafür kennenzulernen.

Als erstes suchen wir nach den Polstellen von $U_a(s)$. Diese liegen nach Gl. (4.22) bei

$$1.)\ s = -\frac{1}{RC} \quad 2.)\ s = \pm j\omega \quad \text{und} \quad 3.)\ 1 - e^{-\frac{sT}{2}} = 0 \Rightarrow s = \pm 2jk\frac{2\pi}{T} = \pm 2jk\omega,\ k = 0,1,2,3\ldots$$

Siehe dazu die Erläuterungen von Satz (4.8).

Die Polstelle $s = -\frac{1}{RC}$ entspricht dem flüchtigen Anteil $u_{fl}(t) = A_1 e^{-\frac{t}{RC}}$.

Die Polstellen auf der imaginären Achse entsprechen sinusförmigen Schwingungen.

Für die Ausgangsspannung im Bildbereich erhalten wir

$$U_a(s) = U_{fl}(s) + U_{st}(s) = \frac{A_1}{s + \frac{1}{RC}} + U_{st}(s)$$

Der Zähler A_1 ist nach Abschnitt 3.3.6, Gl. (3.46) gegeben durch

$$A_1 = \left[\frac{1}{RC}\frac{U_0\omega}{s^2 + \omega^2} \cdot \frac{1 + e^{-\frac{sT}{2}}}{1 - e^{-\frac{sT}{2}}}\right]_{s = -\frac{1}{RC}} = \frac{U_0\omega RC}{1 + (\omega RC)^2} \cdot \frac{1 + e^{\frac{T}{2RC}}}{1 - e^{\frac{T}{2RC}}}$$

Damit kann der stationäre Anteil berechnet werden. Es gilt

$$U_{st}(s) = U_a(s) - U_{fl}(s) = \frac{\frac{1}{RC}}{s+\frac{1}{RC}} \cdot \frac{U_0\omega}{s^2+\omega^2} \cdot \left(\frac{1+e^{-\frac{sT}{2}}}{1-e^{-\frac{sT}{2}}} \right) - \frac{A_1}{s+\frac{1}{RC}}$$

Für A_1 ist der Wert bereits bestimmt. Den Term in der Klammer wandeln wir um in eine unendliche, geometrische Reihe

$$U_{st}(s) = \frac{\frac{1}{RC}}{s+\frac{1}{RC}} \cdot \frac{U_0\omega}{s^2+\omega^2} \left(1+e^{-\frac{sT}{2}}\right)\left(1+e^{-\frac{sT}{2}}+e^{-sT}+e^{-\frac{3sT}{2}}+\cdots\right) - \frac{A_1}{s+\frac{1}{RC}}$$

Nach Ausmultiplizieren der beiden Klammern erhalten wir

$$U_{st}(s) = \frac{\frac{1}{RC}}{s+\frac{1}{RC}} \cdot \frac{U_0\omega}{s^2+\omega^2} \left[1+2e^{-\frac{sT}{2}}+2e^{-sT}+2e^{-\frac{3sT}{2}}+\cdots\right] - \frac{A_1}{s+\frac{1}{RC}}$$

$$U_{st}(s) = \frac{\frac{1}{RC}}{s+\frac{1}{RC}} \cdot \frac{U_0\omega}{s^2+\omega^2} - \frac{A_1}{s+\frac{1}{RC}} + \frac{\frac{1}{RC}}{s+\frac{1}{RC}} \cdot \frac{2U_0\omega}{s^2+\omega^2} \left[e^{-\frac{sT}{2}}+e^{-sT}+e^{-\frac{3sT}{2}}+\cdots\right]$$

Dieser verhältnismäßig komplizierte Ausdruck vereinfacht sich ganz wesentlich, wenn wir uns bei der Betrachtung des stationären Anteils auf das Zeitintervall $0 \le t \le \frac{T}{2}$ beschränken.

Da die periodische Eingangsspannung $u_e(t)$ die Periodendauer $\frac{T}{2}$ hat, ist die stationäre Ausgangsspannung $u_{st}(t)$ ebenfalls periodisch, mit der gleichen Periodendauer. Es genügt daher die Berechnung des stationären Ausgangssignals für das Zeitintervall $0 \le t \le \frac{T}{2}$ durchzuführen.

Die Glieder im Bildbereich von $U_{st}(s)$ mit den Faktoren $e^{-\frac{sT}{2}}, e^{-sT}, e^{-\frac{3sT}{2}} \ldots$ liefern im Zeitbereich Anteile, die nach dem Verschiebungssatz im Zeitintervall $0 \le t \le \frac{T}{2}$ identisch Null sind. Durch die Beschränkung auf dieses Zeitintervall erhalten wir im Zeitbereich eine Spannung $u_{st}^o(t)$, deren periodische Fortsetzung $u_{st}(t)$ ergibt und die im Bildbereich durch den wesentlich einfacheren Ausdruck gegeben ist.

$$U_{st}^o(s) = \frac{\frac{1}{RC}}{s+\frac{1}{RC}} \cdot \frac{U_o\omega}{s^2+\omega^2} - \frac{A_1}{s+\frac{1}{RC}} \frac{1}{2}$$

Das Produkt in $U_{st}^o(s)$ kann man durch Partialbruchzerlegung in einfachere Anteile zerlegen, um die Rücktransformation durchzuführen, oder es gleich direkt mit Hilfe der Korrespondenztabelle 6.4, Nr. 26 zurück transformieren, was wir hier tun.

$$\frac{\frac{1}{RC}}{s+\frac{1}{RC}} \cdot \frac{U_o\omega}{s^2+\omega^2} \quad \bullet\!-\!\circ \quad U_o \frac{\omega RC}{1+(\omega RC)^2}\left[e^{-\frac{t}{RC}} + \frac{1}{\omega RC}\sin(\omega t) - \cos(\omega t)\right]$$

Korrespondenz für den 2. Term: $\dfrac{A_1}{s+\dfrac{1}{RC}} \quad \bullet\!-\!\circ \quad A_1 e^{-\frac{t}{RC}} = U_o \dfrac{\omega RC}{1+(\omega RC)^2}\left[\dfrac{1+e^{\frac{T}{2RC}}}{1-e^{\frac{T}{2RC}}}\cdot e^{-\frac{t}{RC}}\right]$

Die Zusammenfassung beider Terme ergibt

$$u_{st}^o(t) = U_o \frac{\omega RC}{1+(\omega RC)^2}\left[\frac{2e^{\frac{T}{2RC}}}{e^{\frac{T}{2RC}}-1}\cdot e^{-\frac{t}{RC}} + \frac{1}{\omega RC}\sin(\omega t) - \cos(\omega t)\right], \quad \text{für } 0 \le t \le \frac{T}{2}$$

Durch periodisches Fortsetzen von $u_{st}^o(t)$ erhält man die stationäre Ausgangsspannung $u_{st}(t)$.

In Bild 4.47a ist für $\omega RC = 1$ eine Periode der stationären Ausgangsspannung dargestellt. Mit wachsender Kapazität C wird die Spannung mehr und mehr geglättet und im Grenzfall $C \to \infty$ erhält man $u_{st}(t) = \dfrac{U_o}{2\pi}$, eine ideal geglättete Ausgangsspannung, d. h. eine Gleichspannung mit der Höhe, die sonst als Mittelwert auftritt.

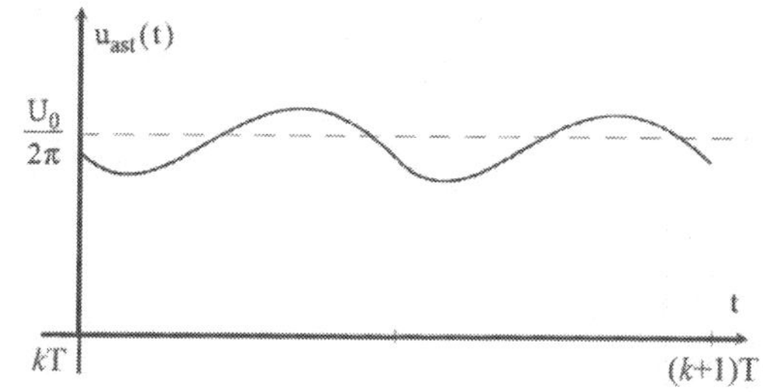

Bild 4.47a Verlauf der stationären Ausgangsspannung $u_{st}(t)$

Aufgaben zu Abschnitt 4.4

(Ergebnisse im Anhang)

Aufgabe 4.14 Es sollen a) die Sprungantwort $h(t)$ und b) die Impulsantwort $g(t)$ des in Bild 4.48 dargestellten Übertragungsgliedes berechnet werden.

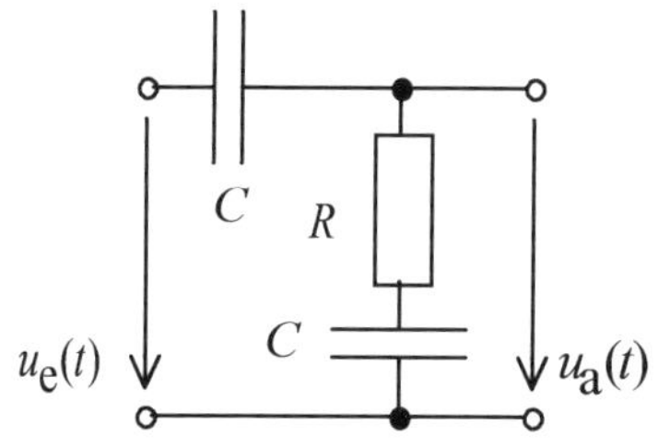

Bild 4.48 Übertragungsglied

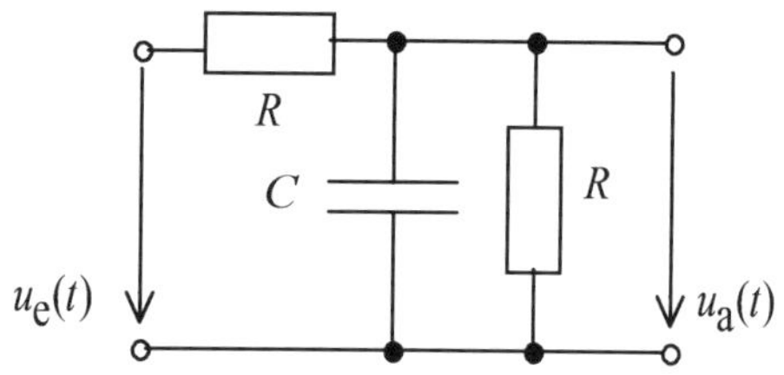

Bild 4.49 Übertragungsglied

Aufgabe 4.15 Man berechne für das Übertragungsglied in Bild 4.49

a) die Übergangsfunktion $h(t)$

b) die Gewichtsfunktion $g(t)$.

Aufgabe 4.16

Man bestimme für die in Bild 4.50a, b und c dargestellten Übertragungsglieder die Übertragungsfunktionen

$$G(s) = \frac{U_a(s)}{U_e(s)}$$

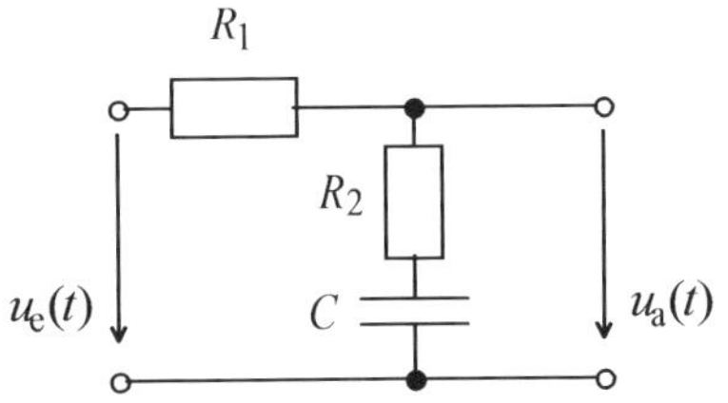

a)

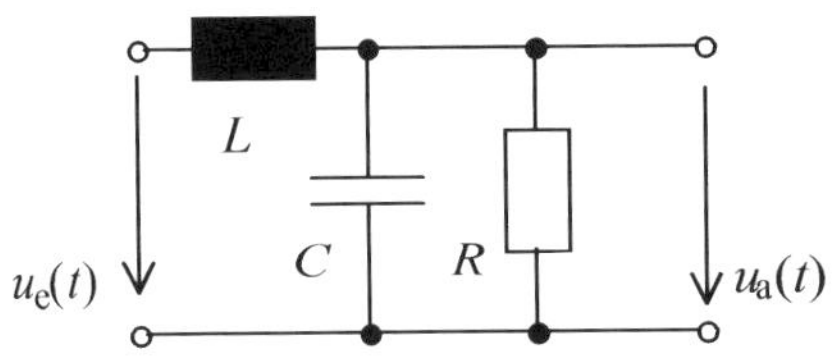

b)

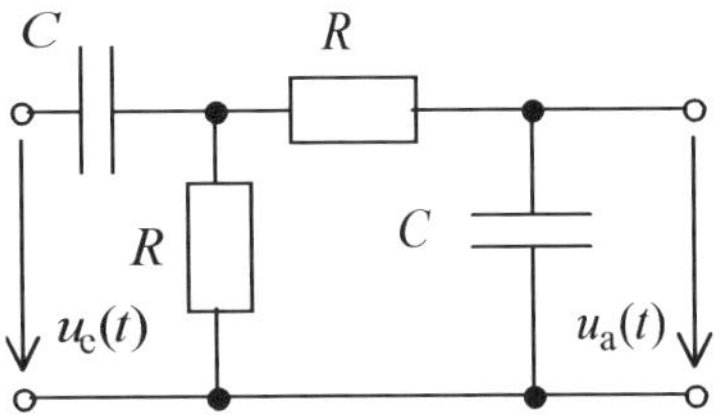

c)

Bild 4.50a, b, c Übertragungsglieder zu Aufgabe 4.16

Aufgabe 4.17

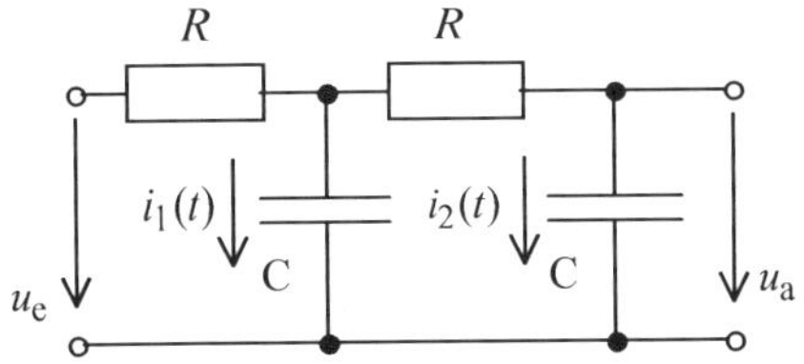

Bild 4.51 Übertragungsglied

Für das Übertragungsglied in Bild 4.51 mit den Maschenströmen $i_1(t)$ und $i_2(t)$ berechne man

a) die Übertragungsfunktion $G(s)$

b) die Gewichtsfunktion $g(t)$.

c) die Übergangsfunktion $h(t)$

Aufgabe 4.18 Gegeben ist ein Netzwerk mit der Übertragungsfunktion

$$G(s) = \frac{1}{RCs + 3}$$

a) Man berechne die Impulsantwort $g(t)$ und die Übergangsfunktion $h(t)$.

b) Für die in Bild 4.52 dargestellte Eingangsspannung $u_e(t)$ soll die Ausgangsspannung $u_a(t)$ berechnet werden

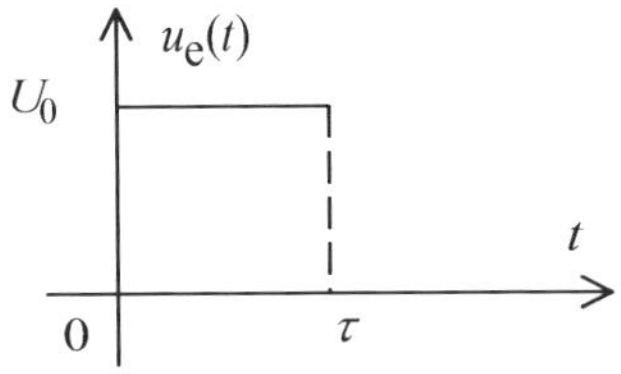

Bild 4.52 Eingangsspannung $u_e(t)$

Aufgabe 4.19

Gegeben ist ein Serienschwingkreis nach Bild 4.53a im aperiodischen Grenzfall.
Im aperiodischen Grenzfall gilt

$$\frac{R}{2L} = \frac{1}{\sqrt{LC}}.$$

a) Man bestimme die Übertragungsfunktion

$$G_I(s) = \frac{I(s)}{U(s)}$$

des Serienschwingkreises von Bild 4.53a

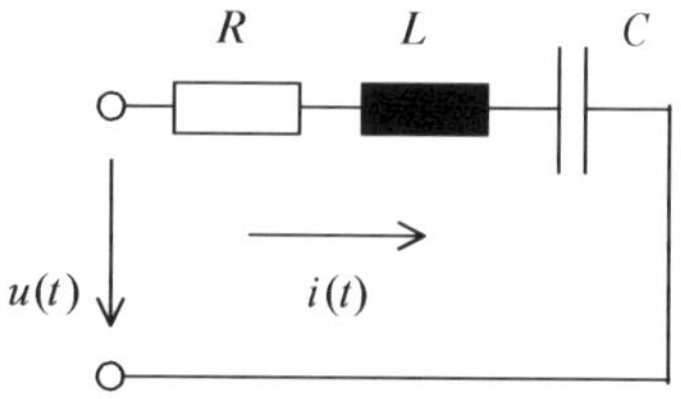

Bild 4.53a Serienschwingkreis

b) Für die Spannungen $u(t)$ nach Bild 4.53b und Bild 4.53c sollen die Ströme $i(t)$ berechnet werden.

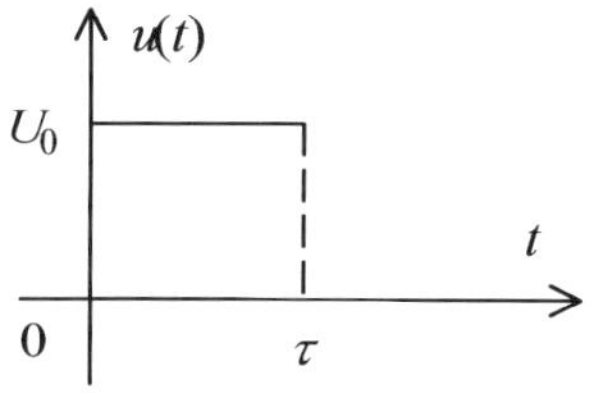

Bild 4.53b Eingangsspannung

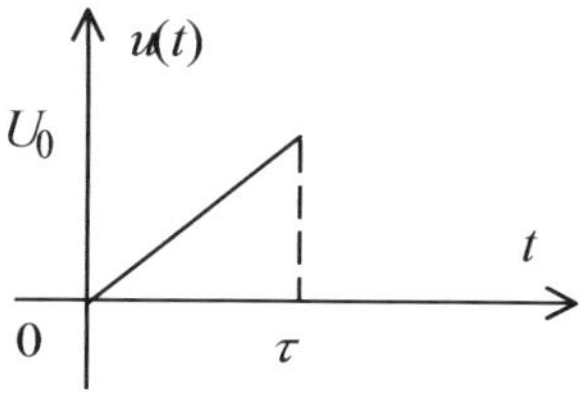

Bild 4.53c Eingangsspannung

Aufgabe 4.20

Für das Übertragungsglied in Bild 4.54 bestimme man

a) die Übertragungsfunktion $G(s)$
b) die Ausgangsspannung $u_a(t)$ bei

$$u_e(t) = U_0\left[\varepsilon(t) - \varepsilon(t-1)\right]$$

c) die Impulsantwort $g(t)$

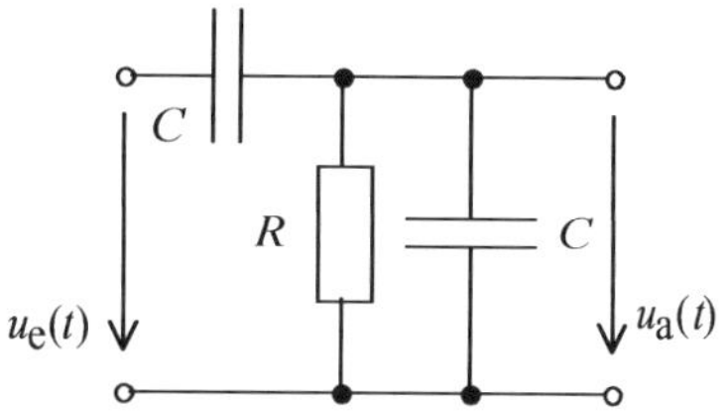

Bild 4.54 Übertragungsglied

Aufgabe 4.21

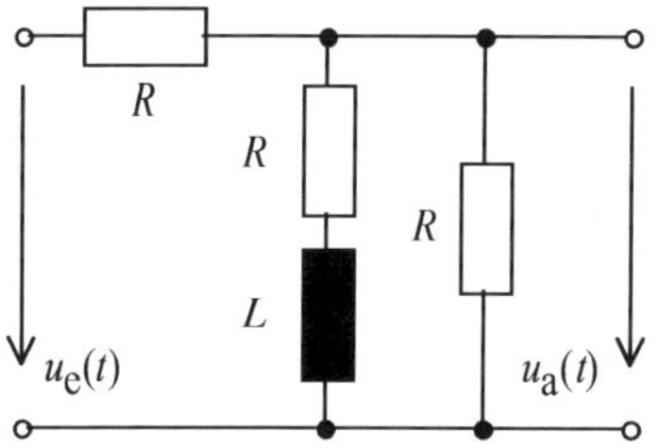

Bild 4.55 Übertragungsglied

Für das Übertragungsglied in Bild 4.55 ist zu bestimmen

a) die Übertragungsfunktion $G(s)$,
b) die Impulsantwort $g(t)$ und
c) die Sprungantwort $h(t)$.

Aufgabe 4.22

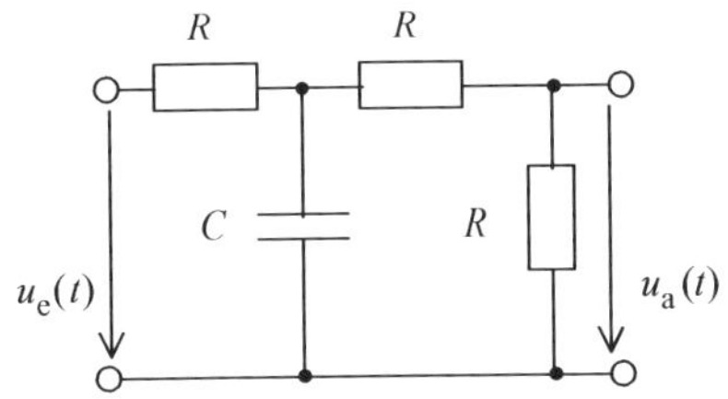

Bild 4.56 Übertragungsglied

Gegeben ist das in Bild 4.56 skizzierte Übertragungsglied.

Zu berechnen ist

a) Die Übertragungsfunktion $G(s)$,

b) die Gewichtsfunktion $g(t)$, und

c) die Übergangsfunktion $h(t)$.

Aufgabe 4.23

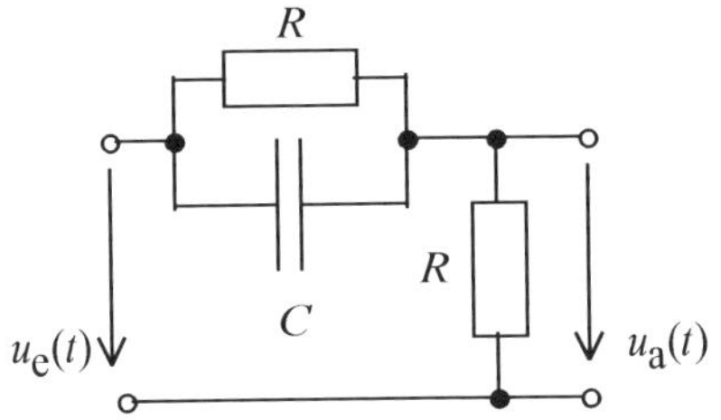

Bild 4.57 Übertragungsglied

Für das Übertragungsglied von Bild 4.57 sollen die Übertragungsfunktion

$$G(s) = \frac{U_a(s)}{U_e(s)}$$

und die Ortskurve des Frequenzgangs $F(\omega)$ bestimmt werden

4.5 Lineare, partielle Differentialgleichungen

Bisher haben wir gewöhnliche, lineare Differentialgleichungen behandelt, die durch Laplace-Transformation gelöst werden können.

In ähnlicher Weise kann auch mit linearen, partiellen Differentialgleichungen verfahren werden. Diese Gleichungen enthalten zum Unterschied Funktionen mit mehreren Variablen (meistens Ort und Zeit) und deren partielle Ableitungen. Als Beispiele seien genannt:

1. Die Wärmeleitungsgleichung $\frac{\partial T(x,t)}{\partial t} = a \cdot \frac{\partial^2 T(x,t)}{\partial x^2}$,

dabei ist die Temperatur $T(x,t)$ eine Funktion von Ort x und Zeit t, und a ist eine Konstante.

2. Die Wellengleichung $\frac{\partial y^2(x,t)}{\partial t^2} = c^2 \cdot \frac{\partial^2 y(x,t)}{\partial x^2}$,

dabei ist $y(x,t)$ eine Schwingung, abhängig von Ort x und Zeit t, und c ist die Ausbreitungsgeschwindigkeit.

Wie lineare, partielle Differentialgleichungen mit konstanten Koeffizienten mit der Laplace-Transformation gelöst werden, soll am Beispiel der Wärmeleitungsgleichung ausführlich erläutert werden.

Wir betrachten einen bei Null beginnenden unendlich langen Metallstab, dessen Temperaturverteilung durch $T(x,t)$ gegeben ist.

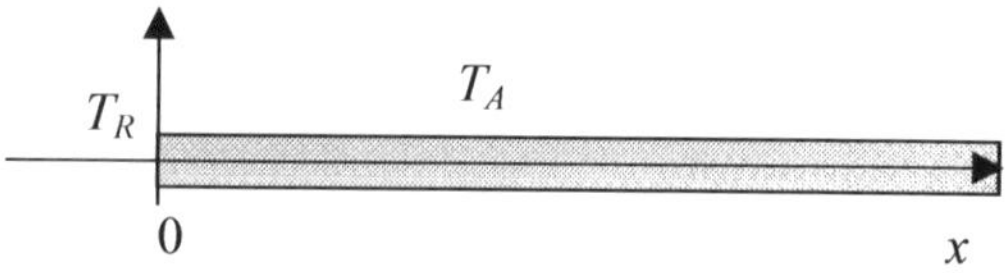

Bild 4.58 Eindimensionaler Metallstab
T_R = Randtemperatur, T_A = Stabtemperatur

Anfangsbedingung: $T(x,0)=T_A$ für $x>0$,
d. h. die Temperatur zum Zeitpunkt $t=0$ auf der gesamten Länge des Stabes ist T_A.

Randbedingung: $T(0,t)=T_R$ für $t \geq 0$,
d. h. an der Stelle $x = 0$ des Stabes ist die Temperatur gegeben durch T_R:

Die **Wärmeleitungsgleichung** lautet

$$\boxed{\frac{\partial T(x,t)}{\partial t}=a\cdot\frac{\partial^2 T(x,t)}{\partial x^2}} \tag{4.24}$$

$a=\dfrac{\lambda}{\rho c}$ Temperaturleitfähigkeit, λ = Wärmeleitfähigkeit, ρ = Dichte, c = spez. Wärmekapazität

Die Wärmeleitungsgleichung ist eine lineare, partielle Differentialgleichung 2. Ordnung, mit zwei unabhängigen Variablen x und t. Um die Differentialgleichung zu lösen, wenden wir darauf die Laplace-Transformation an.

Wegen der Orts- und Zeitabhängigkeit sind nacheinander zwei unabhängige Transformationen auszuführen.

Mit den Schritten (1) und (2) werden wir die Transformation in den Bildbereich durchführen.

Mit den Schritten (3) und (4) beschreiben wir die Rücktransformation in den Orts- und Zeitbereich, um die Lösungsfunktion $T(x,t)$ zu erhalten.

(1) L-Transformation der Gl. (4.24) bezüglich *t*:

Notation: $$\mathscr{L}_t\{T(x,t)\}=\int_0^\infty T(x,t)\cdot e^{-st}\,dt=F(x,s) \tag{4.25}$$

Wie die Notation zeigt, bezieht sich die L-Transformation nur auf die Koordinate t, die in die Bildvariable s übergeht. Die Koordinate x bleibt davon unberührt und verhält sich wie ein Parameter. Die Anwendung auf Gl (4.24) ergibt

$$\mathscr{L}_t\left\{\frac{\partial T(x,t)}{\partial t}\right\}=a\cdot\mathscr{L}_t\left\{\frac{\partial^2 T(x,t)}{\partial x^2}\right\}$$

Die linke Seite der Gleichung ergibt mit dem Differentiations-Satz:

$$\mathscr{L}_t\left\{\frac{\partial T(x,t)}{\partial t}\right\}=sF(x,s)-T(x,0)\text{ , mit der Anfangsbedingung } T(x,0)=T_A$$

Der Term auf der rechten Seite der Gleichung enthält die zweifache Ableitung nach x.

Unter der Voraussetzung, dass die Ausführung des Zeitintegrals, mit der Differentiation nach dem Ort x vertauscht werden darf, erhält man:

$$\mathscr{L}_t\left\{\frac{\partial^2 T(x,t)}{\partial x^2}\right\}=\int_0^\infty\frac{\partial^2 T(x,t)}{\partial x^2}\cdot e^{-st}\,dt=\frac{\partial^2}{\partial x^2}\int_0^\infty T(x,t)\cdot e^{-st}\,dt=\frac{\partial^2}{\partial x^2}\mathscr{L}_t\{T(x,t)\}=\frac{\partial^2}{\partial x^2}F(x,s)$$

An Stelle der partiellen Differentialgleichung (4.24) hat man jetzt nur noch eine gewöhnliche Differentialgleichung in x zu lösen. Und die partielle Ableitung von $F(x,s)$ nach x, kann durch die gewöhnliche Ableitung ersetzt werden.

$$sF(x,s)-T(x,0)=a\cdot\frac{d^2F(x,s)}{dx^2} \tag{4.26}$$

(2) L-Transformation der Gl (4.26) bezüglich x:

$$\text{Notation:}\quad \mathcal{L}_x\{F(x,s)\}=\int_0^\infty F(x,s)\cdot e^{-px}dx=G(p,s) \tag{4.27}$$

In dieser Notation bezieht sich die L-Transformation auf die Koordinate x, die in die Bildvariable p übergeht. Die Variable s verhält sich hier als Parameter und wird von der Transformation nicht beeinflußt. Die Anwendung auf Gl (4.26) ergibt:

$$s\cdot\mathcal{L}_x\{F(x,s)\}-\mathcal{L}_x\{T(x,0)\}=a\cdot\mathcal{L}_x\left\{\frac{d^2F(x,s)}{dx^2}\right\} \tag{4.28}$$

Die einzelnen Terme bedeuten:

$\mathcal{L}_x\{F(x,s)\}=G(p,s)$, nach Gl. (4.27)

$\mathcal{L}_x\{T(x,0)\}=\mathcal{L}_x\{T_A\varepsilon(x)\}=T_A\frac{1}{p}$, ist die p-transformierte Anfangsbedingung

$\mathcal{L}_x\left\{\frac{d^2F(x,s)}{dx^2}\right\}=p^2G(p,s)-pF(0,s)-F'(0,s)$, Diff.-Satz für die 2-fache Ableitung nach x

$F(0,s)=\mathcal{L}_t\{T(0,t)\}=T_R\frac{1}{s}$, ist die s-transformierte Randbedingung

$F'(0,s)=\left.\frac{dF(x,s)}{dx}\right|_{x\to+0}$, ist der s-transformierte Temperaturgradient am Stabanfang.

Werden diese Terme in Gl. (4.28) eingesetzt, so erhält man:

$$sG(p,s)-T_A\frac{1}{p}=a\left(p^2G(p,s)-pT_R\frac{1}{s}-F'(0,s)\right) \tag{4.29}$$

Löst man diese Gleichung nach $G(p,s)$ auf, so hat man die vollständige Lösung der Wärmeleitungsgleichung im Bildbereich gefunden:

$$\boxed{G(p,s)=\frac{T_R}{s}\left(\frac{p}{p^2-s/a}\right)+\frac{F'(0,s)}{(p^2-s/a)}-\frac{T_A}{a}\left(\frac{1}{p(p^2-s/a)}\right)} \tag{4.30}$$

Alle Terme auf der rechten Seite von Gl (4.30) sind bekannt oder durch die Anfangs- und Randbedingung gegeben.

In den nächsten Schritten (3) und (4) wird gezeigt, wie durch Rücktransformation von $G(p,s)$ die Lösungsfunktion $T(x,t)$ im Orts- und Zeitbereich erhalten wird.

(3) Rücktransformation von Gl (4.30) in den x-Bereich:

Notation: $\mathscr{L}_x^{-1}\{G(p,s)\} = F(x,s)$

Die Variable p geht über in die Variable x. Die Variable s bleibt (wie ein Parameter) davon unberührt.

$$\mathscr{L}_x^{-1}\{G(p,s)\} = \frac{T_R}{s}\mathscr{L}_x^{-1}\left\{\frac{p}{p^2 - s/a}\right\} + F'(0,s)\mathscr{L}_x^{-1}\left\{\frac{1}{(p^2 - s/a)}\right\} - \frac{T_A}{a}\mathscr{L}_x^{-1}\left\{\frac{1}{p(p^2 - s/a)}\right\}$$

Sämtliche Terme der Gleichung können nach der Korrespondenz-Tabelle 6.4 auf einfache Weise zurück transformiert werden. Dabei ist folgendes zu beachten:

Bei den in Nr. 12, 13 und 27 angegebenen Zuordnungen der Tabelle ist die Variable s durch p zu ersetzen, ω entspricht s/a und t entspricht x.

Für Nr. 13 erhält man: $\dfrac{p}{p^2 - s/a} \;\bullet\!-\!\circ\; \cosh\left(\sqrt{\frac{s}{a}} \cdot x\right)$. Entsprechend verfährt man mit den anderen Korrespondenzen.

Durch Einsetzen der Korrespondenzen und zusammenfassen der Terme erhalten wir:

$$F(x,s) = \left(\frac{T_R}{s} - \frac{T_A}{s}\right) \cdot \cosh\left(\sqrt{\frac{s}{a}} \cdot x\right) + F'(0,s)\sqrt{\frac{a}{s}}\sinh\left(\sqrt{\frac{s}{a}} \cdot x\right) + \frac{T_A}{s}$$

Um $F(x,s)$ weiter zu vereinfachen verwenden wir die Umformung

$$\cosh\left(\sqrt{\frac{s}{a}} \cdot x\right) = \frac{1}{2}\left(e^{\sqrt{\frac{s}{a}}x} + e^{-\sqrt{\frac{s}{a}}x}\right) \quad \text{und} \quad \sinh\left(\sqrt{\frac{s}{a}} \cdot x\right) = \frac{1}{2}\left(e^{\sqrt{\frac{s}{a}}x} - e^{-\sqrt{\frac{s}{a}}x}\right)$$

und erhalten die Gleichung:

$$F(x,s) = \frac{1}{2}\left(\frac{T_R - T_A}{s} + F'(0,s)\sqrt{\frac{a}{s}}\right) \cdot e^{+\sqrt{\frac{s}{a}}x} + \frac{1}{2}\left(\frac{T_R - T_A}{s} - F'(0,s)\sqrt{\frac{a}{s}}\right) \cdot e^{-\sqrt{\frac{s}{a}}x} + \frac{T_A}{s} \qquad (4.31)$$

In Gl (4.31) ist $F'(0,s)$ noch zu bestimmen. Da $F(x,s)$ die Bildfunktion von $T(x,t)$ ist, gilt nach Satz 3.29 $\lim\limits_{s\to\infty} sF(x,s) = T(x,+0) = T_A$. Wir erhalten

$$\lim_{s\to\infty}\left[\frac{1}{2}\left(T_R - T_A + F'(0,s)\sqrt{as}\right) \cdot e^{+\sqrt{\frac{s}{a}}x} + \frac{1}{2}\left(T_R - T_A - F'(0,s)\sqrt{as}\right) \cdot e^{-\sqrt{\frac{s}{a}}x} + T_A\right] = T_A$$

Das ist aber nur dann möglich, wenn der Koeffizient von $e^{+\sqrt{\frac{s}{a}}x}$ verschwindet, wenn also gilt: $F'(0,s) = -\dfrac{T_R - T_A}{\sqrt{as}}$. Setzen wir das in Gl (4.31) ein, so erhalten wir schließlich

$$F(x,s) \;=\; \frac{T_A}{s} + \frac{T_R - T_A}{s} \cdot e^{-\sqrt{\frac{s}{a}}x} \qquad (4.32)$$

Gl. (4.32) ist die vollständige Lösung der Differentialgleichung (4.26), was sich durch Einsetzen in die Gl. (4.26) leicht verifizieren lässt.

Im letzten Schritt ist Gl (4.32) noch in den Zeitbereich t zurück zu transformieren.

(4) Rücktransformation von Gl (4.32) in den *t*-Bereich:

Notation: $\mathcal{L}_t^{-1}\{F(x,s)\} = T(x,t)$

Die Variable s geht über in die Variable t. Die Variable x bleibt davon unbeeinflußt.

$$\mathcal{L}_t^{-1}\{F(x,s)\} = T_A \mathcal{L}_t^{-1}\left\{\frac{1}{s}\right\} + (T_R - T_A)\mathcal{L}_t^{-1}\left\{\frac{1}{s}e^{-\sqrt{\frac{s}{a}}x}\right\}$$

Mit Nr.2 und Nr. 51 der Korrespondenz-Tabelle 7.4 erhalten wir die vollständige Lösung der Wärmeleitungsgleichung unter Einbeziehung von Anfangs- und Randwert.

$$\boxed{T(x,t) \ = \ T_A + (T_R - T_A)\left[1 - erf\left(\frac{x}{2\sqrt{at}}\right)\right]}, \quad \text{für } t > 0,\ x \geq 0 \tag{4.33}$$

In Bild 4.59 ist die Temperaturverteilung der Gl. (4.33) als Funktion von Ort und Zeit dargestellt. Die Anfangswerte T_A und T_R können unabhängig voneinander, beliebig gewählt werden.

Betrachtet man eine Trajektorie an einer beliebigen Stelle x_1 in t-Richtung, so ist zu sehen, wie sich der Metallstab an der Stelle x_1 mit der Zeit aufheizt.

Betrachtet man alternativ dazu eine Trajektorie zu einer festgehaltenen Zeit t_1 in x-Richtung, so sieht man, wie sich die Temperatur entlang des Metallstabes ausbreitet.

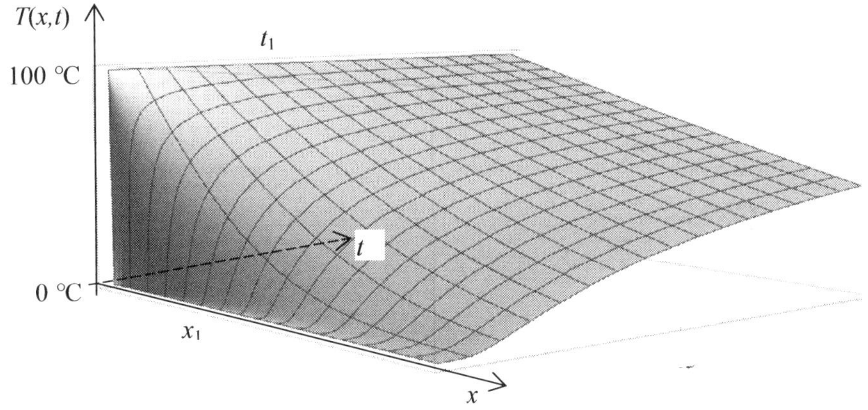

Bild 4.59 Temperaturverlauf $T(x,t)$ als Funktion von Ort und Zeit, für $T_R = 100$ °C, $T_A = 0$ °C und $a = 1$

5 Zusammenschaltung von LTI-Systemen

Zusammenfassung *Die Zusammenschaltung von Teilsystemen zu einem Gesamtsystem gehört zu den Grundlagen der Systemtheorie. Durch Kombination von Teilsystemen lassen sich beliebige, komplexe Strukturen aufbauen. Vor allem die rückgekoppelten Systeme zeigen sehr deutlich, dass ein System mehr ist als die Summe seiner Teile. Blockdiagramme geben eine Information über die innere Struktur und lassen den Signalfluss zwischen den Teilsystemen erkennen. Durch Anwendung der Signal- bzw. Systemanalyse kann von einem Blockdiagramm die beschreibende Netzwerkgleichung im Zeitbereich abgeleitet werden. Umgekehrt kann von einer Netzwerkgleichung ein Blockdiagramm entworfen werden. Mit dem Versetzen von Strukturelementen in den Diagrammen können Äquivalenzumformungen zur Optimierung vorgenommen werden, ohne dass sich das Gesamtverhalten des Systems ändert.*

LTI-Systeme, die wir hier ausschließlich betrachten, sind lineare, zeitinvariante Systeme, deren Eigenschaften wir in Abschnitt 4.4 bereits behandelt haben. In diesem Abschnitt werden wir Möglichkeiten zur Beschreibung von zusammen geschalteten Systemen kennen lernen.

Auch wird hier erneut deutlich, wie vorteilhaft sich die Transformation vom Zeitbereich in den Bildbereich erweist. Man gewinnt auf diese Weise die wichtige Übertragungsfunktion des Gesamtsystems und dessen Impuls- und Frequenzverhalten.

Rein formal stellen wir ein System durch einen Block dar, der die Systemfunktion beinhaltet. Die Pfeile symbolisieren den Ein- und Ausgang des Systems, mit den zugehörigen Ein- und Ausgangsfunktionen. Die Signale des Zeitbereichs werden mit den Laplace-Korrespondenzen $x(t) \circ\!-\!\bullet X(s)$ und $y(t) \circ\!-\!\bullet Y(s)$ zu Signalen des Bildbereichs.

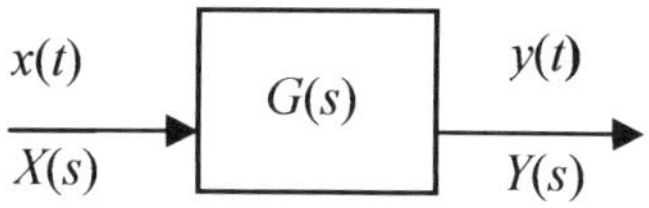

Werden mehrere LTI-Teilsysteme additiv zu einem Gesamtsystem verbunden, so ist wegen der Linearität der Teilsysteme, das Gesamtsystem wieder ein LTI-System. Dieses kann daher wieder mit einer Systemfunktion beschrieben werden. Voraussetzung für die Gültigkeit der hergeleiteten Beziehungen ist die **rückwirkungsfreie Kopplung** der Teilsysteme. Diese wird hier stets vorausgesetzt.

5.1 In Reihe geschaltete Systeme

Wir betrachten hier zwei in Reihe geschaltete Teilsysteme mit ihren Übertragungsfunktionen.

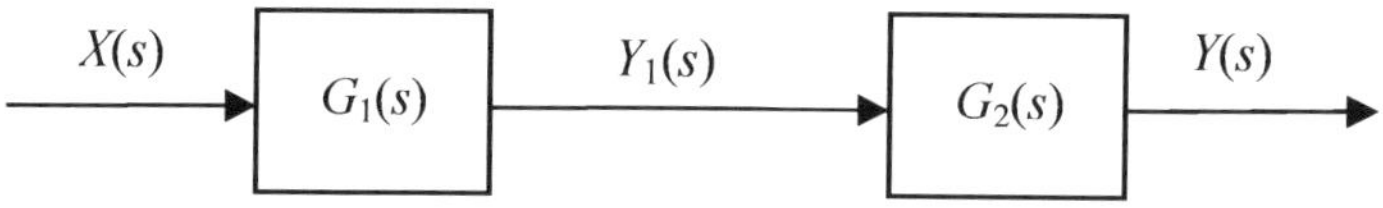

Bild 5.1 Reihenschaltung von 2 Teilsystemen

Durch die Reihen-Kopplung wird das Ausgangssignal $Y_1(s)$ von Teilsystem 1 zum Eingangssignal von Teilsystem 2. Dafür gilt:

$$Y_1(s) = G_1(s)X(s) \qquad \text{und} \qquad Y(s) = G_2(s)Y_1(s)$$

Als Kombination von beiden Teilsystemen erhält man:

$$Y(s) = G_2(s) \cdot Y_1(s) = G_2(s) \cdot G_1(s) \cdot X(s)$$

Die Gesamtsystemfunktion $G(s)$ ist das Verhältnis von Ausgangs- zu Eingangssignal

$$\boxed{G(s) = \frac{Y(s)}{X(s)} = G_2(s) \cdot G_1(s) = G_1(s) \cdot G_2(s)} \tag{5.1}$$

Da in Gl. (5.1) das Produkt von $G_1(s)$ und $G_2(s)$ steht, kann die Anordnung beider Teilsysteme vertauscht werden. Die Gesamtsystemfunktion ändert sich dadurch nicht.

Reihenschaltung von *n* Teilsystemen

Die Berechnung für *n* Teilsysteme erfolgt in gleicher Weise wie für 2 Teilsysteme gezeigt. Für die Gesamtsystemfunktion erhält man:

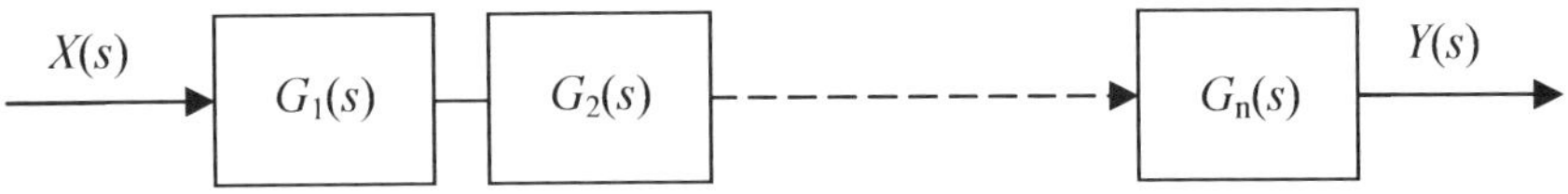

Bild 5.2 Reihenschaltung von *n* Teilsystemen

$$\boxed{G(s) = G_1(s) \cdot G_2(s) \cdot \,\cdot\, \cdot\, \cdot G_n(s) = \prod_{k=1}^{n} G_k(s)} \tag{5.2}$$

Bei mehreren in Serie geschalteten Teilsystemen ist die Gesamtsystemfunktion gleich dem Produkt der Übertragungsfunktionen der Teilsysteme.

Die Beziehung (5.2) ist kommutativ. Die Reihenfolge der Teilsysteme darf bei der Reihenkopplung beliebig vertauscht werden.

Beispiel 5.1 Zwei Teilsysteme 1. Ordnung, ein *RC*-Hochpaß und ein *RC*-Tiefpaß werden rückwirkungsfrei in Reihe geschaltet. Welche Übertragungsfunktion hat das Gesamtsystem?

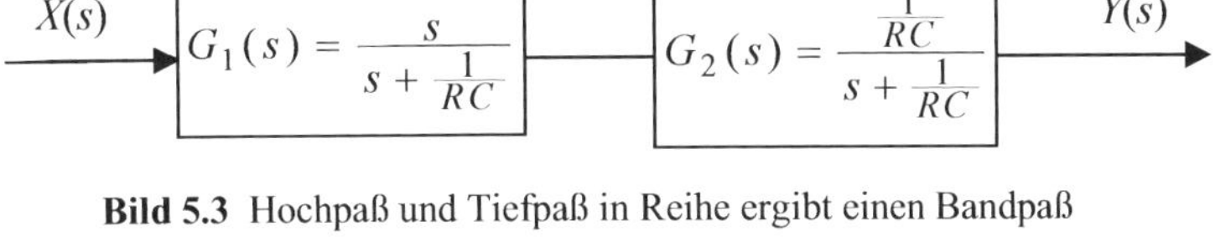

Bild 5.3 Hochpaß und Tiefpaß in Reihe ergibt einen Bandpaß

Nach Gl. (5.1) erhält man:

$$G(s) = \frac{s}{s + \frac{1}{RC}} \cdot \frac{\frac{1}{RC}}{s + \frac{1}{RC}} = \frac{\frac{s}{RC}}{(s + \frac{1}{RC})^2} = \frac{\frac{s}{RC}}{s^2 + \frac{2}{RC}s + \left(\frac{1}{RC}\right)^2}$$

Das Gesamtsystem ist ein Bandpaß. Das System ist von 2. Ordnung, da der Nenner von $G(s)$ ein Polynom 2. Grades ist.

Bemerkung: Bei Bild 5.3 handelt es sich um eine rückwirkungsfreie Zusammenschaltung von 2 elektrischen Teilsystemen. Bei elektrischen Netzwerken lässt sich eine rückwirkungsfreie Zusammenschaltung mit **Impedanzwandlern** realisieren. Diese werden zwischen die einzelnen Teilsysteme geschaltet.

Impedanzwandler haben einen hohen Eingangswiderstand, einen niedrigen Ausgangswiderstand und eine Verstärkung $v = 1$. Dadurch ist gewährleistet, dass sich die Teilsysteme nicht gegenseitig belasten und die Ein- und Ausgangssignale nicht gedämpft werden.

Eine **nicht** rückwirkungsfreie Zusammenschaltung zeigt Bild 5.4.

Das in Bild 5.4 gezeigte Schaltbild besteht ebenfalls aus einer Kombination von Hoch- und Tiefpaß wie in Bild 5.3. Die Zusammenschaltung ist jedoch nicht rückwirkungsfrei. Deshalb unterscheiden sich die Übertragungsfunktionen auch voneinander.

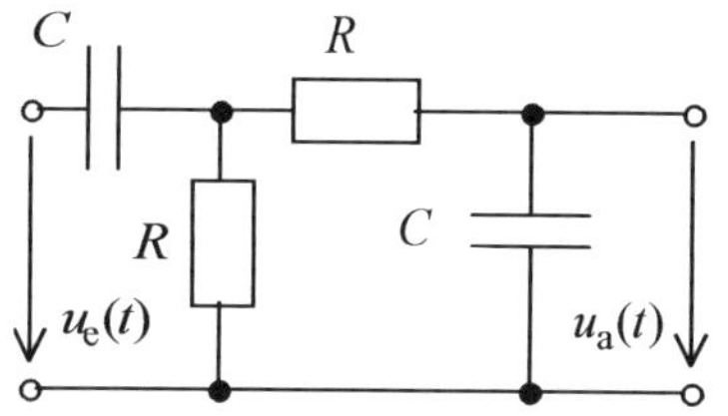

Bild 5.4 Reihenschaltung aus Hoch- und Tiefpaß, nicht rückwirkungsfrei

Die Übertragungsfunktion lautet nach Aufgabe 4.16c: $G(s) = \dfrac{\frac{s}{RC}}{s^2 + \frac{3}{RC}s + \left(\frac{1}{RC}\right)^2}$

Hier steht im Nenner $\frac{3}{RC}s$, gegenüber $\frac{2}{RC}s$ in $G(s)$ von Beispiel 5.1.

Welchen Unterschied das macht, sehen wir im nächsten Beispiel.

Beispiel 5.2 Am Eingang der Schaltungen von Bild 5.3 bzw. Bild 5.5 liegt das Rechtecksignal $x(t)$ von Bild 5.5.

Welches Signal erscheint am Ausgang beider Systeme?

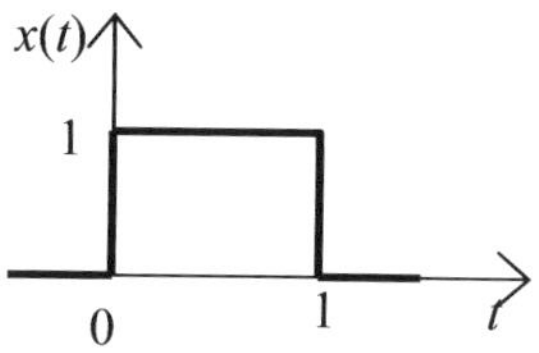

Bild 5.5 Rechteckimpuls

$x(t)$ kann dargestellt werden als Überlagerung von zwei Sprungfunktionen $x(t) = \varepsilon(t) - \varepsilon(t-1)$.

Es gilt die Korrespondenz

$$x(t) = \varepsilon(t) - \varepsilon(t-1) \circ\!-\!\bullet\; X(s) = \frac{1 - e^{-s}}{s}$$

Als Ausgangssignal nach Bild 5.3 erhält man, wenn $RC = 1$ gesetzt wird:

$$Y(s) = G(s)X(s) = \frac{s}{(s+1)^2} \cdot \frac{1-e^{-s}}{s} = \frac{1}{(s+1)^2} - \frac{e^{-s}}{(s+1)^2}$$

Die Rücktransformation ergibt unter Beachtung des Verschiebungssatzes die Systemreaktion im Zeitbereich

$$y(t) = t\, e^{-t}\varepsilon(t) - (t-1)e^{-(t-1)}\varepsilon(t-1)$$

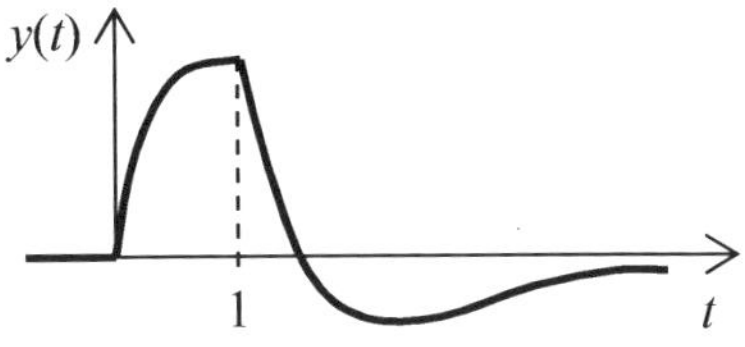

Bild 5.6 Systemantwort $y(t)$

Als Ausgangssignal der Schaltung von Bild 5.4 erhält man, wenn $RC = 1$ gesetzt wird:

$$Y(s) = \frac{s}{s^2+3s+1} \cdot \frac{1-e^{-s}}{s} = \frac{1}{s^2+3s+1} - \frac{e^{-s}}{s^2+3s+1}$$

Die Rücktransformation in den Zeitbereich kann mit Korrespondenz 18 von Tabelle 7.4 durchgeführt werden. Mit $\delta = \frac{3}{2}$ und $\omega_0^2 = 1$ ergibt sich

$$y(t) = \frac{2}{\sqrt{5}}\left(e^{-\frac{3}{2}t}\sinh(\tfrac{\sqrt{5}}{2}t)\cdot\varepsilon(t) - e^{-\frac{3}{2}(t-1)}\sinh(\tfrac{\sqrt{5}}{2}(t-1))\cdot\varepsilon(t-1)\right)$$

Der zeitliche Verlauf dieser Funktion, ist dem Verlauf der Funktion nach Bild 5.6 ähnlich.

Der Unterschied liegt hauptsächlich in der Amplitudenhöhe, die bei der Schaltung von Bild 5.5 niedriger ausfällt, als Folge der Energiedissipation.

5.2 Parallel geschaltete Systeme

Beide Teilsysteme erhalten das gleiche Eingangssignal. Die Ausgangssignale $y_1(t)$ und $y_2(t)$ werden über ein Summierglied zum Gesamtsignal $y(t)$ addiert.

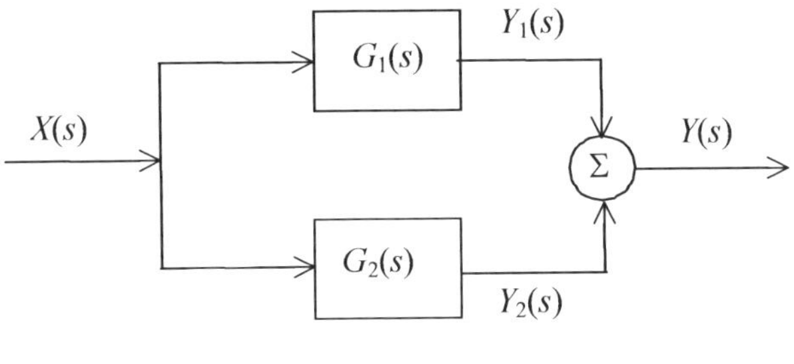

Bild 5.7 Parallelschaltung zweier Systeme

Aufgrund der Linearität der Teilsysteme gelten folgende Beziehungen:

$$Y(s) = Y_1(s) + Y_2(s) = G_1(s)X(s) + G_2(s)X(s)$$

$$Y(s) = [G_1(s) + G_2(s)]\,X(s)$$

Aus dem Verhältnis von Ausgangs- zu Eingangssignal ergibt sich die Gesamtsystemfunktion als Summe der Teilsystemfunktionen:

$$\boxed{\frac{Y(s)}{X(s)} = G(s) = G_1(s) + G_2(s)} \qquad (5.3)$$

Für die **Parallelschaltung von *n* Teilsystemen** erhält man

$$\boxed{G(s) = G_1(s) + G_2(s) + \cdots + G_n(s) = \sum_{k=1}^{n} G_k(s)} \qquad (5.4)$$

Die Gesamtsystemfunktion $G(s)$ ist gleich der Summe der Übertragungsfunktionen der Teilsysteme $G_k(s)$.

Bemerkung: Mathematisch gesehen, entspricht die Summe (5.4) einer Partialbruchzerlegung der Gesamtsystemfunktion. Das bedeutet:

Kann von einer gegebenen Systemfunktion eine Partialbruchzerlegung durchgeführt werden, so kann das System durch eine Parallelschaltung von Teilsystemen dargestellt werden.

5.3 Rückgekoppelte Systeme

Allgemein spricht man von Rückkopplung (feedback), wenn das Ausgangssignal von System 1 über ein weiteres System, auf den Eingang des Systems 1 zurückgeführt wird.

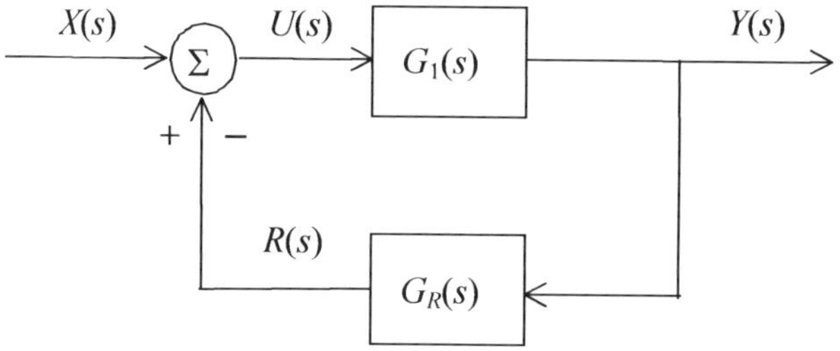

Bild 5.8 Rückgekoppeltes System

Wie in Bild 5.8 zu sehen ist, kann das rückgeführte Signal $R(s)$ an der Additionsstelle entweder zum Eingangssignal $X(s)$ addiert oder subtrahiert werden.

Eine Signaladdition (+) wird **Mitkopplung** genannt. Eine Mitkopplung wirkt anfachend auf das System, was im Allgemeinen mit Instabilisierung verbunden ist.

Eine Signalsubtraktion (–) heißt **Gegenkopplung**. Diese wirkt dämpfend und damit stabilisierend auf das System.

Die folgende Berechnung soll für den Fall der Gegenkopplung durchgeführt werden. Für die Mitkopplung braucht nur das Vorzeichen vertauscht werden.

Nach Bild 5.8 gilt: $U(s) = X(s) - R(s) = X(s) - G_R(s)Y(s)$

$U(s)$ ist das Eingangssignal von System $G_1(s)$, es erscheint am Ausgang als

$$Y(s) = G_1(s)U(s) = G_1(s)[X(s) - R(s)] = G_1(s)[X(s) - G_R(s)Y(s)]$$

Nach Separation der Variablen $[1 + G_1(s) \cdot G_R(s)]Y(s) = G_1(s) \cdot X(s)$ erhält man die Systemfunktion bei **Gegenkopplung**

$$\boxed{G(s) = \frac{G_1(s)}{1 + G_R(s) \cdot G_1(s)}} \qquad (5.5)$$

Durch Austausch des Vorzeichens in (5.5) erhält man die Systemfunktion bei

Mitkopplung $$G(s) = \frac{G_1(s)}{1 - G_R(s) \cdot G_1(s)} \qquad (5.6)$$

Rückgekoppelte Systeme sind in Natur und Technik weit verbreitet. Man findet sie bei einer großen Zahl technischer Anwendungen, z. B. der elektrischen Schaltungstechnik, der Regelungs- und Automatisierungstechnik oder der Kommunikationstechnik. Aber auch auf anderen Gebieten sind rückgekoppelte Systeme häufig anzutreffen, etwa bei biologischen Systemen, in der Ökologie (Umweltverhalten), sowie der Ökonomie (Wirtschaftskreislauf) und nicht zu vergessen, auch in der Psychologie!

Beispiel 5.3 Für das rückgekoppelte System nach Bild 5.9 ist die Übertragungsfunktion zu bestimmen. Welches Signal erscheint am Ausgang, wenn am Eingang die Sprungfunktion $x(t) = \varepsilon(t)$ anliegt?

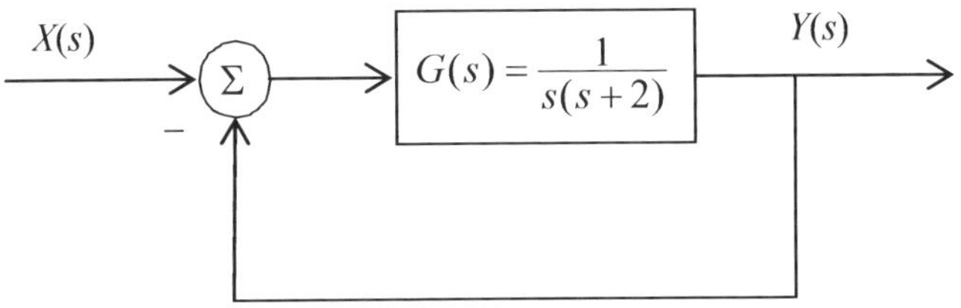

Bild 5.9 System mit Gegenkopplung

An der Additionsstelle wird das Eingangssignal $X(s)$ vom Ausgangssingnal $Y(s)$ subtrahiert. Das Differenzsignal gelangt an den Eingang von $G(s)$ und erscheint danach als:

$Y(s) = \frac{1}{s(s+2)}[X(s) - Y(s)]$. Eine Umformung ergibt: $\left[1 + \frac{1}{s(s+2)}\right]Y(s) = \frac{1}{s(s+2)}X(s)$

Somit lautet die Übertragungsfunktion des Systems

$$G(s) = \frac{Y(s)}{X(s)} = \frac{1}{\left(1 + \frac{1}{s(s+2)}\right)s(s+2)} = \frac{1}{(s+1)^2}$$

Für das Eingangssignal gilt die Korrespondenz $\varepsilon(t) \circ\!\!-\!\!\bullet \frac{1}{s}$

Als Systemantwort im Bildbereich erhält man

$$Y(s) = \frac{1}{(s+1)^2} X(s) = \frac{1}{(s+1)^2} \cdot \frac{1}{s}$$

Rücktransformation in den Zeitbereich ergibt die

Sprungantwort $y(t) = \mathscr{L}^{-1}\left\{\frac{1}{s(s+1)^2}\right\} = 1-(1+t)e^{-t}$

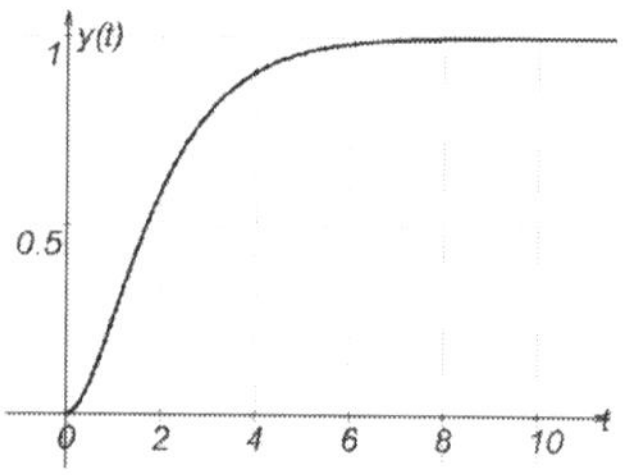

Bild 5.10

5.4 Elementare Übertragungsglieder

Elementare Übertragungsglieder werden hauptsächlich für Standardaufgaben verwendet, etwa zum Verstärken oder Abschwächen eines Signalpegels oder zum Differenzieren bzw. Integrieren eines Signalverlaufs.

1. **P-Glied:** Proportional-Glied

Zeitbereich $y(t) = k_P x(t)$ ○—● $Y(s) = k_P X(s)$ Bildbereich

Übertragungsfunktion $\boxed{G_P(s) = k_P}$ k_P = Proportionalitätskonstante

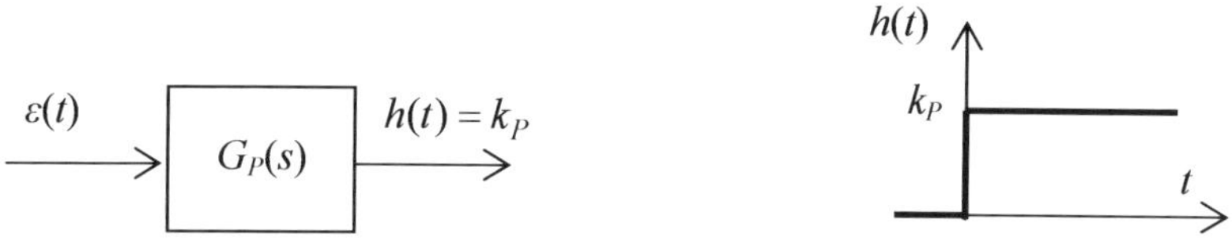

Bild 5.11 P-Glied mit Sprungantwort

2. **I-Glied:** Integrier-Glied

Zeitbereich $y(t) = k_I \int_0^t x(t)dt$ ○—● $Y(s) = \frac{k_I}{s} X(s)$ Bildbereich

Übertragungsfunktion $\boxed{G_I(s) = \frac{k_I}{s}}$ $\frac{1}{k_I}$ = Integrationszeitkonstante

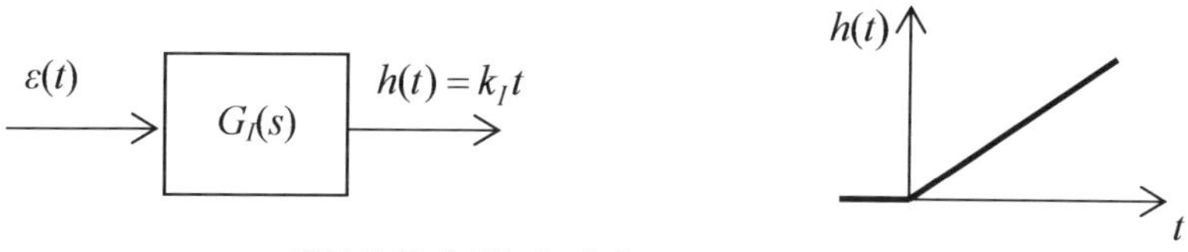

Bild 5.12 I-Glied mit Sprungantwort

3. **D-Glied:** Differenzier-Glied

Zeitbereich $y(t) = k_D \dfrac{d}{dt} x(t)$ $\circ\!\!-\!\!\bullet$ $Y(s) = k_D\, s\, X(s)$ Bildbereich

Übertragungsfunktion $\boxed{G_D(s) = k_D s}$ k_D = Differenzierzeitkonstante

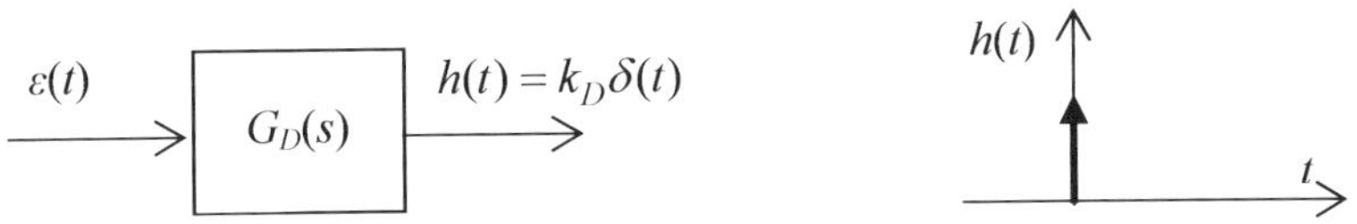

Bild 5.13 D-Glied mit Sprungantwort

4. **PI-Glied:** Proportional-Integrier-Glied (Parallelschaltung von P- und I-Glied)

$$y(t) = k_P x(t) + k_I \int_0^t x(t) dt \quad \circ\!\!-\!\!\bullet \quad Y(s) = k_P X(s) + \frac{k_I}{s} X(s)$$

Übertragungsfunktion $\boxed{G_{PI}(s) = k_P + \dfrac{k_I}{s}}$

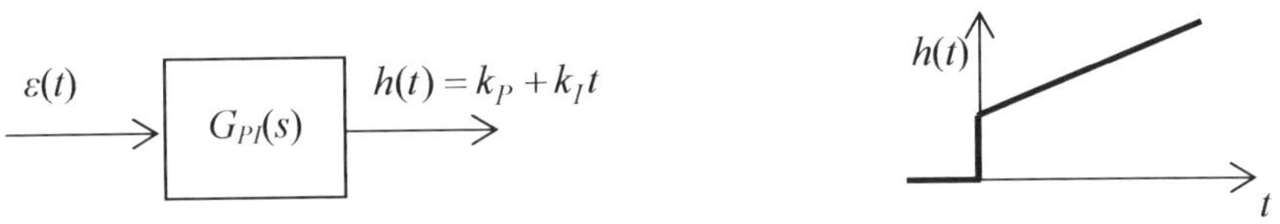

Bild 5.14 PI-Glied mit Sprungantwort

5. **PID-Glied:** Proportional-Differenzier-Integrier-Glied (entspricht einer Parallelschaltung von P-, I- und D-Glied)

$$y(t) = k_p x(t) + k_I \int_0^t x(t) dt + k_D \frac{dx(t)}{dt} \quad \circ\!\!-\!\!\bullet \quad Y(s) = k_P X(s) + \frac{k_I}{s} X(s) + k_D s X(s)$$

Übertragungsfunktion $\boxed{G_{PID}(s) = k_P + \dfrac{k_I}{s} + k_D s}$

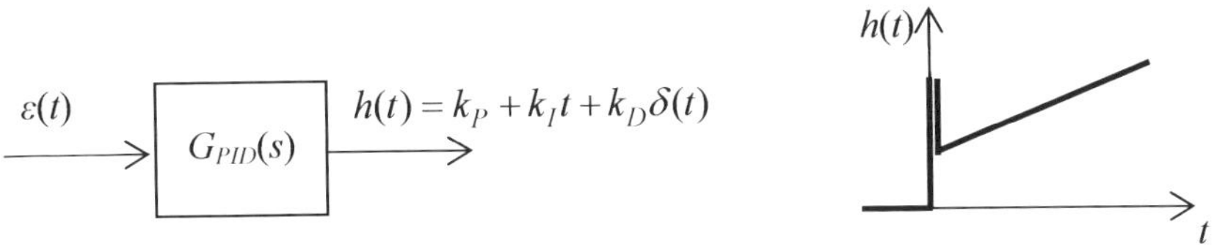

Bild 5.15 PID-Glied mit Sprungantwort

6. **PT₁-Glied:** Verzögerungsglied 1. Ordnung, wird beschrieben durch eine Differentialgleichung 1. Ordnung mit T als Zeitkonstante.

$$T\dot{y}(t) + y(t) = k_P x(t) \quad \circ\!\!-\!\!\bullet \quad TsY(s) + Y(s) = k_P X(s)$$

Übertragungsfunktion $\boxed{G_{PT_1}(s) = \dfrac{k_P}{1 + sT}}$

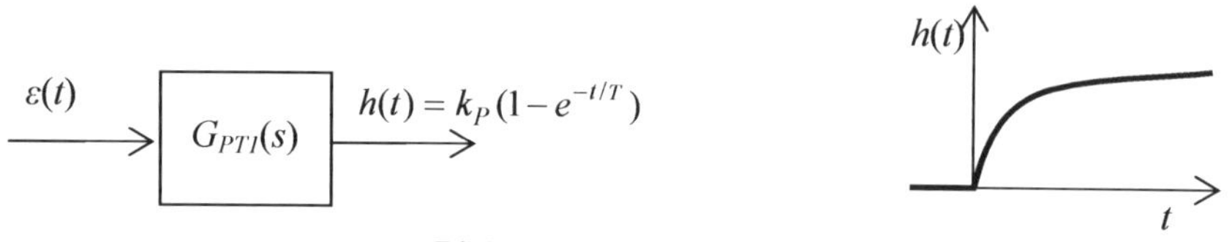

Bild 5.16 PT_1-Glied mit Sprungantwort

Ein typisches PT_1-Glied ist ein RC-Tiefpaß, mit der Zeitkonstante $T = RC$

5.5 Arbeiten mit Block-Diagrammen

5.5.1 Von der Netzwerkgleichung zum Block-Diagramm

Ein LTI-System wird im Zeitbereich beschrieben durch eine lineare Differentialgleichung mit konstanten Koeffizienten, die als Netzwerkgleichung bezeichnet wird.
Die allgemeine Form lautet:

$$a_0 y(t) + a_1 \dot{y}(t) + a_2 \ddot{y}(t) + \cdots = b_0 x(t) + b_1 \dot{x}(t) + \cdots \tag{5.7}$$

Durch Laplace-Transformation wird aus der Netzwerkgleichung eine algebraische Gleichung im Bildbereich.

$$a_0 Y(s) + a_1 sY(s) + a_2 s^2 Y(s) + \cdots = b_0 X(s) + b_1 sX(s) + \cdots \tag{5.8}$$

Durch geeignete Umformung der Funktionsterme und unter Einbeziehung elementarer Übertragungsglieder (siehe Abschnitt 5.4), kann aus der algebraischen Gleichung des Bildbereichs eine Blockstruktur entworfen werden. Die Vorgehensweise soll anhand des folgenden Beispiels erläutert werden.

Beispiel 5.4 Für ein System 2. Ordnung soll ein Block-Diagramm entworfen werden, wenn folgende Netzwerkgleichung gegeben ist:

$$\ddot{y}(t) + 2k_I \dot{y}(t) + k_I^2 y(t) = k_I \dot{x}(t), \tag{5.9}$$

mit k_I als reziproker Zeitkonstante und den Anfangsbedingungen: $\dot{y}(0) = y(0) = x(0) = 0$

Die zugehörige Bildgleichung hat folgende Gestalt:

$$s^2 Y(s) + 2k_I sY(s) + k_I^2 Y(s) = k_I sX(s) \tag{5.10}$$

Eine Umformung ergibt: $Y(s) = \left(X(s) - (2 + \dfrac{k_I}{s}) Y(s) \right) \cdot \dfrac{k_I}{s}$

Unter Verwendung des Basiselements Integrierglied mit $G_I(s) = \frac{k_I}{s}$ ergibt sich die Form

$$Y(s) = \left[X(s) - \left(2 + G_I(s)\right)Y(s)\right]G_I(s) \tag{5.11}$$

Wir interpretieren nun Gl. (5.11) auf folgende Weise: Den Term $(2 + G_I(s))$ können wir auffassen als Parallelschaltung eines Proportionalgliedes mit $G_P(s) = 2$ und eines Integrierglieds mit $G_I(s)$.

Das Parallelglied bezeichnen wir mit $G_R(s) = 2 + G_I(s)$. Nach einer Umstellung der Variablen erhält Gl. (5.11) die Form $[1 + G_R(s)G_I(s)]Y(s) = G_I(s)X(s)$

Die Form dieser Gleichung entspricht einem rückgekoppelten System mit Gegenkopplung nach Gl. (5.5).

Dazu kann folgendes Block-Diagramm entworfen werden.

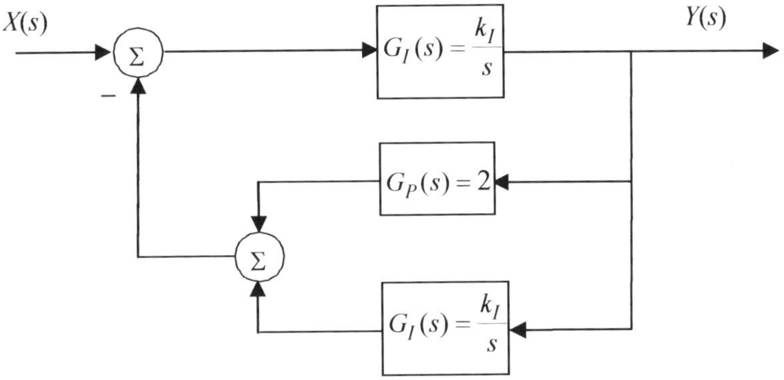

Bild 5.17 Block-Diagramm der Bildgleichung (5.10)

Das Block-Diagramm von Bild 5.17 ist nicht die einzige Möglichkeit die Netzwerkgleichung (5.9) zu realisieren. Wie man die Bildgleichung Gl. (5.10) interpretiert, mit oder ohne Basiselemente, ist dem Anwender zu überlassen. Letzten Endes kommt es darauf an, den optimalen Entwurf zu finden.

Beispiel 5.5 Von der Netzwerkgleichung (5.9) soll mit einer alternativen Methode ein Block-Diagramm entworfen werden.

Dazu bringen wir Gl. (5.10) auf folgende Gestalt: $(s^2 + 2k_I s + k_I^2)Y(s) = k_I s X(s)$ und erhalten $G(s) = \frac{k_I s}{s^2 + 2k_I s + k_I^2}$.

Nach Umformung mit Basis-Übertragungsgliedern erhalten wir

$$G(s) = \frac{\frac{k_I}{s}}{1 + \frac{k_I}{s}\left(2 + \frac{k_I}{s}\right)} = \frac{G_I(s)}{1 + G_I(s) \cdot G_R(s)} \tag{5.12}$$

Gl (5.12) identifiziert man wieder als rückgekoppeltes System, mit Gegenkopplung und mit Bild 5.18 als zugehörigem Block-Diagramm. Es ist leicht zu erkennen, dass Bild 5.18 und Bild 5.17 strukturgleich sind.

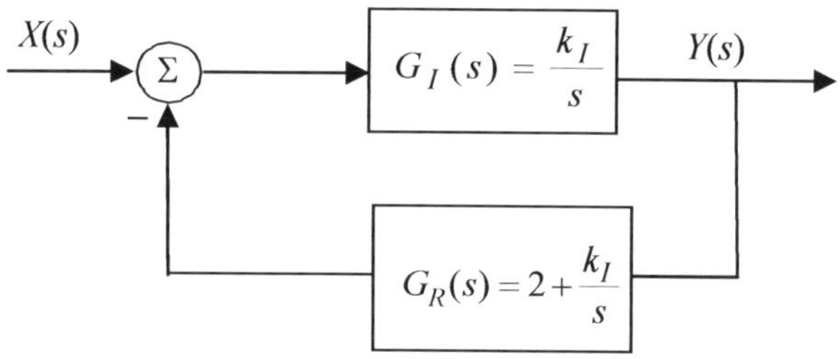

Bild 5.18 Rückgekoppeltes System mit Gegenkopplung

5.5.2 Vom Block-Diagramm zur Netzwerkgleichung und Übertragungsfunktion

Um von einer gegebenen Block-Struktur zur Netzwerkgleichung zu kommen, sollen zwei Methoden erläutert werden, nach denen man vorgehen kann.

Bei der **Signalanalyse** verfolgt man schrittweise den Weg des Signals vom Eingang bis zum Ausgang des Systems. Dabei sind sämtliche Signalumwandlungen durch die Teilsysteme zu beachten. Hat man den funktionalen Zusammenhang von Ausgangs- und Einganssignal ermittelt, kann in gewohnter Weise die Übertragungsfunktion berechnet, bzw. die Netzwerkgleichung angegeben werden.

Bei der **Systemanalyse** werden einzelne Teilblöcke zu übergeordneten Blöcken zusammengefasst. Dabei werden die Methoden zur Bildung einer Reihen-, Parallel- oder Rückkopplungsschaltung angewandt. Das ursprüngliche System wird so auf ein reduziertes System zurückgeführt. Durch sukzessives Zusammenfassen der ermittelten Terme ergibt sich die Systemfunktion $G(s)$ und daraus durch Rücktransformation in den Zeitbereich die Netzwerkgleichung.

Beispiel 5.6 Für das angegebene Blockdiagramm soll die Übertragungsfunktion bestimmt werden.

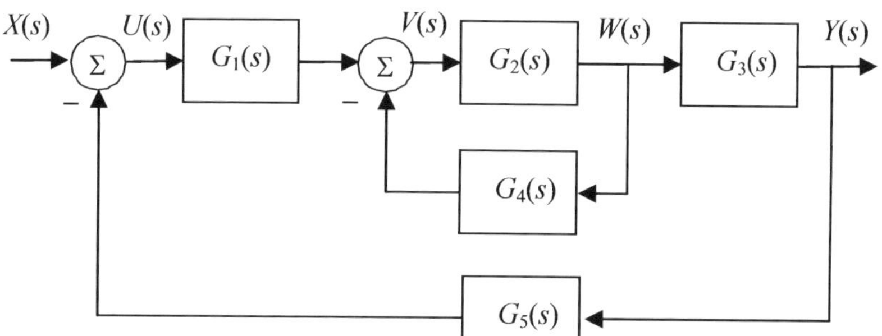

Bild 5.19 Block-Diagramm

Signalanalyse: Wir betrachten den Verlauf der Bildsignale. An der ersten Additionsstelle wird das Eingangssignal $X(s)$ vom rückgekoppelten Signal $G_5(s)Y(s)$ subtrahiert.

Das Differenzsignal $U(s) = X(s) - G_5(s)Y(s)$ durchläuft $G_1(s)$ und erscheint als $G_1(s)U(s)$ am Eingang der zweiten Additionsstelle.

Dort wird es vom rückgekoppelten Signal $G_4(s)W(s)$ subtrahiert und gelangt als

$V(s) = G_1(s)U(s) - G_4(s)W(s)$ an den Eingang von $G_2(s)$.

Schließlich wird $W(s)=G_2(s)V(s)$ über $G_3(s)$ zum Ausgangssignal $Y(s) = G_3(s)W(s)$.

Es gelten die Gleichungen:

$$V(s) = G_1(s)U(s) - G_4(s)W(s) = G_1(s)U(s) - G_4(s)G_2(s)V(s)$$

Daraus folgt $V(s) = \frac{G_1(s)}{1+G_2(s)G_4(s)}U(s)$. Und für Y(s) erhält man

$$Y(s) = G_3(s)W(s) = G_3(s)G_2(s)V(s) = \frac{G_3(s)G_2(s)G_1(s)}{1+G_2(s)G_4(s)}\left[X(s) - G_5(s)Y(s)\right]$$

Nach Separation der Variablen

$$[1 + G_2(s)G_4(s) + G_1(s)G_2(s)G_3(s)G_5(s)]\,Y(s) = G_1(s)G_2(s)G_3(s)\,X(s)$$

erhalten wir die Übertragungsfunktion

$$\frac{Y(s)}{X(s)} = G(s) = \frac{G_1(s)G_2(s)G_3(s)}{1 + G_2(s)G_4(s) + G_1(s)G_2(s)G_3(s)G_5(s)} \qquad (5.13a)$$

Systemanalyse: In Bild 5.19 kann $G_2(s)$ und $G_4(s)$ als rückgekoppeltes System zu

$G_{24}(s) = \frac{G_2(s)}{1+G_2(s)G_4(s)}$ zusammengefasst werden, so dass sich die reduzierte Struktur nach Bild 5.20 ergibt.

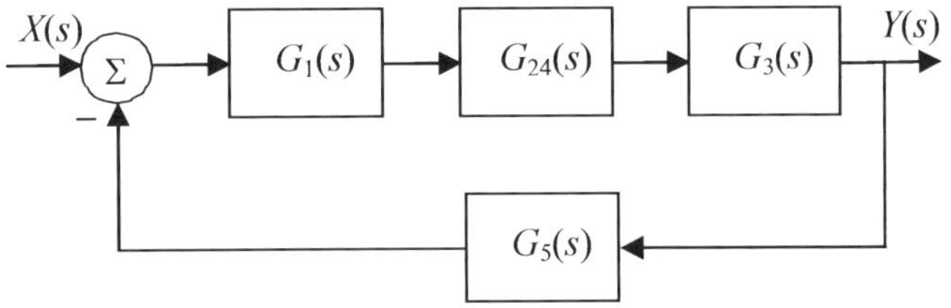

Bild 5.20 Erstes reduziertes Blockbild

In Bild 5.20 sind $G_1(s)$, $G_{24}(s)$ und $G_3(s)$ in Reihe geschaltet, was nach Gl. (5.2) dem Produkt der 3 Teilsysteme $G_{14}(s) = G_1(s)G_{24}(s)G_3(s)$ entspricht. Das System lässt sich damit weiter reduzieren.

Das verbleibende System nach Bild 5.21 ist ein rückgekoppeltes System mit Gegenkopplung und der Übertragungsfunktion

$$G(s) = \frac{G_{14}(s)}{1+G_{14}(s)G_5(s)} = \frac{G_1(s)G_2(s)G_3(s)}{1 + G_2(s)G_4(s) + G_1(s)G_2(s)G_3(s)G_5(s)} \qquad (5.13b)$$

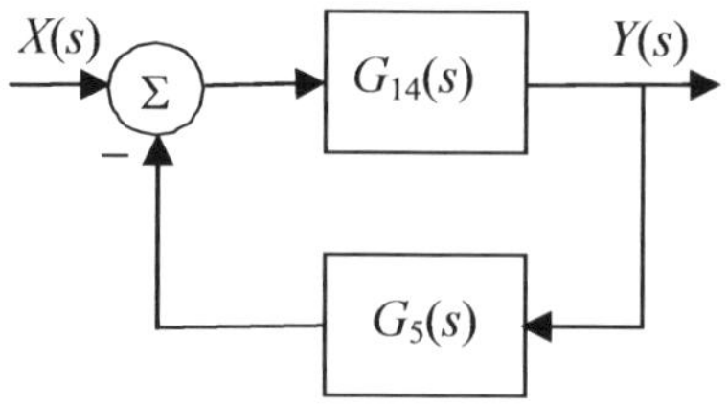

Bild 5.21 Zweites reduziertes Blockbild

Die Systemfunktionen nach Gl. (5.13a) und Gl. (5.13b) stimmen überein und zeigen die Gleichwertigkeit beider Berechnungsmethoden.

Beispiel 5.7 Für das in Bild 5.22 gezeigte Block-Diagramm ist zu bestimmen

a) die Netzwerkgleichung, die das System im Zeitbereich beschreibt
b) von welcher Ordnung das System ist
c) die Systemstabilität für $a = 1$, $k_I = 1$ und d beliebig

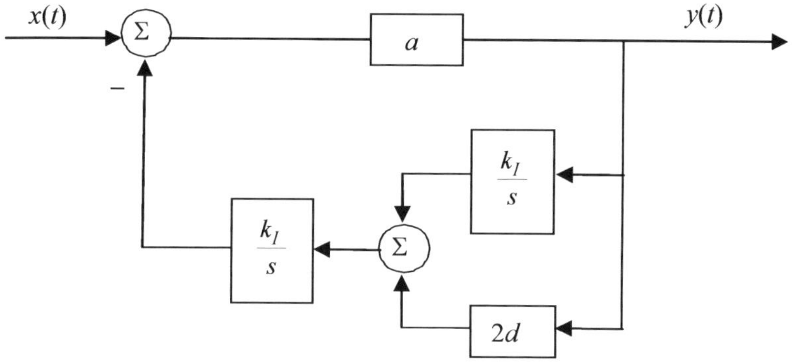

Bild 5.22 Block-Diagramm zu Beispiel 5.7

Zusammenfassen der Parallelterme $\frac{k_I}{s} + 2d$ mit dem nachfolgenden Integrierglied $\frac{k_I}{s}$ ergibt $G_R(s) = \frac{k_I}{s}(2d + \frac{k_I}{s})$. Das verbleibende Diagramm ist ein einfaches rückgekoppeltes System

$$Y(s) = a \cdot \left[X(s) - G_R(s)Y(s) \right]$$

Nach Separation der Variablen erhält man die Übertragungsfunktion

$$G(s) = \frac{a}{1 + aG_R(s)} = \frac{s^2}{\frac{s^2}{a} + 2dk_I s + k_I^2} \tag{5.14}$$

Das System ist von 2. Ordnung, da der Nenner von $G(s)$ eine quadratische Funktion ist.

Rücktransformation der Gl. (5.14) $\left[\frac{s^2}{a} + 2dk_I s + k_I \right] Y(s) = s^2 X(s)$

mit den Anfangsbedingungen $\dot{y}(0) = y(0) = 0$ und $\dot{x}(0) = x(0) = 0$, ergibt die

Netzwerkgleichung $\frac{1}{a}\ddot{y}(t) + 2dk_I\dot{y}(t) + k_I y(t) = \ddot{x}(t)$

Zur Stabilität: Wir bestimmen die Lage der Pole aus dem Nennerpolynom von G(s) für $a = 1$ und $k_I = 1$. Das ergibt $s^2 + 2ds + 1 = 0$, mit den Polstellen $s_{1/2} = -d \pm \sqrt{d^2 - 1}$

Die Lage der Polstellen wird durch den Wert d des Proportional-Glieds in Bild 5.22 bestimmt.

Für $d > 0$ liegen sämtliche Pole in der linken Halbebene des PN-Plans, das System ist stabil
Für $d = 0$ liegen die Pole auf der imaginären Achse des PN-Plans, das System ist grenzstabil
Für $d < 0$ liegen sämtliche Pole in der rechten Halbebene des PN-Plans, das System ist instabil

5.6 Stabilisierung durch Rückkopplung

Wir betrachten ein System mit der Übertragungsfunktion

$$G_1(s) = \frac{1}{s-a}, \quad a \in \mathbb{R}, \quad a > 0$$

$G_1(s)$ hat einen Pol bei $s = a$ in der rechten Halbebene des PN-Plans und ist daher instabil. Durch Gegenkopplung mit einem P-Glied (Abschnitt 5.4), $k_p \in \mathbb{R}$, $k_p \geq 0$,

soll das System stabilisiert werden.

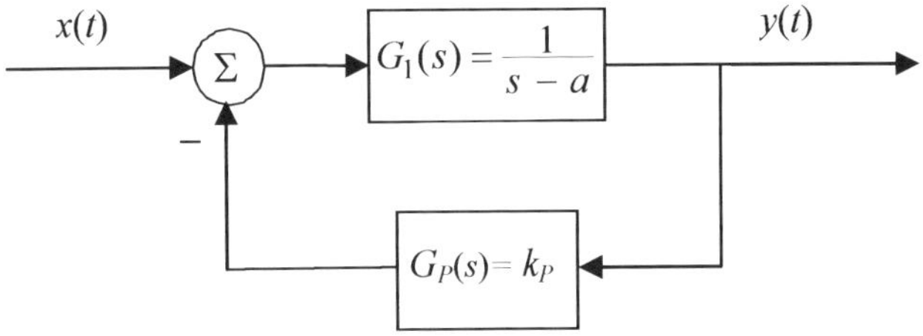

Bild 5.23 Stabilisierung durch Rückkopplung

Nach Gl. (5.5) gilt für das rückgekoppelte System

$$G(s) = \frac{G_1(s)}{1 + G_1(s)\cdot G_P(s)} = \frac{\frac{1}{s-a}}{1 + \frac{1}{s-a}\cdot k_P} = \frac{1}{s-a+k_P}$$

$G(s)$ besitzt jetzt einen Pol bei $s = a - k_p$

Für $k_P = 0$ ist die Rückkopplung nicht wirksam und der Pol liegt weiterhin bei $s = a$ in der rechten Halbebene (RHE) des PN-Plans.

Mit zunehmenden Werten von k_P wandert der Pol aus der rechten Halbebene nach links und befindet sich für $k_P > a$ in der linken Halbebene (LHE) des PN-Plans.

Für das ursprünglich instabile System, konnte durch eine geeignete Gegenkopplung, Stabilität erreicht werden.

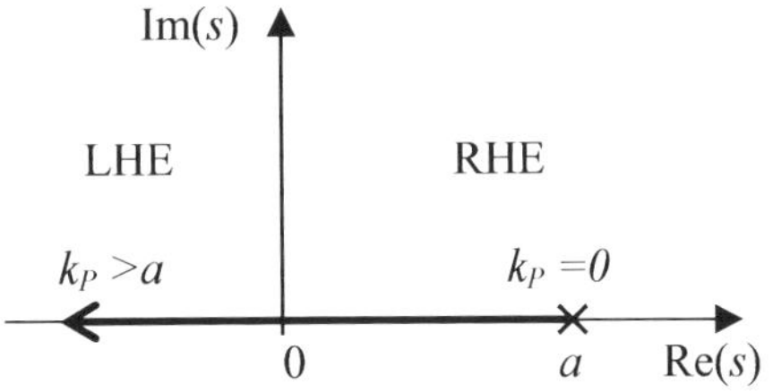

Bild 5.24 PN-Plan

Instabile Systeme höherer Ordnung erfordern einen größeren Aufwand um Stabilität zu erreichen. Wir betrachten dazu ein System 2. Ordnung, mit der Übertragungsfunktion

$$G_1(s) = \frac{b}{s^2 - a^2} \qquad a,b \in \mathbb{R}, \quad a,b > 0$$

$G_1(s)$ besitzt zwei Pole $s_{1/2} = \pm a$, wovon einer in der linken, der andere in der rechten Halbebene des PN-Plans liegt. Das System ist daher instabil.

a) Wir versuchen eine Stabilisierung durch Gegenkopplung mit einem P-Glied.

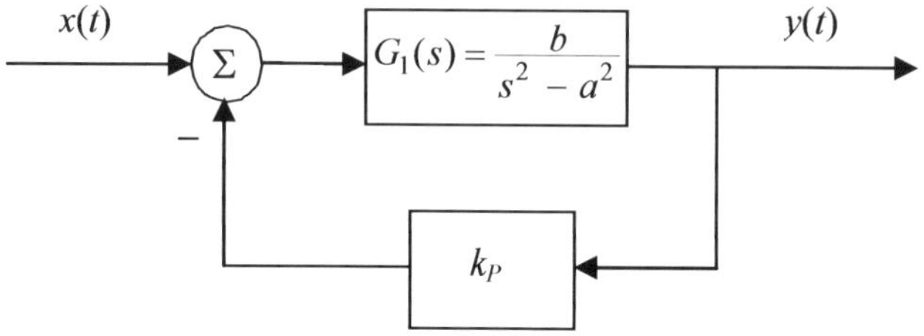

Bild 5.25 Proportionale Signalrückführung

Als Übertragungsfunktion nach Bild 5.25 erhält man

$$G(s) = \frac{\frac{b}{s^2-a^2}}{1 + \frac{b}{s^2-a^2}\cdot k_P} = \frac{b}{s^2 - a^2 + bk_P}$$

Die Polstellen von $s^2 - a^2 + bk_P = 0$ liegen bei $s_{1/2} = \pm\sqrt{a^2 - bk_P}$

Für $0 \leq k_P < \frac{a^2}{b}$ liegt stets eine Polstelle in der rechten Halbebene des PN-Plans, das System bleibt instabil. Für $k_P \geq \frac{a^2}{b}$ liegt eine Polstelle bei s = 0, alle weiteren liegen auf der imaginären Achse des PN-Plans. Es kann nur Grenzstabilität erreicht werden.

b) Stabilisierung durch Rückkopplung mit einem Proportional-Differenzier Glied:

Ein PD-Glied hat die Übertragungsfunktion $G_{PD}(s) = k_P + k_D s$. Damit soll das System erneut auf Stabilität untersucht werden.

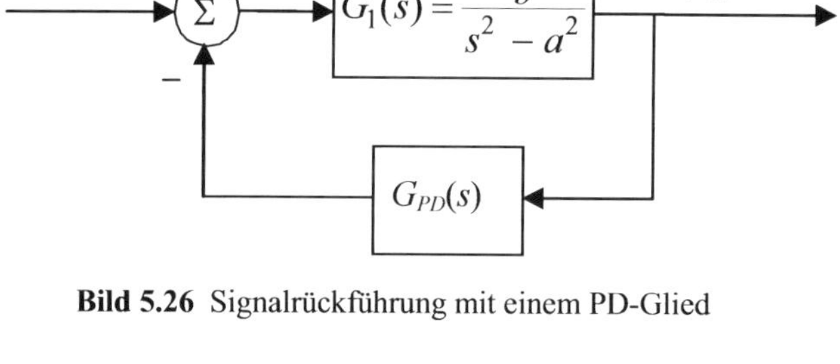

Bild 5.26 Signalrückführung mit einem PD-Glied

Als Übertragungsfunktion nach Bild 5.26 erhält man

$$G(s) = \frac{\frac{b}{s^2-a^2}}{1 + \frac{b}{s^2-a^2}\cdot(k_P+k_D s)} = \frac{b}{s^2 + bk_D s + bk_P - a^2}$$

Die Polstellen des Nennerpolynoms $s^2 + bk_D s + bk_P - a^2 = 0$, liegen nun bei

$$s_{1/2} = \frac{1}{2}\left[-bk_D \pm \sqrt{(bk_D)^2 - 4(bk_P - a^2)}\right]$$

Damit alle Polstellen in der linken Halbebene des PN-Plans liegen, müssen zwei Bedingungen erfüllt sein:

(1) $bk_D > 0$, mit $k_D \neq 0$, denn für $k_D = 0$ würde aus dem PD-Glied ein P-Glied werden.

(2) $\left[-bk_D \pm \sqrt{(bk_D)^2 - 4(bk_P - a^2)}\right] < 0$.

Aus Gleichung (2) erhält man $-4(bk_P - a^2) < 0 \Rightarrow k_P > \frac{a^2}{b}$

Eine Stabilisierung des ursprünglich instabilen Systems gelingt unter der Bedingung $k_D > 0$ und $k_P > \frac{a^2}{b}$.

5.7 Versetzen von Strukturelementen in Blockschaltbildern

In Blockschaltbildern können Strukturelemente nach bestimmten Regeln versetzt werden, ohne dass dabei die Systemfunktion geändert wird.

5.7.1 *G*(*s*) über eine Additionsstelle vorwärts schieben.

Der $G(s)$-Block in Bild 5.27a soll über das Σ-Glied nach rechts verschoben werden. Bild 5.27b zeigt die gleichwertige Struktur nach der Verschiebung.

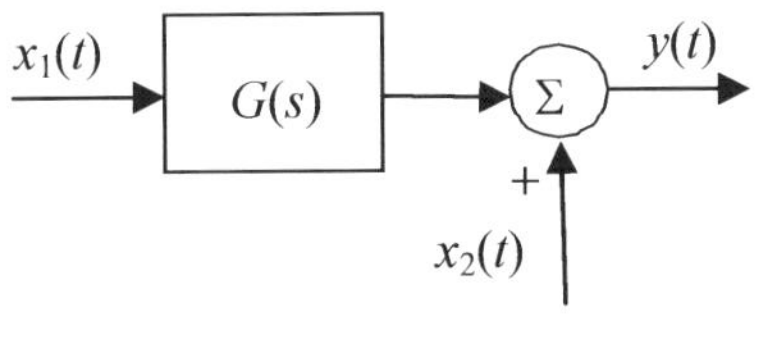

Bild 5.27a $G(s)$ vorwärts schieben

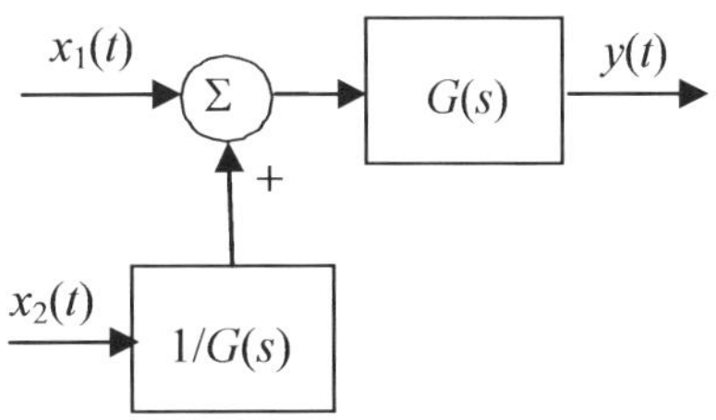

Bild 5.27b Äquivaltente Struktur

Beweis: Nach Bild 5.27a gilt $Y(s) = G(s)X_1(s) + X_2(s)$

Nach Bild 5.27b gilt $Y(s) = G(s)\left[X_1(s) + \frac{1}{G(s)}X_2(s)\right] = G(s)X_1(s) + X_2(s)$

Beide Gleichungen stimmen überein, die Strukturen sind gleichwertig.

5.7.2 *G*(*s*) über eine Additionsstelle rückwärts schieben

Der $G(s)$-Block in Bild 4.80a soll über das Σ-Glied nach links verschoben werden. Bild 4.80b zeigt die gleichwertige Struktur nach der Verschiebung.

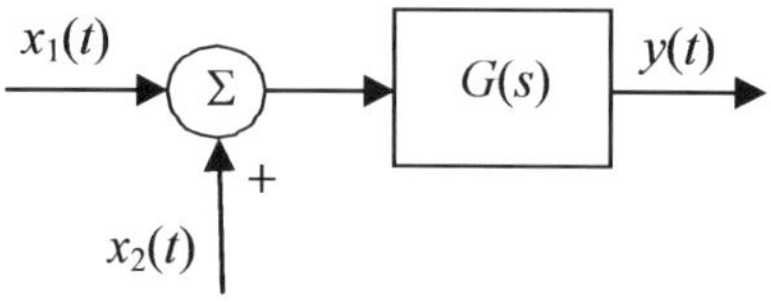

Bild 5.28a $G(s)$ rückwärts schieben

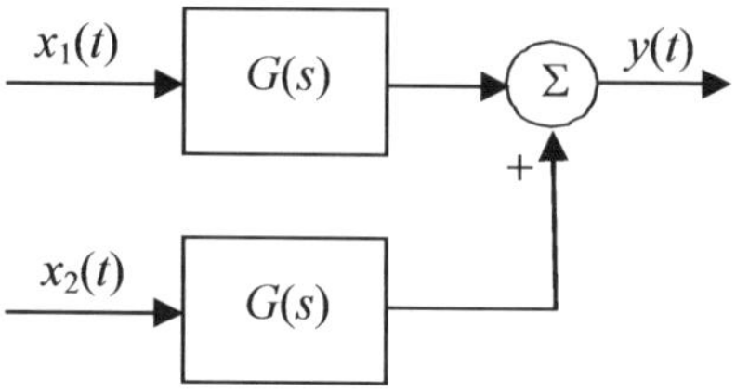

Bild 5.28b Äquivaltente Struktur

Beweis: Nach Bild 5.28a gilt $Y(s) = G(s) \cdot [X_1(s) + X_2(s)]$

Nach Bild 5.28b gilt $Y(s) = G(s)X_1(s) + G(s)X_2(s)$

Die Übereinstimmung beider Gleichungen zeigt die Gleichwertigkeit beider Strukturen.

5.7.3 *G*(*s*) über eine Verzweigungsstelle vorwärts schieben

Die Identität wird wie oben gezeigt.

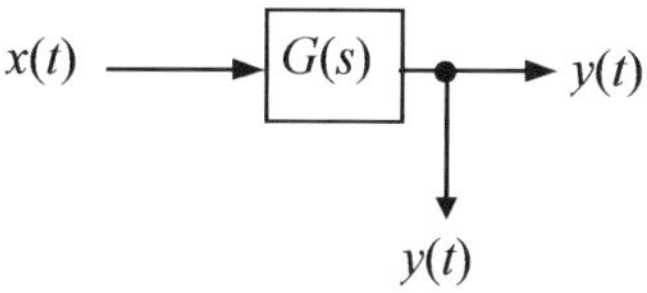

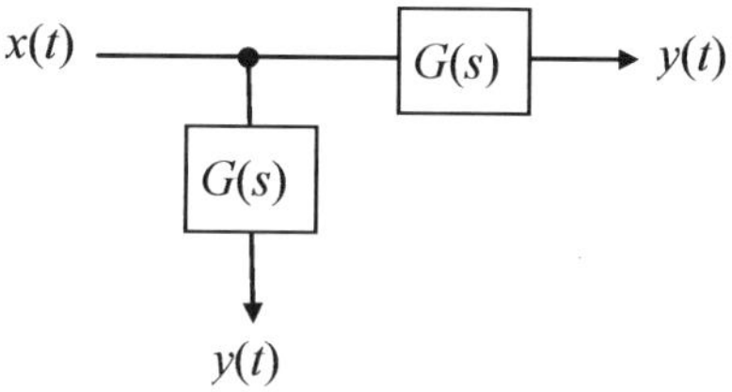

5.7.4 *G*(*s*) über eine Verzweigungsstelle rückwärts schieben

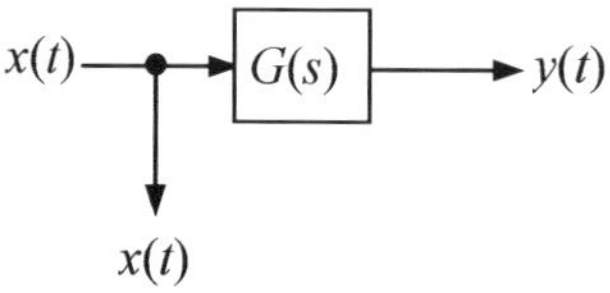

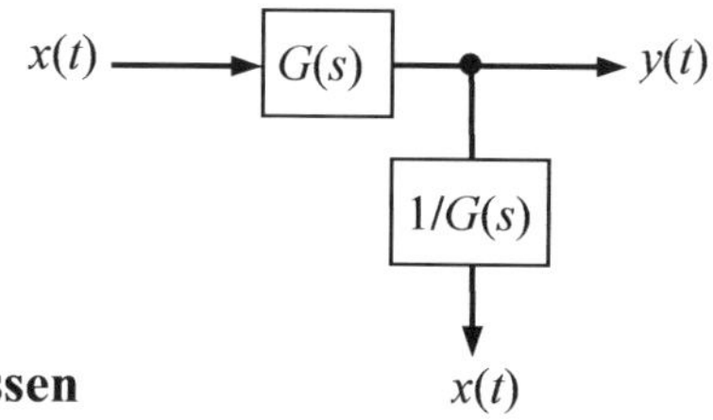

5.7.5 Rückkopplungskreis zusammenfassen

Identität siehe Abschnitt 5.3

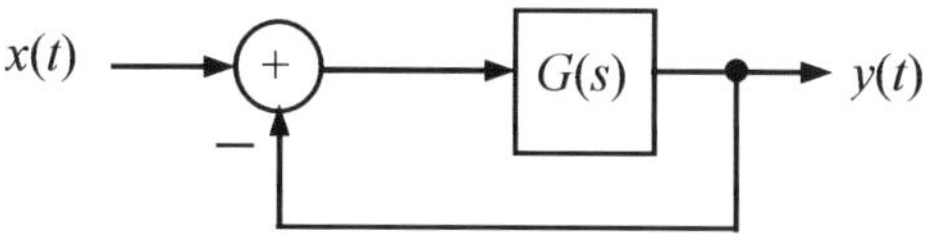

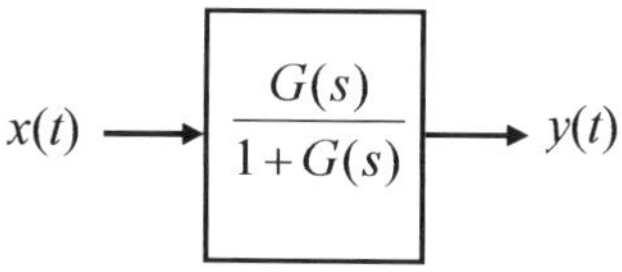

5.8 Aufgaben zu Abschnitt 5

(Ergebnisse im Anhang)

Aufgabe 5.1 Ein Integrier-Glied erhält am Eingang eine Sinus-Spannung $x(t) = \sin(\omega t)$. Welches Signal wird am Ausgang erhalten?

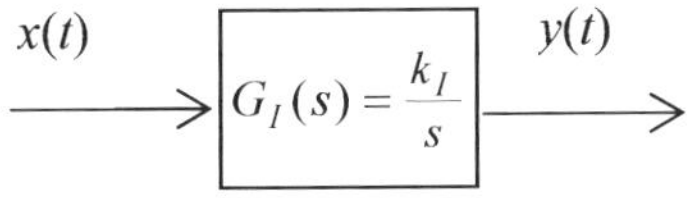

Aufgabe 5.1 Integrierglied

Aufgabe 5.2 Das Blockschaltbild 5.2 zeigt ein System zweier Integrier-Glieder, mit den Zeitkonstanten T_1 und T_2. An den Ausgängen dieser Schaltung können drei verschiedene Filterarten abgegriffen werden.

Es ist zu zeigen:

1. Ausgang (a) ist ein Tiefpaß-Filter 2. Ordnung
2. Ausgang (b) ist ein Bandpaß-Filter 2. Ordnung
3. Ausgang (c) ist ein Hochpaß-Filter 2. Ordnung

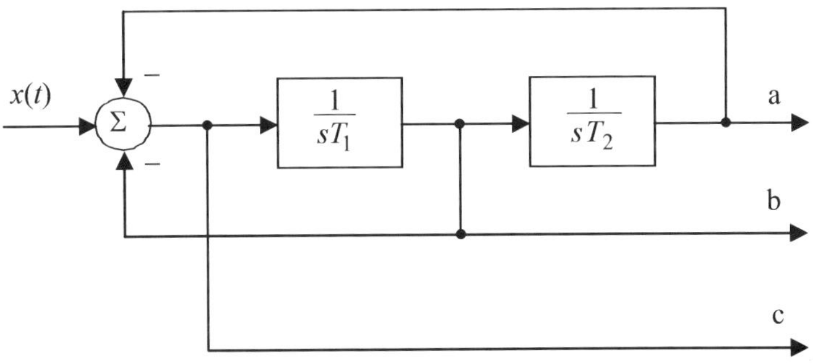

Aufgabe 5.2 Mehrfachfilter

Aufgabe 5.3 Für das in Bild 5.3 gezeigte Block-Diagramm ist zu bestimmen

a) die Übertragungsfunktion des Gesamtsystems.

b) Für $G_1 = \frac{1}{s+1}$ und $G_2 = \frac{1}{s+a}$ bestimme man, für welche $a \in \mathbb{R}$ das System stabil ist.

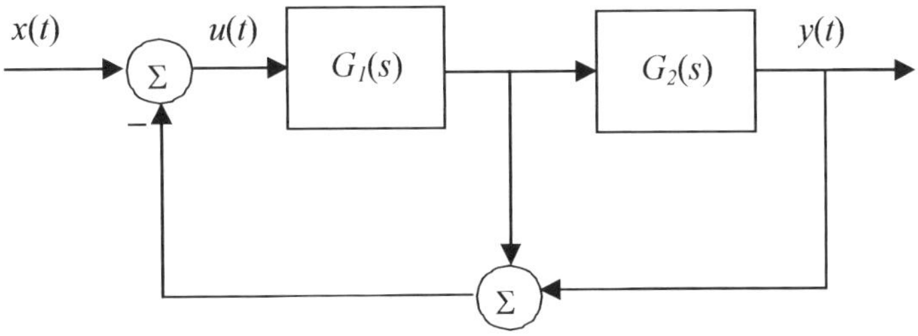

Aufgabe 5.3 System mit Mehrfachrückführung

Aufgabe 5.4 Das System $G_1(s) = \dfrac{s}{(s-2)^2 + 1}$ hat zwei Polstellen $s_{1/2} = 2 \pm j$ in der rechten Halbebene des PN-Plans und ist daher instabil. Es erhält zur Stabilisierung eine Proportionalrückführung $G_P(s) = k_P$, mit einem Verstärkungsfaktor $k_P \geq 0$.

a) Bestimmen Sie das zugehörige Block-Diagramm.

b) Für welche Werte k_P gelingt eine Stabilisierung?

Aufgabe 5.5 Das gegebene Blockschaltbild zeigt den Entwurf eines LTI-Systems, mit zwei P-Gliedern $a, b \geq 0$ und einem DT_1-Glied mit der Zeitkonstanten $T > 0$.
Es ist zu bestimmen:

a) Die Übertragungsfunktion des Systems

b) Für welche Werte von a, b wird Stabilität erreicht?

c) Die Systemantwort auf die Eingangsfunktion $x(t) = \varepsilon(t)$

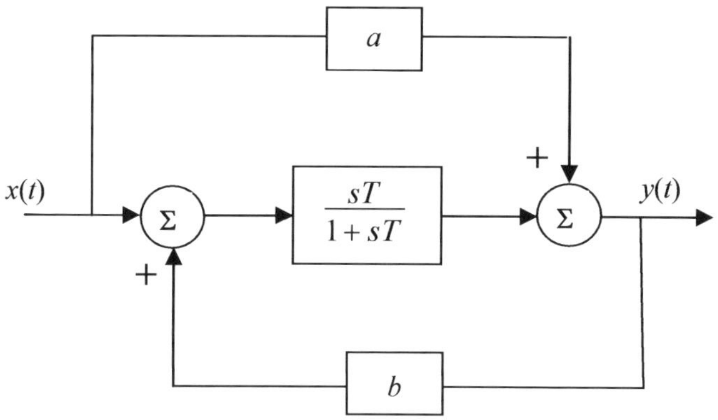

Aufgabe 5.4 Entwurf eines Systems

6 Die z-Transformation (ZT)

Zusammenfassung *Die z-Transformation dient der Beschreibung diskreter Signale und Systeme. Sie ist außerdem eine Methode zur Lösung von Differenzengleichungen. Die z-Transformation ist ebenso leistungsfähig, wie die Laplace-Transformation bei kontinuierlichen Systemen. Wichtige Begriffe wie Übertragungsfunktion, Frequenzgang, PN-Plan und Stabilität können mit der z-Transformation auf diskrete Signale und Systeme übertragen werden.*

Zur Beschreibung diskreter Signale und Systeme ist eine weitere Transformation erforderlich, die z-Transformation. Diese kann aus der Laplace-Transformation abgeleitet werden und hat daher auch ähnliche Eigenschaften und Berechnungsregeln.

Eine besondere Verwendung der z-Transformation ergibt sich bei der Abtastung und Digitalisierung von analogen Zeitsignalen. Durch Abtastung entsteht aus einem kontinuierlichen Signalverlauf eine fortlaufende Folge diskreter Funktionswerte. Diese können mit der ZT auf elegante Weise verarbeitet werden.

6.1 Diskrete Funktionen und Signale

Wir betrachten eine kausale, stetige Funktion $x(t)$, z. B. ein kontinuierlich, fortlaufendes Zeitsignal. Das kontinuierliche Signal $x(t)$ soll zu äquidistanten Zeitpunkten $t = kT$ abgetastet werden. Dabei ist T das Abtastintervall und k der Laufindex $k = 0, 1, 2, \ldots$

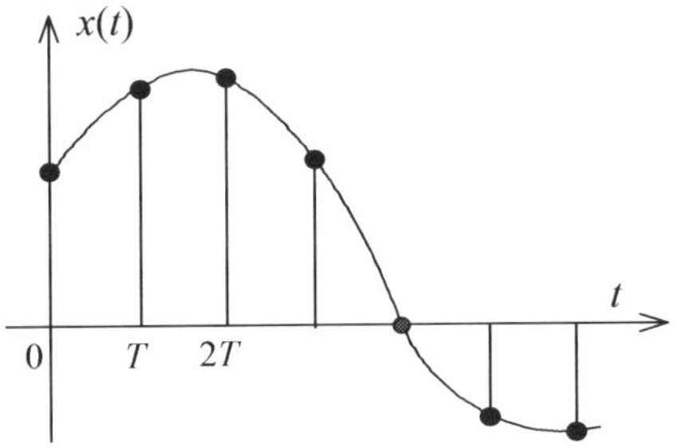

Bild 6.1 Abtastung eines kontinuierlichen Signals

Kausale Signale sind für Zeiten $t \geq 0$ definiert, d. h. es gilt $x(t) = 0$ für $t < 0$.

Für die abgetasteten Funktionswerte wählen wir die Notation:

$$x(t)\,|_{t=kT} = x(kT) = x[k]$$

Bei $x[k]$ wird T im Argument weggelassen, da T für eine äquidistante Abtastung konstant ist.

Es stellt sich nun die Frage, wie man aus einem kontinuierlich verlaufenden Zeitsignal, Abtastwerte gewinnen kann. Das gelingt mit der δ-Funktion, die wir im Abschnitt 3.3.4 kennen gelernt haben. Mit der δ-Funktion kann von einem stetigen Funktionsverlauf, an einer beliebigen Stelle $t = kT$ der Funktionswert $x(kT) = x[k]$ ausgeblendet werden, so dass vom gesamten Funktionsverlauf nur der Funktionswert $x[k]$ übrig bleibt. Die mathematische Schreibweise dafür lautet:

$$x(t) \cdot \delta(t - kT) \; = \; x[k] \cdot \delta(t - kT)$$

Da der Funktionsverlauf $x(t)$ nicht nur einmal, sondern über einen beliebigen Bereich äquidistant abgetastet werden soll, muss die δ-Funktion mehrfach angewendet werden.

$$x(t)\cdot\sum_{k=0}^{\infty}\delta(t-kT)$$

Das abgetastete Signal $x_A(t)$ erhält damit folgende Darstellung:

$$x_A(t)=x(t)\cdot\sum_{k=0}^{\infty}\delta(t-kT)\;=\;\sum_{k=0}^{\infty}x[k]\cdot\delta(t-kT)$$

Auf das Abtastsignal $x_A(t)$ soll nun die Laplace-Transformation angewendet werden:

$$\mathscr{L}\{x_A(t)\}=\int_0^{\infty}\sum_{k=0}^{\infty}x[k]\delta(t-kT)e^{-st}dt=\sum_{k=0}^{\infty}x[k]\int_0^{\infty}\delta(t-kT)e^{-st}dt=X(s)$$

Mit der Ausblendeigenschaft der δ-Funktion kann das Integral der zweiten Summe leicht berechnet werden. Es gilt:

$$\int_0^{\infty}\delta(t-kT)e^{-st}dt=e^{-skT}$$

Damit erhalten wir $\quad X(s)=\sum_{k=0}^{\infty}x[k]e^{-skT}=\sum_{k=0}^{\infty}x[k]\left(e^{sT}\right)^{-k}$

Den Term in der runden Klammer $\boxed{e^{sT}=z}$, bezeichnen wir als neue Variable. Da $s\in\mathbb{C}$ ist, muss folglich auch $z\in\mathbb{C}$ sein.

6.2 Definition der z-Transformation

Mit der neuen Variablen z lautet die z-Transformation für kausale, diskrete Folgen $x[k]$:

$$\boxed{\mathcal{Z}\{x[k]\}=\sum_{k=0}^{\infty}x[k]\cdot z^{-k}=X(z)} \tag{6.1}$$

Die z-Transformation ordnet einer diskreten Zeitfolge $x[k]$ eine Bildfunktion $X(z)$ zu. Wenn die Reihe konvergiert, existiert $\mathcal{Z}\{x[k]\}$ und wir erhalten die Korrespondenz

$$x[k]\;\circ\!-\!\bullet\;X(z)$$

Für jede Transformation nach Gl. (6.1), muss der Konvergenzbereich in der komplexen z-Ebene separat ermittelt werden.

Mit Gl. (6.1) erhalten wir eine wichtige Aussage zur Abtastung kontinuierlicher Zeitsignale:

> Hat $X(z)$ die Form eines Polynoms in z^{-1}, so sind die Koeffizienten dieses Polynoms die Abtastwerte des Zeitsignals.

Beispiel: $X(z)=3z^{-1}-2z^{-2}+4z^{-3}+6z^{-4}+\,...\quad\Rightarrow\quad x[k]=\{3,-2,\;4,\;6,\;...\}$

6.3 Eigenschaften der z-Transformation

Da die Bildfunktion $X(z)$ eine Potenzreihe der komplexen Variablen $1/z$ ist, folgt aus den Eigenschaften der Potenzreihen im Komplexen, dass es eine reelle Zahl r (den Konvergenzradius) gibt, so dass $X(z)$ für $|z| > 1/r$ konvergiert und für $|z| < 1/r$ divergiert.

Weiter gilt: Ist $x[k]$ z-transformierbar für $|z| > 1/r$, dann ist die zugehörige Bildfunktion $X(z)$ eine analytische Funktion und gleichzeitig die einzige Bildfunktion von $x[k]$.

Für die Umkehrung gilt: Ist $X(z)$ eine analytische Funktion für $|z| > 1/r$, dann gibt es zu $X(z)$ genau eine Originalfolge $x[k]$. Für alle weiteren Betrachtungen in diesem Kapitel gehen wir davon aus, dass $\mathcal{Z}\{x[k]\}$ existiert und eindeutig ist.

6.4 Abbildung der s-Ebene auf die z-Ebene

Die Variablen s und z sind komplexwertige Variable, d. h. es gilt $s, z \in \mathbb{C}$.

Für beide Variablen wählen wir die Darstellung

$$s = \sigma + j\omega \quad \text{und} \quad z = \xi + j\eta$$

Die Beziehung $z = e^{sT}$ lautet damit in ausführlicher Schreibweise

$$\xi + j\eta = e^{(\sigma + j\omega)T} = e^{\sigma T}\left[\cos(\omega T) + j\sin(\omega T)\right]$$

Daraus ergeben sich die Transformationsgleichungen

$$\xi = e^{\sigma T}\cdot\cos(\omega T) \quad \text{und} \quad \eta = e^{\sigma T}\cdot\sin(\omega T)$$

wie die komplexe s-Ebene auf die komplexe z-Ebene abgebildet wird.

Hat σ einen festen Wert, so erhält man einen Kreis mit dem Radius $\rho = \sqrt{\xi^2 + \eta^2} = e^{\sigma T}$

Für $\sigma = 0$ ist das ein Kreis mit dem Radius $\rho = 1$. Wenn nun σ und ω alle Werte der s-Ebene durchläuft, so wird die gesamte s-Ebene auf die z-Ebene abgebildet.

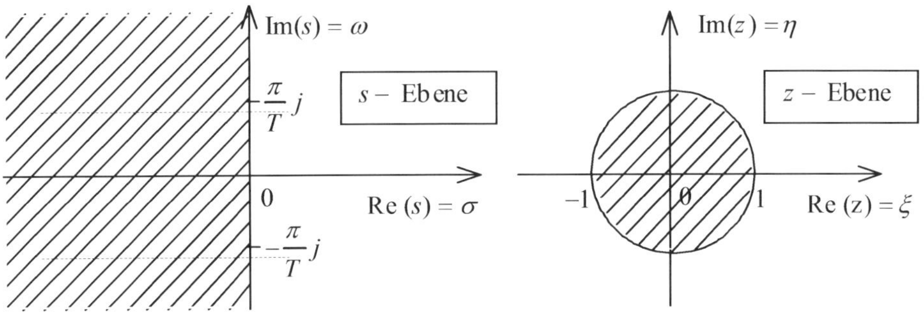

Bild 6.2 Abbildung der s-Ebene auf die z-Ebene durch $z = e^{sT}$

Im Detail ergeben sich folgende Abbildungseigenschaften:

1. Die linke s-Halbebene ($\sigma < 0$, ω beliebig) wird zyklisch in das Innere des Einheitskreises der z-Ebene abgebildet (= schraffierter Bereich).
2. Die ω-Achse der s-Ebene ($\sigma = 0$, ω beliebig) wird zyklisch auf den Rand des Einheitskreises abgebildet.
3. Die rechte s-Halbebene ($\sigma > 0$, ω beliebig) wird zyklisch in den Außenbereich des Einheitskreises abgebildet.
4. Der Ursprung ($\sigma = 0$, $\omega = 0$) und die Stellen $\omega = \pm j2\pi/T$, $\pm j4\pi/T$, … der Im(s)-Achse werden auf den Punkt $z = +1$ abgebildet.
5. Die Stellen $\omega = \pm j\pi/T$, $\pm j3\pi/T$, … der Im(s)-Achse werden auf den Punkt $z = -1$ abgebildet.
6. Pole und Nullstellen der linken s-Halbebene werden in das Innere des Einheitskreises der z-Ebene abgebildet.
7. Pole und Nullstellen der rechten s-Halbebene werden in den Außenbereich des Einheitskreises der z-Ebene abgebildet.

6.5 z-Transformation elementarer Signalfolgen

6.5.1 Sprungfolge

Definition $\varepsilon[k] = \begin{cases} 1 & \text{für } k \geq 0 \\ 0 & \text{für } k < 0 \end{cases}$

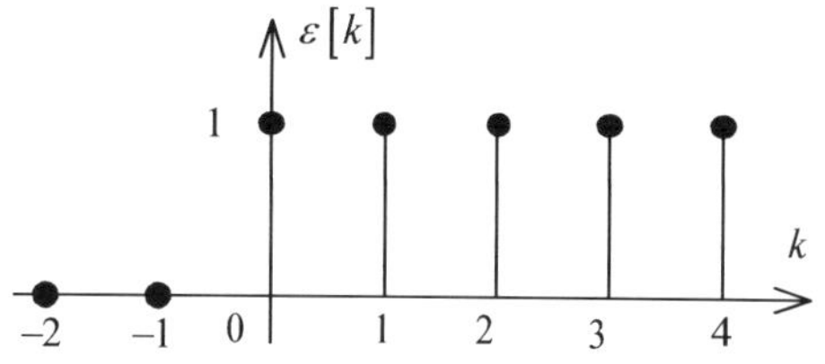

Bild 6.3 Sprungfolge

Ausführen der z-Transformation ergibt:

$$\mathcal{Z}\{\varepsilon[k]\} = \sum_{k=0}^{\infty} \varepsilon[k] z^{-k} = \sum_{k=0}^{\infty} \left(\tfrac{1}{z}\right)^k = 1 + \tfrac{1}{z} + \tfrac{1}{z^2} + \ \ldots \ = \frac{1}{1-\frac{1}{z}} = \frac{z}{z-1}$$

Die Summe über k entspricht der geometrischen Reihe $\sum_{k=0}^{\infty} q^k = \dfrac{1}{1-q}$ mit $|q| = |1/z| < 1$

Es gilt die Korrespondenz: $\boxed{\varepsilon[k] \circ\!-\!\bullet \dfrac{z}{z-1}}$ mit dem Konvergenzbereich: $|z| > 1$

6.5.2 Deltaimpuls

Die Definition des Delta- oder Einheitsimpulses lautet:

$$\delta[k] = \begin{cases} 1 & \text{für } k = 0 \\ 0 & \text{für } k \neq 0 \end{cases}$$

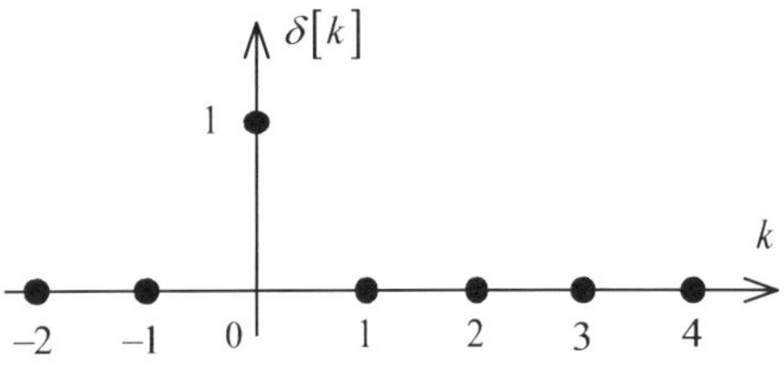

Bild 6.4 Deltaimpuls

Ausführen der ZT ergibt:

$$\mathcal{Z}\{\delta[k]\} = \sum_{k=0}^{\infty} \delta[k] \cdot z^{-k} = 1 \cdot z^0 = 1$$

Wir erhalten die Korrespondenz: $\boxed{\delta[k] \circ\!-\!\bullet\ 1}$ mit dem Konvergenzbereich: alle z

6.5.3 Verschobener Deltaimpuls

$$\delta[k-i] = \begin{cases} 1 & \text{für } k = i \\ 0 & \text{für } k \neq i \end{cases}$$

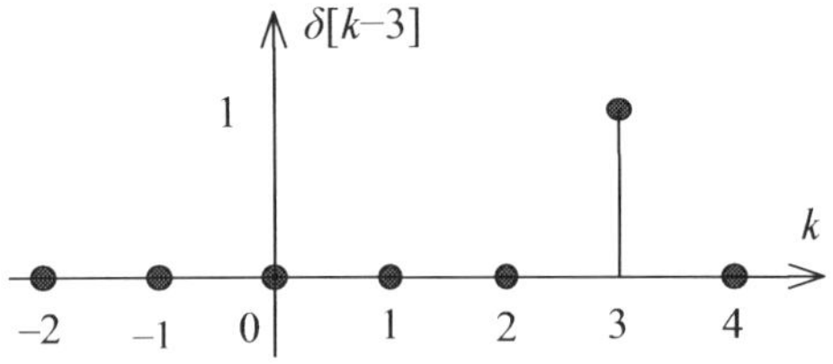

Bild 6.5 Verschobener Deltaimpuls

Ausführen der ZT ergibt:

$$\mathcal{Z}\{\delta[k-i]\} = \sum_{k=0}^{\infty} \delta[k-i] \cdot z^{-k} = z^{-i}$$

Wir erhalten die Korrespondenz: $\boxed{\delta[k-i] \circ\!-\!\bullet\ z^{-i}}$ Konvergenzbereich: alle z

6.5.4 Exponentialfolge

$x[k] = a^k \varepsilon[k]$, mit $a \in \mathbb{C}$. Ausführen der ZT unter Berücksichtigung der geometrischen Reihe ergibt: $\mathcal{Z}\{a^k \varepsilon[k]\} = \sum_{k=0}^{\infty} a^k z^{-k} = \sum_{k=0}^{\infty} \left(\frac{a}{z}\right)^k = \frac{1}{1-\frac{a}{z}} = \frac{z}{z-a}$

Die Summe konvergiert für $\left|\frac{a}{z}\right| < 1$ bzw. $|a| < |z|$. Das sind alle Werte z, die außerhalb des Kreises der z-Ebene mit dem Radius $|a|$ liegen.

Die Korrespondenz lautet: $\boxed{a^k \varepsilon[k] \circ\!-\!\bullet\ \frac{z}{z-a}}$ Konvergenzbereich: $|z| > |a|$

Für den Spezialfal $a = 1$ erhält man wieder das Ergebnis der Sprungfolge $\varepsilon[k]$.

6.5.5 Rechteckimpuls der Länge N

Ein diskreter Rechteckimpuls der Länge N hat die Form

$$rect_N[k] = \begin{cases} 1 & \text{für } 0 \le k \le N \\ 0 & \text{für } k > N \end{cases}$$

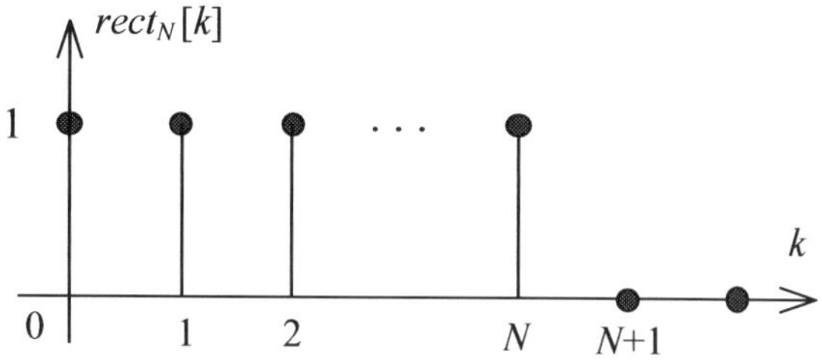

Bild 6.6 Rechteckimpuls der Länge N

Ausführen der ZT ergibt:

$$\mathcal{Z}\{rect_N[k]\} = \sum_{k=0}^{\infty} rect_N[k] \cdot z^{-k} = \sum_{k=0}^{N} 1 \cdot z^{-k} = 1 + \frac{1}{z} + \ldots + \frac{1}{z^N}.$$

Die Summenglieder entsprechen mit $q = 1/z$ der endlichen, geometrischen Reihe

$$\sum_{k=0}^{N} q^k = \frac{1-q^{N+1}}{1-q}, \quad q \ne 1.$$

Wir erhalten $\mathcal{Z}\{rect_N[k]\} = \dfrac{1-\left(\frac{1}{z}\right)^{N+1}}{1-\frac{1}{z}} = \dfrac{z-z^{-N}}{z-1}$

Es gilt die Korrespondenz: $\boxed{rect_N[k] \circ\!-\!\bullet \dfrac{z-z^{-N}}{z-1}}$ mit dem Konvergenzbereich $|z| \ne 1$

<u>Bemerkung:</u> $rect_N[k]$ kann auch als Differenz zweier Sprungfolgen dargestellt werden.

Dafür gilt: $rect_N[k] = \varepsilon[k] - \varepsilon[k-(N+1)]$. Mit den Korrespondenzen

$\varepsilon[k] \circ\!-\!\bullet \dfrac{z}{z\text{-}1}$ und $\varepsilon[k-(N+1)] \circ\!-\!\bullet z^{-(N+1)} \dfrac{z}{z-1}$ (Verschiebungssatz),

erhalten wir $\varepsilon[k] - \varepsilon[k-(N+1)] \circ\!-\!\bullet \dfrac{z}{z-1} - \dfrac{z^{-N}}{z-1}$

$$\Rightarrow \quad rect_N[k] \circ\!-\!\bullet \frac{z-z^{-N}}{z-1}$$

6.5.6 Folge der abgetasteten cos-Funktion

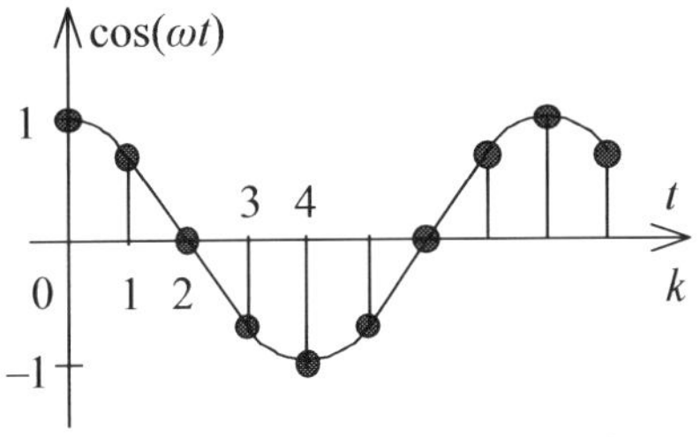

Bild 6.7 Abtastung der cos-Funktion

Die mit $\delta(t-kT)$ abgetastete cos-Funktion

$$x[k]=\sum_{k=0}^{\infty}\cos(\omega t)\delta(t-kT)$$

erhält mit der Ausblendeigenschaft der δ-Funktion die Form

$$x\left[k\right]=\sum_{k=0}^{\infty}\cos(\omega kT)\delta(t-kT)$$

Die Abtastfolge lautet somit:

$x[k]=\left\{\cos(\omega kT)\right\},\quad k=1,2,3,\ \ldots$ explizit $x[k]=\left\{\cos(0),\ \cos(\omega T),\ \cos(2\omega T),\ \ldots\ \right\}$

Auf die Abtastfolge wird nun die ZT angewendet, wobei $\cos(\omega kT)=\frac{1}{2}\left(e^{j\omega kT}+e^{-j\omega kT}\right)$

Berücksichtigung findet: $X(z)=\sum\limits_{k=0}^{\infty}\cos(\omega kT)z^{-k}=\sum\limits_{k=0}^{\infty}\frac{1}{2}\left(e^{j\omega kT}+e^{-j\omega kT}\right)z^{-k}$

Mit der Korrespondenz der Exponentialfolge erhält man:

$$X(z)=\frac{1}{2}\sum_{k=0}^{\infty}\left(e^{j\omega T}\right)^{k}z^{-k}+\frac{1}{2}\sum_{k=0}^{\infty}\left(e^{-j\omega T}\right)^{k}z^{-k}=\frac{1}{2}\left(\frac{z}{z-e^{j\omega T}}+\frac{z}{z-e^{-j\omega T}}\right)$$

Umformung mit $e^{j\omega kT}+e^{-j\omega kT}=2\cos(\omega kT)$, ergibt schließlich $X(z)=\dfrac{z\left(z-\cos(\omega T)\right)}{z^{2}-2z\cos(\omega T)+1}$

Korrespondenz: $\boxed{\cos(\omega kT)\ \circ\!-\!\bullet\ \dfrac{z\left(z-\cos(\omega T)\right)}{z^{2}-2z\cos(\omega T)+1}}$ Konvergenzbereich $|z|>1$

Spezialfälle: Mit der oben erhaltenen Korrespondenz, lassen sich auf elegante Weise, häufig verwendete Folgen und deren Bildfunktionen angeben.

1. Für $\omega T=\pi$ erhält man die **alternierende Folge**: $\{\cos(\pi k)\}=\{1,-1,\ 1,-1,\ 1,\ \ldots\ \}$

   Korrespondenz: $\boxed{\{\cos(\pi k)\}\ \circ\!-\!\bullet\ X(z)=\dfrac{z}{z+1}}$

2. Für $\omega T=\dfrac{\pi}{2}$ erhält man die Folge: $\{\cos(\frac{\pi}{2}k)\}=\{1,\ 0,-1,\ 0,\ 1,\ 0,-1,\ \ldots\ \}$

   Korrespondenz: $\boxed{\{\cos(\frac{\pi}{2}k)\}\ \circ\!-\!\bullet\ X(z)=\dfrac{z^{2}}{z^{2}+1}}$

6.6 Sätze zur z-Transformation

Für die folgenden Betrachtungen sei $x[k]$ eine kausale, diskrete (Abtast-)Folge und die zugehörige Bildfunktion $\mathcal{Z}\{x[k]\} = X(z)$ sei existent.

6.6.1 Linearität

Für zwei Folgen $x_1[k]$ und $x_2[k]$ mit den Bildfunktionen $X_1(z)$ und $X_2(z)$ und $a, b \in \mathbb{C}$ gilt:

$$\boxed{ax_1[k] + bx_2[k] \circ\!-\!\bullet\ aX_1(z) + bX_2(z)} \tag{6.2}$$

Beweis: $\mathcal{Z}\{ax_1[k]+bx_2[k]\} = \sum_{k=0}^{\infty}(ax_1[k]+bx_2[k])\cdot z^{-k} = a\sum_{k=0}^{\infty}x_1[k]\cdot z^{-k} + b\sum_{k=0}^{\infty}x_2[k]\cdot z^{-k}$

$= aX_1(z) + bX_2(z)$

6.6.2 Verschiebungssatz

Wir betrachten eine kausale Abtastfolge $x[k]$ mit der zugehörigen Bildfunktion $X(z)$. Die Verschiebung der Folge um i-Schritte nach rechts, entspricht einer Verzögerung um i-Takte des Abtastsignals und wird zu einer Multiplikation der Bildfunktion mit z^{-i}.

$$\boxed{x[k-i] \circ\!-\!\bullet\ z^{-i}X(z)} \tag{6.3}$$

Beweis: $\mathcal{Z}\{x[k-i]\} = \sum_{k=0}^{\infty} x[k-i]z^{-k}$, Die Substitution $n = k - i$ führt auf

$$\mathcal{Z}\{x[k-i]\} = z^{-i}\sum_{n=-i}^{\infty} x[n]z^{-n} = z^{-i}\sum_{n=0}^{\infty} x[n]z^{-n} = z^{-i}X(z)$$

Da für kausale Folgen für $n < 0$ keine Folgenwerte existieren, haben in der letzten Gleichung beide Summen den gleichen Wert.

6.6.3 Dämpfungssatz

Für die Multiplikation der Folge $x[k]$ mit einer Exponentialfolge a^k gilt:

$$\boxed{a^k x[k] \circ\!-\!\bullet\ X\left(\frac{z}{a}\right)} \tag{6.4}$$

Beweis: $\mathcal{Z}\{a^k x[k]\} = \sum_{k=0}^{\infty} a^k x[k] z^{-k} = \sum_{k=0}^{\infty} x[k]\left(\frac{z}{a}\right)^{-k} = X\left(\frac{z}{a}\right)$, für $\left|\frac{z}{a}\right| > 1$

6.6.4 Multiplikationssatz im Zeitbereich

Die Multiplikation der Folge $x[k]$ mit k, entspricht der differenzierten Bildfunktion, multipliziert mit $-z$.

$$\boxed{k \cdot x[k] \quad \circ\!-\!\bullet \quad -z\frac{d}{dz}X(z)} \tag{6.5}$$

Beweis: Es gilt $\frac{d}{dz}\sum_{k=0}^{\infty} z^{-k} = \sum_{k=0}^{\infty} -k \cdot z^{-k-1} = -z^{-1}\sum_{k=0}^{\infty} k \cdot z^{-k}$, damit erhält man für

$$\mathcal{Z}\{k \cdot x[k]\} = \sum_{k=0}^{\infty} k \cdot x[k] z^{-k} = -z\frac{d}{dz}\sum_{k=0}^{\infty} x[k] z^{-k} = -z\frac{d}{dz}X(z)$$

6.6.5 Faltungssatz

Der Multiplikation zweier Bildfunktionen im Bildbereich, entspricht dem Faltungsprodukt der zugehörigen Folgen im Originalbereich.

Sei $x_1[k] \circ\!-\!\bullet\; X_1(z)$ und $x_2[k] \circ\!-\!\bullet\; X_2(z)$, dann gilt

$$\boxed{x_1[k] * x_2[k] \quad \circ\!-\!\bullet \quad X_1(z) \cdot X_2(z)} \tag{6.6}$$

Das **Faltungsprodukt** ist auf folgende Weise zu bilden:

$$\boxed{x_1[k] * x_2[k] = \sum_{i=0}^{\infty} x_1[i] \cdot x_2[k-i]} \tag{6.7}$$

Beweis des Faltungssatzes:

$$\mathcal{Z}\{x_1[k] * x_2[k]\} = \sum_{k=0}^{\infty} (x_1[k] * x_2[k]) z^{-k} = \sum_{k=0}^{\infty}\left(\sum_{i=0}^{\infty} x_1[k] \cdot x_2[k-i]\right) z^{-k}$$

Mit einer Umformung nach der Produktformel von Cauchy erhält man:

$$\mathcal{Z}\{x_1[k] * x_2[k]\} = \sum_{k=0}^{\infty}\left(\sum_{i=0}^{\infty} x_1[k] z^{-k} \cdot x_2[k-i] z^{-(k-i)}\right) = \left(\sum_{k=0}^{\infty} x_1[k] z^{-k}\right) \cdot \left(\sum_{k=0}^{\infty} x_2[k] z^{-k}\right)$$

$$\mathcal{Z}\{x_1[k] * x_2[k]\} = X_1(z) \cdot X_2(z)$$

Korollar: $\delta[k]$ ist das **Neutralelement der Faltung**

Die Faltung einer Folge $x[k]$ mit $\delta[k]$ ergibt wieder die Folge $x[k]$

Es gilt: $x[k] * \delta[k] = \sum_{i=0}^{\infty} x[i] \cdot \delta[k-i] = x[k]$.

Weiter gilt: $x[k] * \delta[k-i] = x[k-i]$. Die Faltung einer Folge mit $\delta[k-i]$ bewirkt eine um i-Schritte verschobene Folge, was einer Taktverzögerung um i-Schritte entspricht.

6.6.6 Differenzenbildung

Für die sog. Rückwärtsdifferenz gilt

$$x[k] - x[k-1] \quad \circ\!-\!\bullet \quad \frac{z-1}{z} \cdot X(z) \tag{6.8}$$

Beweis: $\mathcal{Z}\{x[k]-x[k-1]\} = X(z)-z^{-1}X(z) = (1-z^{-1})X(z) = \frac{z-1}{z}X(z)$

6.6.7 Summenbildung

$$\sum_{k=0}^{n} x[k] \quad \circ\!-\!\bullet \quad \frac{z}{z-1} \cdot X(z) \tag{6.9}$$

Beweis: Mit der Folge der Partialsumme $s[n] = \sum_{k=0}^{n} x[k] = x[0]+x[1]+...+x[n]$, erhalten wir

$s[n]-s[n-1] = \sum_{k=0}^{n} x[k] - \sum_{k=0}^{n-1} x[k] = x[n]$, mit $\mathcal{Z}\{s[n]\} = S(z)$ und $\mathcal{Z}\{s[n-1]\} = z^{-1}S(z)$.

Somit ist $s[n]-s[n-1] = x[n] \quad \circ\!-\!\bullet \quad S(z)-z^{-1}S(z) = X(z) \Rightarrow S(z) = \frac{z}{z-1}X(z)$.

6.6.8 Periodische Abtastfolge

Wir betrachten eine periodische, stetige Funktion $x(t)$ mit der Periodendauer T_p, die in p gleiche Abtastintervalle T eingeteilt werden kann, d. h. es gilt $T_p = pT$, mit $p \in \mathbb{N}$. Dann lautet die Abtastfolge: $x[k] = \{x_0, x_1, x_2, \ ... \ x_{p-1}; \ x_p, x_{p+1}, x_{p+2}, \ ... \ x_{2p-1}; \ x_{2p}, x_{2p+1}, x_{2p+2}, \ ...\}$

Da für eine periodische Funktion $x(t+pT) = x(t)$ gilt, wiederholt sich die Abtastfolge nach p Schritten, das heißt es gilt $x_p = x_0$, $x_{p+1} = x_1$, usw. Die Folge lautet somit bei periodischer Wiederholung: $x[k] = \{x_0, x_1, x_2, \ ... \ x_{p-1}; \ x_0, x_1, x_2, \ ... \ x_{p-1}; \ ... \}$

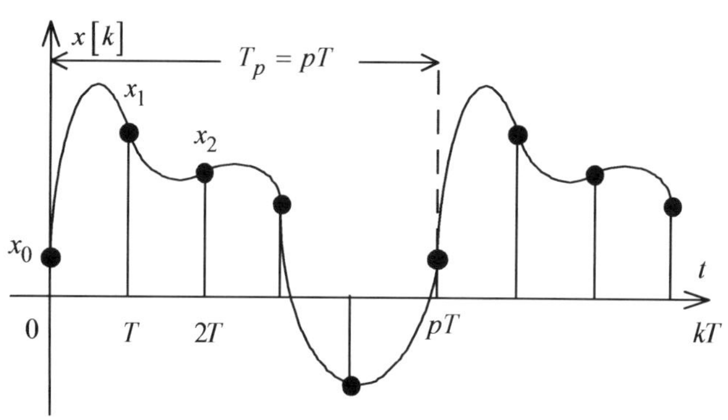

Bild 6.8 Abtastung einer periodischen Funktion

Für die Bildfunktion der Folge erhält man unter Berücksichtigung des Verschiebungssatzes:

$$\begin{aligned} X(z) = {} & x_0 z^{-0} + x_1 z^{-1} + x_2 z^{-2} + \ .\ .\ .\ + x_{p-1} z^{-(p-1)} \\ & + x_0 z^{-p} + x_1 z^{-(p+1)} + \ .\ .\ .\ + x_{p-1} z^{-(2p-1)} \\ & + x_0 z^{-2p} + x_1 z^{-(2p+1)} + \ .\ .\ .\ + x_{p-1} z^{-(3p-1)} + \ .\ .\ .\ . \end{aligned}$$

Ausklammern wiederkehrender Summenanteile

$$\begin{aligned} X(z) = {} & 1 \cdot \left(x_0 + x_1 z^{-1} + x_2 z^{-2} + \ .\ .\ . + x_{p-1} z^{-(p-1)} \right) \\ & + z^{-p} \cdot \left(x_0 + x_1 z^{-1} + x_2 z^{-2} + \ .\ .\ . + x_{p-1} z^{-(p-1)} \right) \\ & + z^{-2p} \cdot \left(x_0 + x_1 z^{-1} + x_2 z^{-2} + \ .\ .\ . + x_{p-1} z^{-(p-1)} \right) + \ .\ .\ .\ . \end{aligned}$$

und Zusammenfassen der Terme ergibt

$$X(z) = \left(x_0 + x_1 z^{-1} + x_2 z^{-2} + \ .\ .\ . + x_{p-1} z^{-(p-1)} \right) \cdot \left(1 + z^{-p} + z^{-2p} + \ .\ .\ .\ . \right)$$

Für den zweiten Klammerausdruck erhalten wir eine geometrische Reihe mit der Summe

$$1 + z^{-p} + z^{-2p} + \ .\ .\ .\ . = \frac{1}{1 - z^{-p}}, \quad \text{für} \left| 1/z \right| < 1$$

Die **Bildfunktion für eine *p*-periodische Abtastfolge** lautet damit:

$$\boxed{X(z) = \frac{x_0 + x_1 z^{-1} + x_2 z^{-2} + \ .\ .\ . + x_{p-1} z^{-(p-1)}}{1 - z^{-p}}} \quad \text{für } |z| > 1 \tag{6.10a}$$

Erweitert man Zähler und Nenner mit z^p, so erhält man die oft gebräuchlichere Form:

$$\boxed{X(z) = \frac{x_0 z^p + x_1 z^{p-1} + x_2 z^{p-2} + \ .\ .\ . + x_{p-1} z^1}{z^p - 1}} \quad \text{für } |z| > 1 \tag{6.10b}$$

Beispiel 6.1 Gesucht ist die Bildfunktion der alternierenden Folge $x[k] = \{1, -1, 1, -1, \ .\ .\ .\ \}$

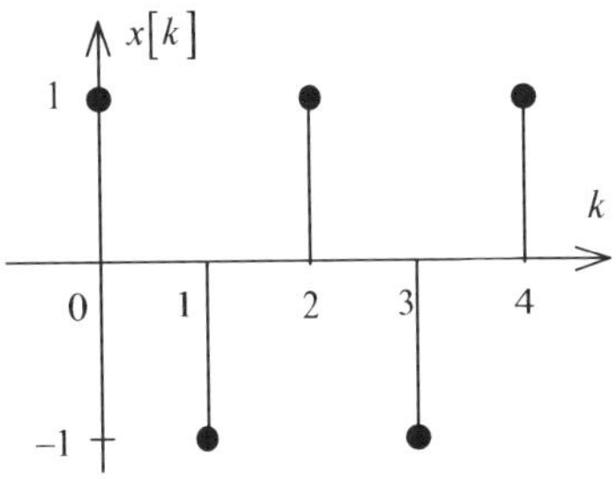

Bild 6.9 Alternierende Folge

Die gegebene Folge kann analytisch dargestellt werden durch $x[k] = (-1)^k \varepsilon[k]$

Anwendung der ZT ergibt:

$$\mathcal{Z}\{x[k]\} = X(z) = \sum_{k=0}^{\infty} (-1)^k \varepsilon[k] z^{-k} = \sum_{k=0}^{\infty} \left(-\frac{1}{z} \right)^k$$

$$X(z) = \sum_{k=0}^{\infty} \left(-\frac{1}{z}\right)^k = 1 - \frac{1}{z} + \frac{1}{z^2} - \frac{1}{z^3} + \frac{1}{z^4} - \ ...$$

Die Summe entspricht der geometrische Reihe $X(z) = \dfrac{1}{1-\left(-\frac{1}{z}\right)} = \dfrac{z}{z+1}$, für $|z| > 1$

Beispiel 6.2 Es ist die ZT für die ansteigende Folge $x[k] = k \cdot \varepsilon[k]$ zu berechnen.

Für die Sprungfolge gilt die Korrespondenz:

$$\varepsilon[k] \circ\!-\!\bullet\ E(z) = \frac{z}{z-1}$$

Für die ansteigende Folge erhält man mit dem Multiplikationssatz:

$$x[k] = k \cdot \varepsilon[k] \circ\!-\!\bullet\ X(z) = -z\frac{d}{dz}E(z)$$

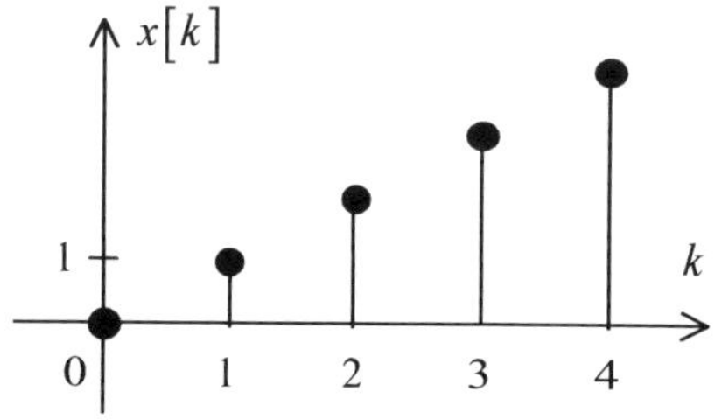

Bild 6.10 Ansteigende Folge

$$X(z) = -z\frac{d}{dz}E(z) = -z\frac{d}{dz}\left(\frac{z}{z-1}\right) = -z\left(\frac{1}{z-1} - \frac{z}{(z-1)^2}\right) = \frac{z}{(z-1)^2}$$

Wir erhalten die Korrespondenz: $\boxed{k \cdot \varepsilon[k] \circ\!-\!\bullet\ \dfrac{z}{(z-1)^2}}$ für $|z| > 1$

Beispiel 6.3 Abtast-Verzögerung

Die Folge $x[k]$ einer abgetasteten, kausalen Funktion habe die existierende Bildfunktion $X(z)$. Wird die Abtastung um einen Takt verzögert, erhält man die Folge $x[k-1]$.

Durch z-Transformation und Anwendung des Verschiebungssatzes erhalten wir

$$\mathcal{Z}\{x[k-1]\} = \sum_{k=1}^{\infty} x[k-1]z^{-k} = z^{-1}X(z)$$

Die Eintakt-Verzögerung einer Folge entspricht im Bildbereich einer Multiplikation mit z^{-1}. Das Blocksymbol mit z^{-1} wird als **Eintakt-Verzögerungsglied** bezeichnet.

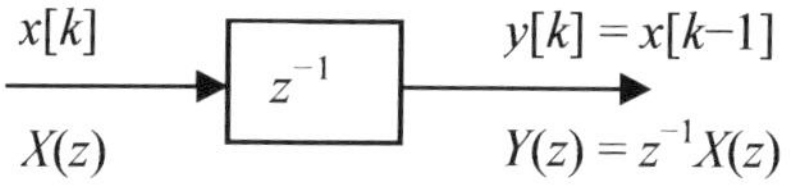

Bild 6.11 Eintakt-Verzögerungsglied

Mehrtakt-Verzögerungsglieder bewirken eine Verzögerung um mehrere Takte.

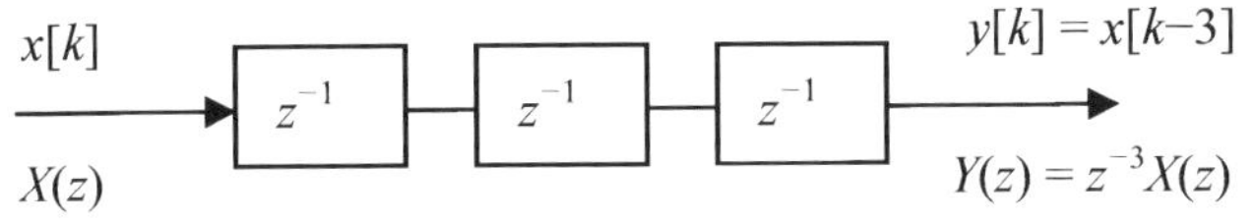

Bild 6.12 Dreitakt-Verzögerungsglied

Beispiel 6.4 Gesucht ist die Bildfunktion der periodisch abgetasteten Dreiecksfunktion.

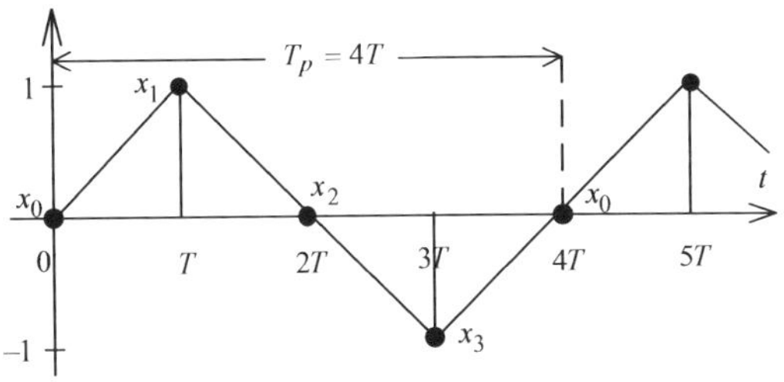

Bild 6.13 Abgetastete Dreiecksfunktion

Die periodischen Abtastwerte ($p = 4$) sind

$x_0 = 0,\ x_1 = 1,\ x_2 = 0,\ x_3 = -1$

Anwenden der Gl. (6.10b) für periodische Abtastfolgen ergibt:

$$X(z) = \frac{0 \cdot z^4 + 1 \cdot z^3 + 0 \cdot z^2 - 1 \cdot z}{z^4 - 1}$$

$$X(z) = \frac{z^3 - z}{z^4 - 1} = \frac{z(z^2 - 1)}{(z^2 + 1)(z^2 - 1)} = \frac{z}{z^2 + 1}$$

Alternativer Lösungsweg: Das gleiche Ergebnis erhält man auch durch Anwenden der ZT auf die obige, periodische Abtastfolge. Es gilt in ausführlicher Form:

$$x[k] = \{0, 1, 0, -1;\ 0, 1, 0, -1;\ \ldots\} \circ\!-\!\bullet\ X(z) = 0 \cdot z^0 + 1 \cdot z^{-1} + 0 \cdot z^{-2} - 1 \cdot z^{-3} + 0 \cdot z^{-4} + 1 \cdot z^{-5} + \ldots$$

Mit einer Umformung erhalten wir

$$X(z) = z^{-1} - z^{-3} + z^{-5} - z^{-7} + \ldots = \frac{1}{z} \cdot \left(1 - \frac{1}{z^2} + \frac{1}{z^4} - \frac{1}{z^6} + \ldots\right)$$

Der Term in der Klammer ist eine geometrische Reihe mit der Summe $\dfrac{1}{1 + \dfrac{1}{z^2}}$

Als Ergebnis erhalten wir $X(z) = \dfrac{1}{z} \cdot \dfrac{1}{1 + \dfrac{1}{z^2}} = \dfrac{z}{z^2 + 1}$,

was mit der oben erhaltenen Bildfunktion nach Gl. (6.10b) identisch ist.

6.7 Methoden der Rücktransformation

6.7.1 Inverse z-Transformation (ZT^{-1})

Der mathematische Weg um aus einer Bildfunktion $X(z)$ die zugehörige Originalfolgen $x[k]$ wieder zu erhalten, erfolgt durch die komplexe Umkehrformel, die als inverse z-Transformation bezeichnet wird.

Wie die ZT, ist auch die inverse ZT eine lineare Transformation.

Inverse z-Transformation

$$\mathcal{Z}^{-1}\{X(z)\} = x[k] = \frac{1}{2\pi j}\oint_C X(z)\cdot z^{k-1}dz \qquad (6.11)$$

Die Integration erfolgt auf einer geschlossenen Kurve C um den Ursprung, im mathematisch positiven Sinn. Der Integrationsweg C muß im Konvergenzgebiet von $X(z)$ liegen.

Das Ringintegral kann auch mit dem Residuensatz von Cauchy (siehe Abschnitt 3.2) berechnet werden.

Diese Methode der Rücktransformation einer Bildfunktion in den Originalbereich wird bei der praktischen Handhabung der z-Transformation nur in seltenen Fällen angewendet. Nämlich dann, wenn keine andere Methode der Rücktransformation in den Originalbereich mehr zur Verfügung steht.

6.7.2 Praktische Methoden der Rücktransformation

In der Praxis werden zur Rücktransformation einer Bildfunktion hauptsächlich Korrespondenz-Tabellen verwendet, in der Art von Tabelle 7.6 im Anhang.

Dies geschieht in gleicher Weise wie bei der Laplace- bzw. Fourier-Transformation.

In der Regel beschränken sich die Korrespondenztabellen auf die wichtigsten Basisfunktionen. Bei Bildfunktionen $X(z)$, die in einschlägigen Transformations-Tabellen nicht zu finden sind, kann man versuchen, diese durch eine geeignete Methoden, z. B. durch eine Partialbruchzerlegung, auf eine Form zu bringen, die man nach Tabelle zurück transformieren kann.

Für die praktische Handhabung der Rücktransformation einer Bildfunktion $X(z)$ in den Originalbereich, sind folgende Methoden gebräuchlich:

- Benutzung von Korrespondenz-Tabellen
- Verwenden der Sätze zur z-Transformation
- Durchführung einer Partialbruchzerlegung
- Entwicklung in eine Laurent-Reihe
- Entwicklung in eine Taylor-Reihe
- Verwenden der Residuen-Methode

Anhand von Beispielen soll nun die praktische Handhabung einiger, der aufgeführten Methoden gezeigt werden.

Beispiel 6.5 Für die Bildfunktion $X(z)=4z^{-0}+3z^{-1}+0,5z^{-2}-1,5z^{-3}-2z^{-4}$
ist durch Rücktransformation die Originalfolge $x[k]$ zu bestimmen.

Es gelten die Korrespondenzen

$$z^{-0}=1 \;\bullet\!-\!\circ\; \delta[k];\quad z^{-1} \;\bullet\!-\!\circ\; \delta[k-1];\quad z^{-2} \;\bullet\!-\!\circ\; \delta[k-2];\quad \text{usw.}$$

Wegen der Linearität der inversen ZT kann die Rücktransformation von $X(z)$ gliedweise vorgenommen werden. Wir erhalten:

$$X(z) \;\bullet\!-\!\circ\; x[k]=4\delta[k]+3\delta[k-1]+0,5\delta[k-2]-1,5\delta[k-3]-2\delta[k-4]$$

oder als Folge geschrieben

$$x[k]=\{4, 3, 0.5, -1{,}5, -2\}$$

Anmerkung:

Hat die Bildfunktion $X(z)$ die Form eines Polynoms in z^{-1}, so sind die Folgenglieder von $x[k]$ gerade die Abtastwerte der stetigen Funktion $x(t)$.

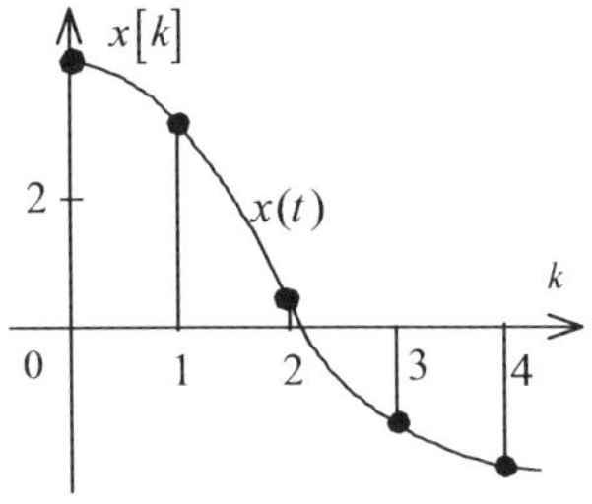

Bild 6.14 Abtastfolge $x[k]$

Beispiel 6.6 Durch Rücktransformation der Bildfunktion $X(z)=\dfrac{1}{z^3}-\dfrac{z}{z-\left(\frac{1}{e}\right)^2}+\dfrac{z(z-2)}{z^2-4z+4}$

ist die zugehörige Folge $x[k]$ zu bestimmen.

Mit den Korrespondenz-Tabelle 7.6 im Anhang, findet man für die einzelnen Terme von $X(z)$

$$\frac{1}{z^3}=z^{-3} \;\bullet\!-\!\circ\; \delta[k-3]$$

$$\frac{z}{z-\left(\frac{1}{e}\right)^2}=\frac{z}{z-e^{-2}} \;\bullet\!-\!\circ\; e^{-2k}\varepsilon[k]$$

$$\frac{z(z-2)}{z^2-4z+4}=\frac{z}{(z-2)} \;\bullet\!-\!\circ\; 2^k\varepsilon[k]$$

Somit erhalten wir die Folge $x[k]=\delta[k-3]-e^{-2k}\varepsilon[k]+2^k\varepsilon[k]$

oder: $x[k]=\delta[k-3]+\left(2^k-e^{-2k}\right)\varepsilon[k]$

Aufgaben zu Abschnitt 6.6 und 6.7

(Ergebnisse im Anhang)

Aufgabe 6.1

Man bestimme die ZT der Multiplikation von k mit $rect_5[k]$

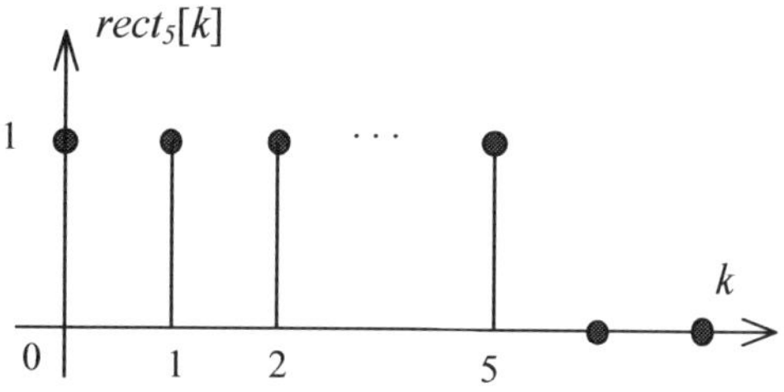

Bild 6.15 Rechteckimpuls der Länge 5

Aufgabe 6.2

Gesucht ist die Bildfunktion und die Periodenlänge p der periodischen Folge

$$x[k] = \left\{\sin(\frac{\pi}{3}k)\right\}, \quad \mathrm{k} = 0, 1, 2, \ldots$$

Aufgabe 6.3

Man berechne die Bildfunktion der quadratischen Folge

$$x[k] = k^2 \varepsilon[k]$$

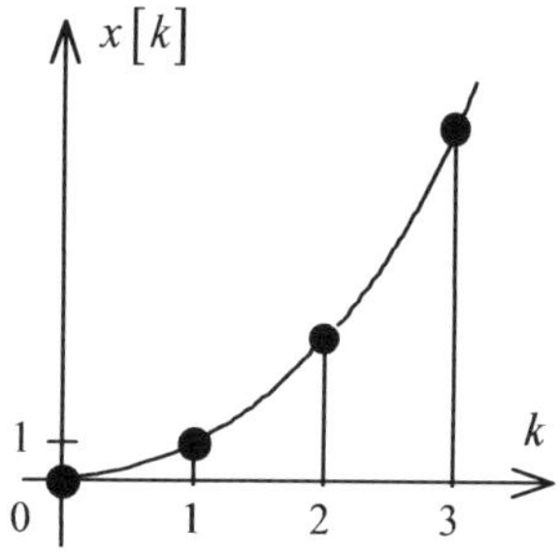

Bild 6.16 Quadratische Abtastfolge

Aufgabe 6.4 Anwendung des Faltungssatzes

Für die beiden Folgen $x_1[k] = \left(\frac{1}{2}\right)^k \cdot \varepsilon[k]$ und $x_2[k] = \varepsilon[k]$ ist

a) das Faltungsprodukt $x[k] = x_1[k] * x_2[k]$ im Originalbereich zu berechnen und davon die Bildfunktion $X(z)$ zu bestimmen.

b) die Bildfunktion $X(z) = X_1(z) \cdot X_2(z)$ durch Anwendung des Faltungssatzes direkt zu bestimmen.

Aufgabe 6.5 Man berechne die ZT der Folge

$$x[k] = \frac{1}{k}\varepsilon[k-1] = \left\{1,\ \frac{1}{2},\ \frac{1}{3},\ \frac{1}{4},\ \frac{1}{5},\ \cdots\right\}$$

Hinweis: Die Folge entspricht der Abtastung der Funktion $x(t) = \frac{T}{t}$ für $t \geq T$ mit dem Abtastintervall T.

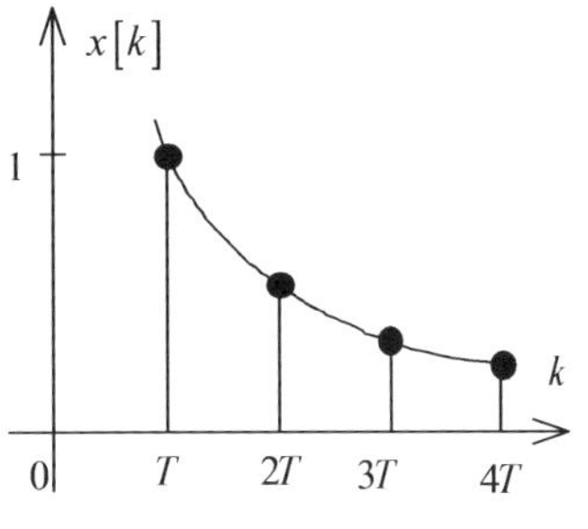

Bild 6.17 Abtastfolge für $x(t)=T/t$

Aufgabe 6.6 Durch Rücktransformation der Bildfunktion $X(z) = \dfrac{z^2}{z^2 - \frac{3}{2}z + \frac{1}{2}}$

ist die zugehörige Originalfolge $x[k]$ zu bestimmen.

a) nach der Methode der Partialbruchzerlegung,

b) durch Anwendung des Faltungssatzes.

6.8 Diskrete LTI-Systeme

Diskrete LTI-Systeme werden durch lineare Differenzengleichungen mit konstanten Koeffizienten beschrieben. Mit der z-Transformation können weitere, wichtige Eigenschaften dieser Systeme erhalten werden.

Diskrete LTI-Systeme werden in völliger Analogie zu kontinuierlichen Systemen beschrieben.

Im **Zeitbereich** durch Differenzengleichungen, Impulsantwort und Sprungantwort.

Im **Bildbereich** durch Übertragungsfunktion, Frequenzgang und PN-Plan.

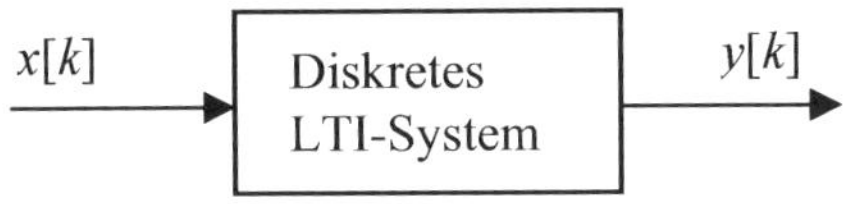

Bild 6.18 Diskretes LTI-System mit Ein- und Ausgangsfunktion

6.8.1 Lineare Differenzengleichungen mit konstanten Koeffizienten

Eine **lineare Differenzengleichung n-ter Ordnung** mit konstanten Koeffizienten $a_i, b_i \in \mathbb{R}$ hat die allgemeine Form

$$a_0 y[k] + a_1 y[k-1] + \ ...\ + a_n y[k-n] = b_0 x[k] + \ ...\ + b_m x[k-m], \quad \text{mit } a_0 \neq 0 \tag{6.12}$$

In Kurzform: $$\sum_{i=0}^{n} a_i y[k-i] = \sum_{i=0}^{m} b_i x[k-i], \quad a_0 \neq 0 \tag{6.12a}$$

Da wir mit kausalen Signalen und Systemen arbeiten, gilt für $k = 0$

$y[-i] = 0$ für $1 \le i \le n$ und $x[-i] = 0$ für $1 \le i \le m$.

Auf Gl. (6.12) soll nun die z-Transformation angewendet werden. Wegen der Linearität der ZT können wir die Transformation gliedweise ausführen. Dabei ist der Verschiebungssatz zu berücksichtigen. Im Bildraum erhalten wir eine algebraische Gleichung der Form:

$$a_0 Y(z) + a_1 z^{-1} Y(z) + \ldots + a_n z^{-n} Y(z) = b_0 X(z) + \ldots + b_m z^{-m} X(z)$$

Durch Ausklammern der Koeffizienten und auflösen nach $Y(z)$ erhalten wir:

$$(a_0 + a_1 z^{-1} + \ldots + a_n z^{-n}) Y(z) = (b_0 + \ldots + b_m z^{-m}) X(z)$$

$$\boxed{Y(z) = \frac{b_0 + b_1 z^{-1} + \ldots + b_m z^{-m}}{a_0 + a_1 z^{-1} + \ldots + a_n z^{-n}} \cdot X(z)} \tag{6.13}$$

Damit ist die Lösung der Differenzengleichung (6.12) im Bildbereich gefunden.

Durch Rücktransformation in den Zeitbereich $\boxed{y[k] = \mathcal{Z}^{-1}\{Y(z)\}}$

erhält man $y[k]$ als Lösung der Differenzengleichung (6.12) unter der Voraussetzung, dass die Rücktransformation existiert.

Beispiel 6.7: Gesucht ist die Lösung der Differenzengleichung 1. Ordnung

$$y[k] + 0{,}2 y[k-1] = 0{,}5 x[k],$$

mit dem Eingangssignal $x[k] = (0{,}3)^k \cdot \varepsilon[k]$ und der Anfangsbeding.: Für $k = 0$ ist $y[-1] = 0$

Durch z-Transformation der Differenzengleichung erhält man: $Y(z) + 0{,}2 z^{-1} Y(z) = 0{,}5 X(z)$

Auflösen der Gleichung nach $Y(z)$ und Einsetzen von $X(z) = \dfrac{z}{z - 0{,}3}$ ergibt

$$Y(z) = 0{,}5 \frac{z}{z + 0{,}2} X(z) = 0{,}5 \frac{z^2}{(z + 0{,}2)(z - 0{,}3)}$$

Mit Nr. 16 der Korrespondenz-Tabelle 7.6 im Anhang, finden wir die Lösung der gesuchten Differenzengleichung

$$y[k] = \mathcal{Z}^{-1}\{Y(z)\} = \left((0{,}3)^{k+1} - (-0{,}2)^{k+1}\right) \varepsilon[k],$$

6.8.2 Übertragungsfunktion *G(z)*

Die Übertragungsfunktion eines diskreten LTI-Systems erhalten wir aus Gl. (6.13).

Der Quotient $\frac{Y(z)}{X(z)} = G(z)$ definiert die **System-** oder **Übertragungsfunktion**

$$G(z) = \frac{b_0 + b_1 z^{-1} + \ldots + b_m z^{-m}}{a_0 + a_1 z^{-1} + \ldots + a_n z^{-n}} = \frac{\sum_{i=0}^{m} b_i z^{-i}}{\sum_{i=0}^{n} a_i z^{-i}} \tag{6.14}$$

Die Koeffizienten im Zähler und Nenner von Gl. (6.14) entsprechen den Koeffizienten der Differenzengleichung. Für kausale, diskrete LTI-Systeme gilt: $\boldsymbol{m \le n}$.

Der Zählergrad m darf höchstens gleich dem Nennergrad n sein, sonst enthält das System akausale Anteile.

Mit Gl. (6.14) erhalten wir die **Systemreaktion auf ein beliebiges Eingangssignal *X(z)*.**

$$Y(z) = G(z) \cdot X(z) \tag{6.15}$$

Besteht für das Eingangssignal die Korrespondenz $x[k] \circ\!-\!\bullet\, X(z)$, so ergibt sich die Systemreaktion im Bildbereich durch gewöhnliche Multiplikation von $G(z)$ mit $X(z)$.

Die Systemreaktion im Zeitbereich erhält man mit der inversen z-Transformation:

$$y[k] = \mathcal{Z}^{-1}\{Y(z)\} = \mathcal{Z}^{-1}\{G(z) \cdot X(z)\} \tag{6.16}$$

Die Impulsantwort *g*[*k*]

Für den Deltaimpuls $\delta[k] \circ\!-\!\bullet\, 1$ als Eingangssignal erhalten wir mit Gl. (6.15) die Systemreaktion im Bildbereich $Y(z) = G(z) \cdot 1$

Die zugehörige Systemreaktion im Zeitbereich heißt Impulsantwort:

$$\boxed{g[k] = \mathcal{Z}^{-1}\{G(z)\}} \tag{6.17}$$

Die Impulsantwort $g[k]$ ist die Reaktion des Systems auf den Deltaimpuls $\delta[k]$ am Eingang.

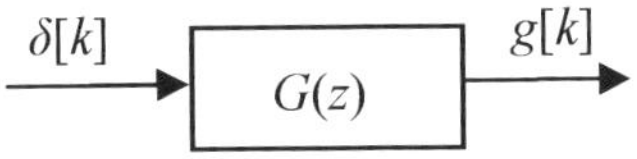

Bild 6.19 Impulsantwort $g[k]$

Es gibt nun zwei Möglichkeiten, wie für ein beliebiges Eingangssignal $x[k]$, die Systemreaktion $y[k]$ im Zeitbereich berechnet werden kann.

1. Durch Rücktransformation der Bildfunktion $Y(z) \bullet\!-\!\circ\, y[k]$
2. Mit dem Faltungsprodukt $y[k] = g[k] * x[k]$

Sowohl $G(z)$, als auch $g[k]$ liefern eine vollständige Beschreibung des Ein- und Ausgangsverhaltens eines kausalen, diskreten LTI-Systems.

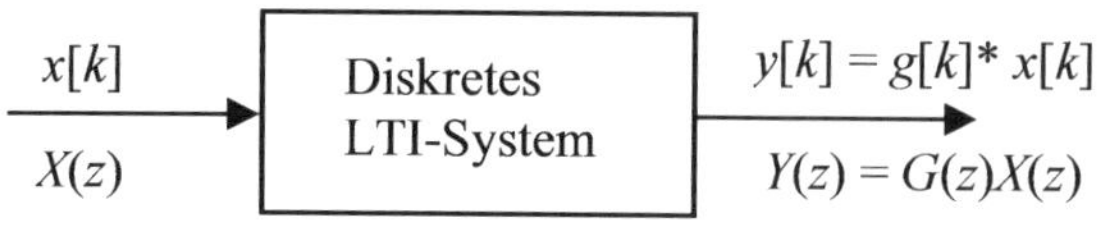

Bild 6.20 Input-/Outputverhalten im Zeit- und Bildbereich

Die Sprungsantwort *h*[*k*]

Auf das Eingangssignal $\varepsilon[k] \circ\!-\!\bullet \dfrac{z}{z-1}$ erhalten wir die Systemreaktion im Bildbereich

$$\boxed{H(z) = G(z) \cdot \frac{z}{z-1}} \tag{6.18a}$$

Die zugehörige Systemreaktion im Zeitbereich heißt Sprungantwort:

$$\boxed{h[k] = \mathcal{Z}^{-1}\{H(z)\}} \tag{6.18b}$$

Ist die Impulsantwort $g[k]$ bekannt, so erhält man die Spungantwort über das Faltungsprodukt:

$$h[k] = g[k] * \varepsilon[k] = \sum_{i=0}^{\infty} g[i] \cdot \varepsilon[k-i] \,.$$

Da $\varepsilon[k-i] = 0$ ist, für $i > k$, folgt $\boxed{h[k] = \sum_{i=0}^{k} g[i]}$ (6.19)

Aus Gl. (6.18a) erhält man durch Umstellung

$$G(z) = H(z) - z^{-1} H(z) \,,$$

womit wir einen weiteren Zusammenhang zwischen Impulsantwort und Sprungantwort erhalten:

$$\boxed{g[k] = h[k] - h[k-1]} \tag{6.20}$$

Beispiel 6.7 Ein diskretes LTI-System wird durch folgende Differenzengleichung beschrieben

$$y[k] - y[k-1] + y[k-2] \;=\; x[k] - \tfrac{1}{2} x[k-1]$$

Zu bestimmen ist die Übertragungsfunktion $G(z)$ und die Impulsantwort $g[k]$ des Systems.

Nach Voraussetzung gilt für $k = 0$: $y[-1] = y[-2] = 0$ und $x[-1] = 0$

Durch Ausführen der ZT und nach Zusammenfassung der Terme erhält man:

$$\left(1 - z^{-1} + z^{-2}\right) Y(z) \;=\; \left(1 - \tfrac{1}{2} z^{-1}\right) X(z)$$

Daraus ergibt sich die Übertragungsfunktion $G(z) = \dfrac{z(z-\frac{1}{2})}{z^2 - z + 1}$

Mit der Korrespondenz aus Abschnitt 6.5.6 für $\omega T = \frac{\pi}{3}$ erhalten wir die

Impulsantwort

$$g[k] = \mathcal{Z}^{-1}\left\{\frac{z(z-\frac{1}{2})}{z^2 - z + 1}\right\} = \cos\left(\tfrac{\pi}{3}k\right)\varepsilon[k] = \left\{1, +\tfrac{1}{2}, -\tfrac{1}{2}, -1, -\tfrac{1}{2}, +\tfrac{1}{2}, +1, \ \ldots\ \right\}$$

6.8.3 Frequenzgang *F*(*ω*)

Bei den kontinuierlichen Systemen ergab sich der Frequenzgang aus der Übertragungsfunktion $G(s)$ indem die Variable s durch $j\omega$ ersetzt wurde (Abschnitt 4.4.6, Satz 4.9).

In gleicher Weise verfährt man mit der Übertragungsfunktion $G(z)$ eines diskreten LTI-Systems in dem die Variable $z = e^{sT}$ durch $e^{j\omega T}$ substituiert wird, um das Frequenzspektrum zu erhalten. Es gilt mit Gl. (6.14) für das Frequenzspektrum oder den

Frequenzgang $$G(z)\big|_{z=e^{j\omega T}} = F(\omega) = \frac{b_0 + b_1 e^{-j\omega T} + \ldots + b_m e^{-jm\omega T}}{a_0 + a_1 e^{-j\omega T} + \ldots + a_n e^{-jn\omega T}} \quad (6.21)$$

Die Bestimmung des Frequenzspektrums nach Gl. (6.21), ist nicht auf $G(z)$ beschränkt, sondern anwendbar auf jede Bildfunktion $X(z)$, sofern für $X(z)$ ein Spektrum existiert.

Neben Übertragungsfunktion und Impulsantwort ist der Frequenzgang eine weitere wichtige Kenngröße eines diskreten LTI-Systems.

Wie bei den analogen Systemen heißt der Betrag des Frequenzgangs

$|F(\omega)| = \sqrt{[\mathrm{Re}\,F(\omega)]^2 + [\mathrm{Im}\,F(\omega)]^2}$ Amplitudengang oder Betragsspektrum

und $\varphi(\omega) = \arg\left(F(\omega)\right) = \dfrac{\mathrm{Im}\,F(\omega)}{\mathrm{Re}\,F(\omega)}$ heißt Phasengang oder Phasenspektrum

Mit diesen Beziehungen kann der Frequenzgang auch in folgender Form angegeben werden:

$$F(\omega) = |F(\omega)| \cdot e^{j\varphi} \quad (6.22)$$

Diese Form ist besonders geeignet zur graph. Darstellung der Ortskurve des Frequenzgangs.

Beispiel 6.8 Für die diskrete, symmetrische Rechteckimpulsfolge nach Bild 6.21, soll das Frequenzspektrum bestimmt werden.

Die symmetrische Rechteckimpulsfolge wird dargestellt als Differenz zweier Sprungfolgen:

$$x_N[k] = \varepsilon[k+N] - \varepsilon[k-(N+1)]$$

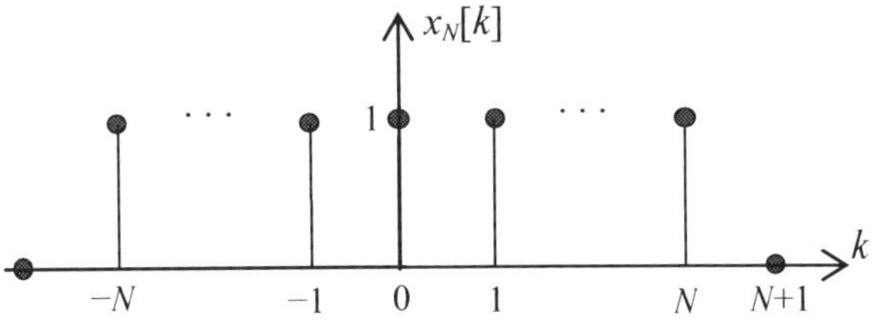

Bild 6.21 Symmetrische Rechteckimpulsfolge

Nach Ausführen der ZT erhalten wir im Bildbereich:

$$x_N[k] \circ\!-\!\bullet\; X_N(z) = \frac{z}{z-1} z^N - \frac{z}{z-1} z^{-(N+1)} = \frac{z}{z-1}\left(z^N - z^{-(N+1)}\right)$$

Der Übergang auf die Frequenzvariable $z = e^{j\omega T}$ liefert das Spektrum:

$$X_N(z)\Big|_{z=e^{j\omega T}} = \frac{e^{j\omega T}}{e^{j\omega T}-1}\left(e^{jN\omega T} - e^{-j(N+1)\omega T}\right) = \frac{e^{jN\omega T}}{1-e^{-j\omega T}} + \frac{e^{-jN\omega T}}{1-e^{j\omega T}}$$

Durch Umformung erhalten wir

$$X_N(\omega) = \frac{e^{jN\omega T}(1-e^{j\omega T}) + e^{-jN\omega T}(1-e^{-j\omega T})}{(1-e^{j\omega T})(1-e^{-j\omega T})}$$

$$= \frac{\cos(N\omega T) - \cos((N+1)\omega T)}{1-\cos(\omega T)}$$

$$X_N(\omega) = \frac{\sin\left((2N+1)\frac{\omega T}{2}\right)}{\sin\left(\frac{\omega T}{2}\right)}$$

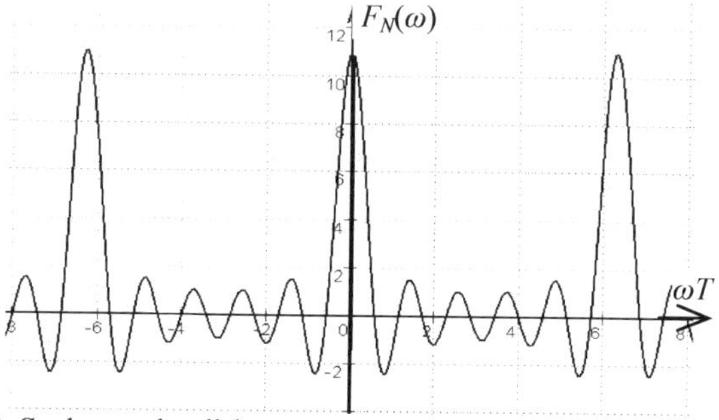

Bild 6.22 Spektrum der diskreten Rechteckimpulsfolge für $N = 5$

6.8.4 Systemstabilität

Ein wichtiges Kriterium für die Realisierung eines Systems ist die Stabilität. Diese stellt sicher, dass bei beschränktem Eingangssignal, auch das Ausgangssignal nicht über alle Grenzen wächst.

Definition BIBO-Stabilität:

> Reagiert ein diskretes LTI-System auf ein beschränktes Eingangssignal $x[k]$ mit einem beschränkten Ausgangssignal $y[k]$, so ist das System stabil.

Der Abkürzung BIBO bedeutet: Bounded Input – Bounded Output.

Stabilitätskriterium im Zeitbereich:

Ein kausales und diskretes LTI-System ist stabil, wenn seine Impulsantwort absolut summierbar ist.

$$\boxed{\sum_{k=0}^{+\infty} |g[k]| < K < \infty}, \quad \text{mit } K \in \mathbb{R} \qquad (6.23)$$

Beweis: Es sei $|x[k]| < N < \infty$, mit $N \in \mathbb{R}$, ein beschränktes Eingangssignal.

Das Ausgangssignal entsteht durch Faltung des Eingangsignals mit der Impulsantwort:

$$|y[k]| = |g[k]*x[k]| = \left|\sum_{i=0}^{+\infty} g[i]\cdot x[k-i]\right| \le \sum_{i=0}^{+\infty}|g[i]|\cdot|x[k-i]| < \mathrm{N}\cdot\sum_{i=0}^{+\infty}|g[i]|$$

Aus der Gleichung ist ersichtlich, dass $y[k]$ genau dann beschränkt ist, wenn die Impulsantwort des Systems absolut summierbar ist. Wenn also gilt $|y[k]| < M < \infty$, wobei $M = N\cdot K$ ist.

Ein weiteres, gleichwertiges Stabilitätskriterium ergibt sich aus der Lage der Pole der Übertragungsfunktion im Bildbereich, wozu der Pol-Nullstellen-Plan benötigt wird.

6.8.5 Pol-Nullstellen-Plan (PN-Plan)

Die Beschreibung des PN-Plans für diskrete Systeme, erfolgt in völliger Analogie zu den kontinuierlichen Systemen. Dazu muß die Systemfunktion $G(z)$, die nach Gl. (6.14) eine Polynomfunktion in z^{-k} ist, in die Produktform umgewandelt werden. Wir multiplizieren Zähler und Nenner mit z^n. Das ergibt:

$$G(z) = \frac{(b_0 + b_1 z^{-1} + \ldots + b_m z^{-m})\cdot z^n}{(a_0 + a_1 z^{-1} + \ldots + a_n z^{-n})\cdot z^n} = \frac{(b_0 z^m + b_1 z^{m-1} + \ldots + b_m)}{(a_0 z^n + a_1 z^{n-1} + \ldots + a_n)}\cdot z^{n-m}$$

Nach dem Fundamentalsatz der Algebra kann durch getrenntes Aufsuchen der Nullstellen des Zähler- und des Nennerpolynoms die Produktform von $G(z)$ erhalten werden.

Wir bezeichnen mit

N_i die Nullstellen des Zählerpolynoms, $i = 1, \ldots, m$

P_i die Nullstellen des Nennerpolynoms, das sind die Pole von $G(z)$, $i = 1, \ldots, n$

Damit kann die Produktform der Übertragungsfunktion angegeben werden.

$$G(z) = \frac{b_0}{a_0}\cdot\frac{(z-N_1)(z-N_2)\ldots(z-N_m)}{(z-P_1)(z-P_2)\ldots(z-P_n)}\cdot z^{n-m} \qquad m \le n \tag{6.24}$$

Der **PN-Plan** entsteht nun dadurch, dass die Pole (x) und die Nullstellen (o) von $G(z)$ in die komplexe z-Ebene eingetragen werden.

Dabei transformieren sich die Pole und Nullstellen stabiler Systeme in das Innere des Einheitskreises. Die Pole und Nullstellen instabiler Systeme in das Äußere des Einheitskreises (siehe Abschnitt 6.4).

Es ergibt sich damit folgende Aussage zur Systemstabilität.

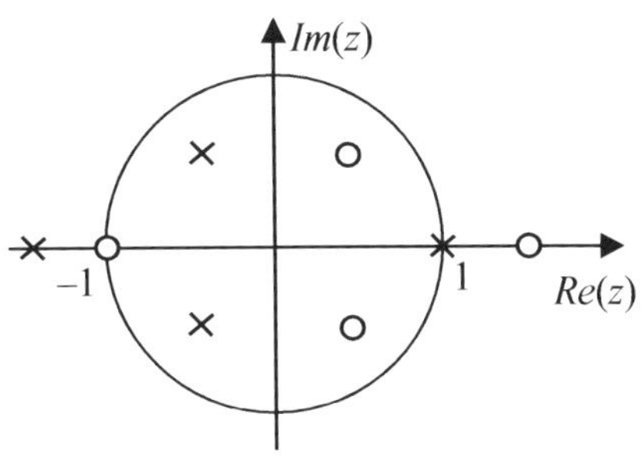

Bild 6.23 PN-Plan

Stabilitätskriterium im Bildbereich

Ein diskretes LTI-System ist

- stabil, wenn alle Pole von $G(z)$ innerhalb des Einheitskreises liegen,
- grenz- oder quasistabil, wenn alle Pole innerhalb des Einheitskreises liegen und auf dem Rand nur einfache Pole liegen.
- instabil, sobald ein Pol außerhalb des Einheitskreises liegt oder ein mehrfacher Pol auf dem Einheitskreis liegt.

Die Nullstellen von $G(z)$ spielen für die Stabilität des Systems keine Rolle.

Bemerkung: z^{n-m} in Gl. (6.24) ist eine n-m fache Nullstelle, da $n \geq m$ ist (Abschnitt 6.8.2).

Beispiel 6.9 Für ein diskretes LTI-System ist $G(z) = \dfrac{z+1}{z^2 - 2{,}5z + 1}$. Gesucht ist die Impulsantwort $g[k]$, der Frequenzgang $F(\omega)$, der PN-Plan und die Stabilität des Systems

Die Impulsantwort $g[k]$ ergibt sich aus $G(z)$ durch Rücktransformation. Da eine Korrespondenz nach Tabelle steht nicht zur Verfügung steht, wird eine Partialbruchzerlegung durchgeführt.

Die Polstellen des Nenners sind: $z^2 - 2{,}5z + 1 = 0 \;\Rightarrow\; z_1 = \frac{1}{2}$ und $z_2 = 2$.

Partialbruchzerlegung: $G(z) = \dfrac{z+1}{(z-2)(z-\frac{1}{2})} = \dfrac{2}{z-2} - \dfrac{1}{z-\frac{1}{2}}$

Als Impulsantwort erhalten wir:

$$g[k] = \mathcal{Z}^{-1}\left\{\frac{2}{z-2} - \frac{1}{z-1/2}\right\} = 2 \cdot 2^{k-1}\varepsilon[k-1] - \left(\tfrac{1}{2}\right)^{k-1}\varepsilon[k-1]$$

$$\underline{g[k] = \left(2^k - \left(\tfrac{1}{2}\right)^{k-1}\right)\varepsilon[k-1]}$$

PN-Plan und Stabilität.

$G(z)$ hat die Pole $z_1 = \frac{1}{2}$, $z_2 = 2$

Von den beiden Polen (**X**) liegt eine im inneren des Einheitskreises, die andere außerhalb davon. Damit ist das System instabil.

Die Nullstelle des Zählers $z_o = -1$ ist für die Stabilität ohne Belang.

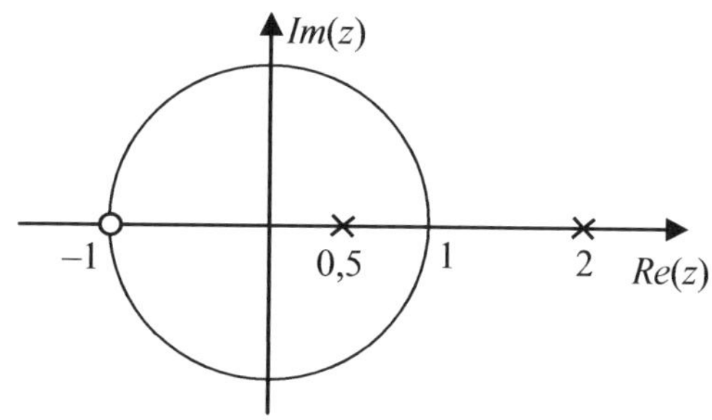

Bild 6.24 PN-Plan von Beispiel 6.9

Den Frequenzgang des Systems erhalten wir nach Gl. (6.21)

$$F(\omega) = \frac{e^{j\omega T} + 1}{e^{2j\omega T} - 2{,}5e^{j\omega T} + 1} = \frac{1 + e^{-j\omega T}}{e^{j\omega T} - 2{,}5 + e^{-j\omega T}}$$

Der Amplitudengang $A(\omega)$ ist der Betrag $|F(\omega)|$

$$A(\omega) = \frac{|1+e^{-j\omega T}|}{|e^{j\omega T}-2,5+e^{-j\omega T}|} = \frac{|1+\cos(\omega T)-j\sin(\omega T)|}{|2\cos(\omega T)-2,5|}$$

$$A(\omega) = \frac{\sqrt{(1+\cos(\omega T))^2+\sin^2(\omega T)}}{|2\cos(\omega T)-2,5|} = \frac{\sqrt{2+2\cos(\omega T)}}{\sqrt{(2\cos(\omega T)-2,5)^2}}$$

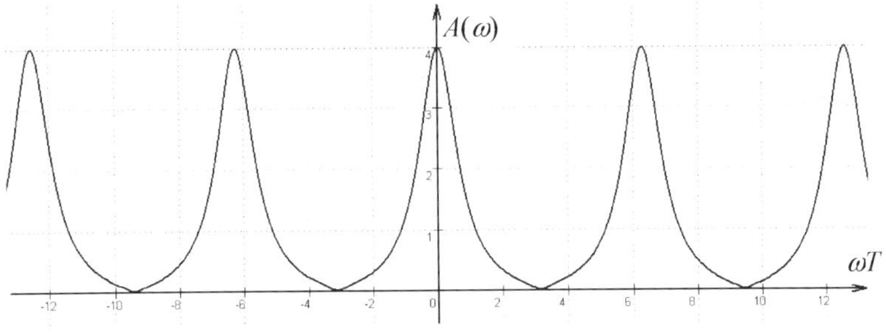

Bild 6.25 Amplitudengang von Beispiel 6.9

6.9 Blockdiagramme diskreter LTI-Systeme

Die Zusammenschaltung diskreter LTI-Systeme kann durch Blockdiagramme übersichtlich dargestellt werden. Werden mehrere LTI-Teilsysteme zu einem Gesamtsystem kombiniert, so ist das Gesamtsystem auch wieder ein LTI-System.

Wie bei den kontinuierlichen Systemen gibt es auch bei den diskreten Systemen drei grundsätzliche Arten der Zusammenschaltung, die wir im Folgenden besprechen werden. Dabei wird rückwirkungsfreie Kopplung der Teilsysteme vorausgesetzt.

6.9.1 Reihen-Schaltung diskreter Teilsysteme

Werden n Teilsysteme in Reihe zu einem Gesamtsystem zusammen geschaltet,

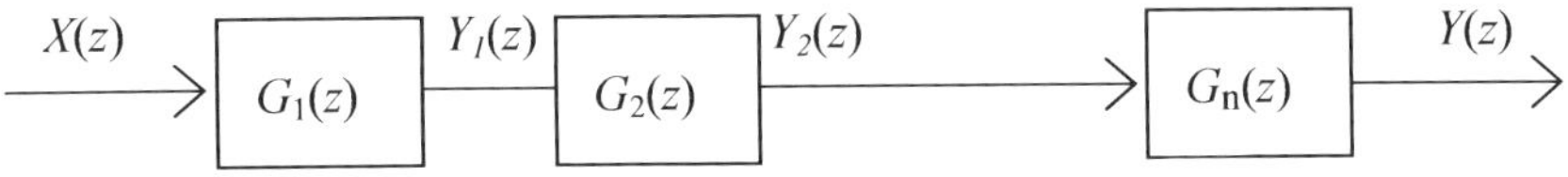

Bild 6.26 Reihenschaltung von n Teilsystemen

so gilt für das Ein-/Ausgangsverhalten der einzelnen Systeme:

$$G_1(z) = \frac{Y_1(z)}{X(z)}, \quad G_2(z) = \frac{Y_2(z)}{Y_1(z)}, \; \ldots\ldots, G_n(z) = \frac{Y(z)}{Y_{n-1}(z)}$$

In Bild 6.26 ist ersichtlich, wie das Ausgangssignal eines Teilsystems zum Eingangssignal des nachfolgenden Teilsystems wird.

Beginnt man mit $G_n(z)$ und setzt sukzessive die Ein-/Ausgangsbeziehung der Teilsysteme aneinander, so erhalten wir für die gesamte Reihenschaltung folgendes Ergebnis:

$$Y(z) = G_n(z) \cdot Y_{n-1}(z) = G_n(z) \cdot G_{n-1}(z) \cdot Y_{n-2}(z) = G_n(z) \cdot G_{n-1}(z) \cdot \;\cdot\; \cdot G_2(z) \cdot G_1(z) \cdot X(z)$$

Der Quotient $Y(z) \,/\, X(z)$ ist nach Definition die **Gesamtübertragungsfunktion** $G(z)$, für in Reihe geschaltete Teilsysteme.

$$\boxed{G(z) = G_1(z) \cdot G_2(z) \cdot \;\cdot\; \cdot\; \cdot G_n(z) = \prod_{k=1}^{n} G_k(z)} \qquad (6.25)$$

Die Übertragungsfunktion des Gesamtsystems entspricht dem Produkt der Übertragungsfunktionen der einzelnen Teilsysteme.

Die Systembeschreibung im Bildbereich erweist sich mit einfachen Multiplikationen äußerst vorteilhaft, im Vergleich zur Systembeschreibung über Faltung und Differenzengleichungen im Zeitbereich.

6.9.2 Parallel-Schaltung diskreter Teilsysteme

Die n Teilsysteme erhalten das gleiche Eingangssignal, die einzelnen Ausgangssignale $Y_i(z)$ werden über ein Summierglied zum Gesamtsignal $Y(z)$ addiert.

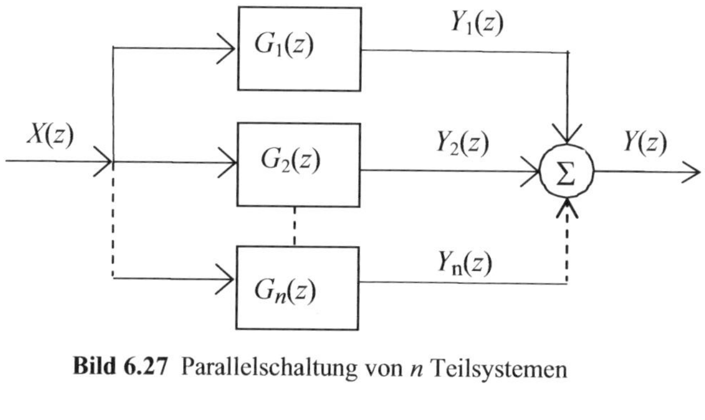

Bild 6.27 Parallelschaltung von n Teilsystemen

Das Gesamtsignal nach dem Summierglied ist $Y(z) = Y_1(z) + Y_2(z) + \ldots\ldots + Y_n(z)$

Für jedes Teilsystem gilt $Y_i(z) = G_i(z) X(z), \quad i = 1, \ldots, n$

Es folgt

$$Y(z) = G_1(z)X(z) + G_2(z)X(z) + \ldots\ldots + G_n(z)X(z)$$

$$Y(z) = [G_1(z) + G_2(z) + \ldots\ldots + G_n(z)] \cdot X(z)$$

Wir erhalten für n für parallel geschaltete Teilsysteme die

Gesamtübertragungsfunktion

$$G(z) = G_1(z)+G_2(z) \cdot \cdot \cdot \cdot + G_n(z) = \sum_{k=1}^{n} G_k(z) \tag{6.26}$$

Beispiel 6.10 Das vorliegende System besteht aus einer Parallel- und Reihenschaltung dreier Teilsysteme. Gesucht ist die Übertragungsfunktion $G(z)$, die Impulsantwort $g[k]$, der Frequenzgang $F(\omega)$ und die Differenzengleichung des Systems.

$$G_1(z) = \frac{z}{z-a}, \quad \text{mit } a \in \mathbb{R}$$

$$G_2(z) = \frac{a}{z-a}$$

$$G_3(z) = \frac{az}{(z-a)^2}$$

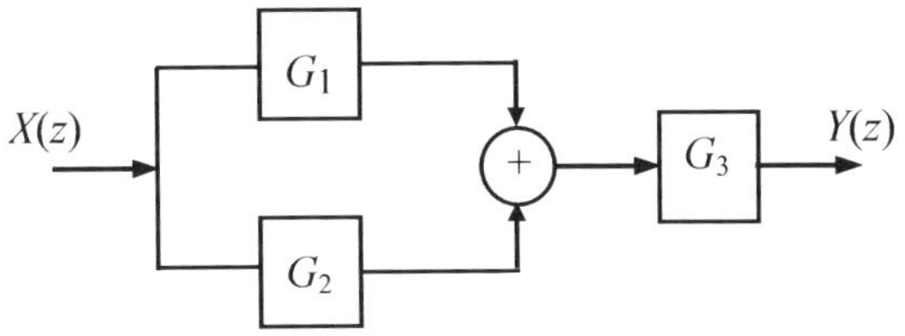

Bild 6.28 System aus Parallel- und Reihenschaltung

Die Gesamtübertragungsfunktion ergibt sich aus der Kombination der Parallel- und Reihenschaltung der Teilsysteme.

$$G(z) = \left[G_1(z)+G_2(z)\right] \cdot G_3(z)$$

$$G(z) = \left(\frac{z}{z-a} + \frac{a}{z-a}\right) \cdot \frac{az}{(z-a)^2} = \frac{az(z+a)}{(z-a)^3}$$

Daraus erhalten wir die Impulsantwort nach Nr. 14 der Korrespondenz-Tabelle7.6:

$$g[k] = \mathcal{Z}^{-1}\left\{\frac{az(z+a)}{(z-a)^3}\right\} = k^2 a^k \varepsilon[k]$$

Den Frequenzgang erhält man nach Gl. (6.21):

$$F(\omega) = \frac{ae^{j\omega T}\left(e^{j\omega T}+a\right)}{\left(e^{j\omega T}-a\right)^3}$$

$$F(\omega) = \frac{a\left[\cos^2(\omega T)+a\cos(\omega T)-\sin^2(\omega T)+j\left(2\sin(\omega T)\cos(\omega T)+a\sin(\omega T)\right)\right]}{\left[\cos(\omega T)-a+j\sin(\omega T)\right]^3}$$

Zur Berechnung der Differenzengleichung geht man aus von $Y(z) = G(z) \cdot X(z)$

$$Y(z) = \frac{az(z+a)}{(z-a)^3} X(z) = \frac{az^{-1} + a^2 z^{-2}}{1 - 3az^{-1} + 3a^2 z^{-2} - a^3 z^{-3}} X(z)$$

Dann separiert man die Terme in einen Y- und einen X-Anteil.

$$\left(1 - 3az^{-1} + 3a^2 z^{-2} - a^3 z^{-3}\right) Y(z) = \left(az^{-1} + a^2 z^{-2}\right) X(z)$$

Jetzt kann gliedweise die Rücktransformation durchgeführt werden. Dabei ist der Verschiebungssatz zu beachten.

Es ergibt sich die Differenzengleichung

$$y[k] - 3a\,y[k-1] + 3a^2 y[k-2] - a^3 y[k-3] = a\,x[k-1] + a^2 x[k-2]$$

6.9.3 Rückgekoppelte diskrete Systeme

Bei einem rückgekoppelten System wird das Ausgangssignal $Y(z)$ entweder direkt oder über ein Teilsystem $G_R(z)$ auf den Eingang zurückgeführt.

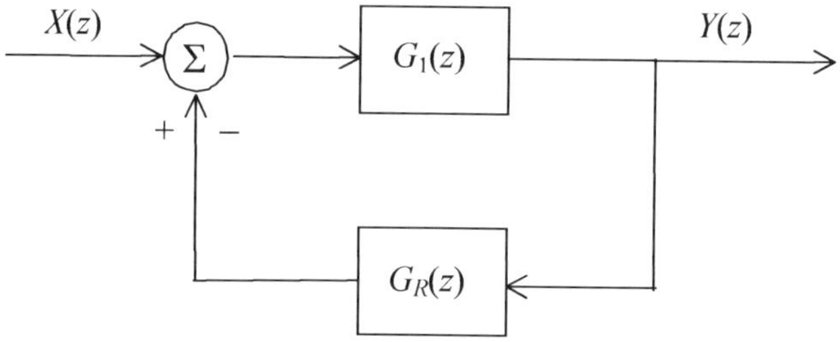

Bild 6.29 Rückgekoppeltes System

Wird an der Additionsstelle das rückgeführte Signal $G_R(z)Y(z)$ zum Eingangssignal

addiert (+), dann spricht man von **Mitkopplung**,

wird es subtrahiert (−), dann spricht man von **Gegenkopplung**.

Aus dem Strukturbild 6.29 erhält man die Bildgleichung für das Ausgangssignal bei Gegenkopplung:

$$Y(z) = [X(z) - G_R(z)Y(z)] \cdot G_1(z) \tag{6.27}$$

Nach Separation der Ein- und Ausgangsgrößen ergibt sich:

$$[1 + G_1(z)G_R(z)] \cdot Y(z) = G_1(z)X(z)$$

Mit $Y(z) / X(z) = G(z)$ erhält man die

Übertragungsfunktion bei Gegenkopplung

$$G(z) = \frac{G_1(z)}{1 + G_1(z) \cdot G_R(z)} \tag{6.28}$$

Bei Mitkopplung ist in Gl. (6.27) das Minuszeichen durch ein Pluszeichen zu ersetzen.

Somit lautet die **Übertragungsfunktion bei Mitkopplung**

$$G(z) = \frac{G_1(z)}{1 - G_1(z) \cdot G_R(z)} \tag{6.29}$$

Beispiel 6.11 Für das rückgekoppelte System nach Bild 6.30 ist zu bestimmen

a) die Impulsantwort,

b) der Frequenzgang,

c) die Stabilität des Systems.

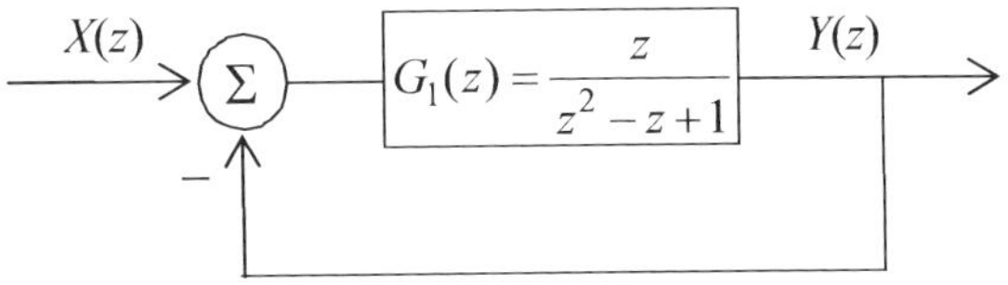

Bild 6.30 Rückgekoppeltes System

a) Nach Gl. (6.28) erhalten wir für die Übertragungsfunktion

$$G(z) = \frac{G_1(z)}{1 + G_1(z) \cdot 1} = \frac{z}{z^2 + 1}$$

Zur Rücktransformation von $G(z)$ verwenden wir Nr. 18 der z-Korrespondenz-Tabelle, wobei $\omega T = \frac{\pi}{2}$ gesetzt wird. Das ergibt: $\frac{z}{z^2+1} \bullet\!-\!\circ \sin(\frac{\pi}{2} k)\varepsilon[k]$.

Somit erhalten wir für die Impulsantwort $g[k] = \mathcal{Z}^{-1}\left\{\frac{z}{z^2+1}\right\} = \sin(\frac{\pi}{2} k)\varepsilon[k]$

b) Für den Frequenzgang gilt nach Gl. (6.21):

$$F(\omega) = \frac{e^{j\omega T}}{e^{j2\omega T} + 1}$$

$$F(\omega) = \frac{\sin(\omega T) + j\cos(\omega T)}{\sin^2(\omega T) + 2j\sin(\omega T)\cos(\omega T)}$$

Der Betrag von $F(\omega)$ ist der Amplitudengang

$$A(\omega) = \frac{1}{\sqrt{4\sin^2(\omega T) - 3\sin^4(\omega T)}}$$

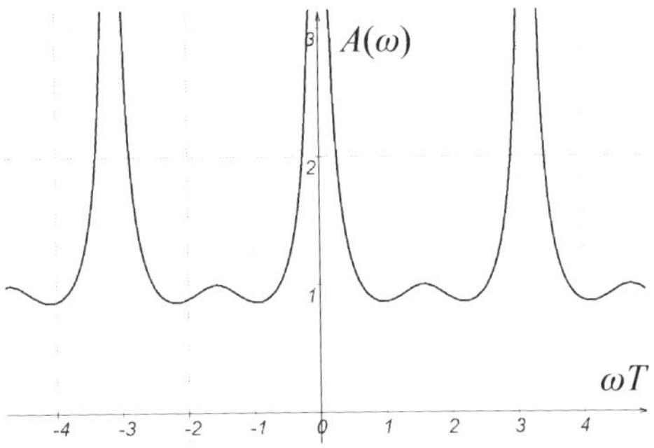

Bild 6.31 Amplitudengang zu Beispiel 6.11

c) Zur Beurteilung der Stabilität verwenden wir den PN-Plan

Die Polstellen (x) von $G(z)$ ergeben sich aus

$z^2 + 1 = 0 \;\Rightarrow\; z_{1/2} = \pm j$

Als Nullstelle (o) haben wir $z_0 = 0$

Die beiden einfachen Polstellen befinden sich auf dem Rand des Einheitskreises.

Das System ist grenz- oder quasistabil.

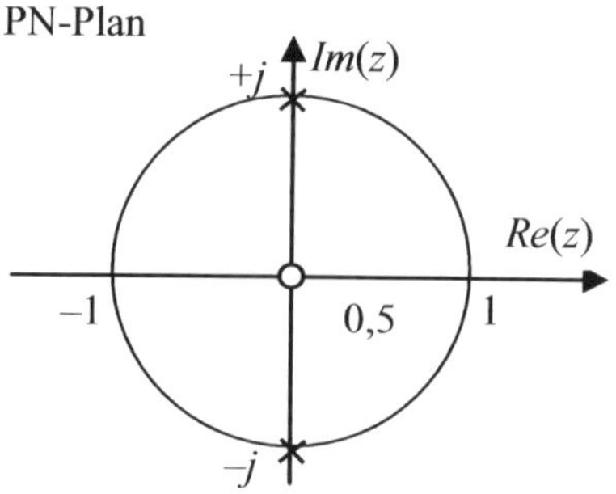

Bild 6.32 PN-Plan zu Beispiel 6.11

Aufgaben zu Abschnitt 6.8 und 6.9

(Ergebnisse im Anhang)

Aufgabe 6.7 Es ist zu überprüfen, ob das vorliegende System mit dem Übertragungsverhalten $Y(z) = X(z/c)$, $c \in \mathbb{R}$, $c \neq 0$, ein diskretes LTI-System ist.

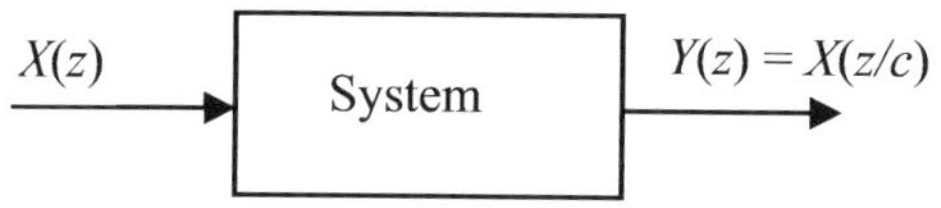

Aufgabe 6.7 Übertragungsverhalten eines diskreten Systems

Aufgabe 6.8 Man bestimme das Blockdiagramm für ein System mit der Impulsantwort

$$g[k] = a^k \varepsilon[k], \quad a \in \mathbb{R}, \; a > 0$$

Aufgabe 6.9 Das Blockdiagramm zeigt ein diskretes LTI-Systems mit linearer Rückführung.

$$G_1(z) = \frac{z}{z - a/2}, \quad a \in \mathbb{R}$$

$$G_2(z) = \frac{3(a/2)^2}{z(z - a/2)}$$

$$G_3(z) = \frac{z}{z - e^{-a}}$$

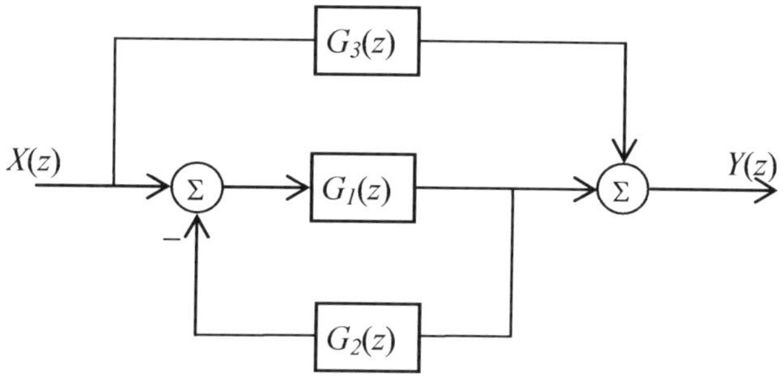

Aufgabe 6.9 Rückgekoppeltes System

Für das System ist zu bestimmen

a) die Übertragungsfunktion $G(z)$

b) die Impulsantwort $g[k]$

c) der PN-Plan für $a = 1$

d) die Systemstabilität

7 Anhang

7.1 Ergebnisse der Aufgaben

Lösung 1.1 $b_k = 0$ (gerade Funktion), $a_0 = \frac{1}{2}$ (Mittelwert),

$a_k = \frac{2}{\pi k} \sin\left(k\frac{\pi}{2}\right)$. Für k gerade $\Rightarrow a_k = 0$

$$f(x) = \frac{1}{2} + \frac{2}{\pi}\left[\cos(x) - \frac{\cos(3x)}{3} + \frac{\cos(5x)}{5} - \frac{\cos(7x)}{7} + \frac{\cos(9x)}{9} + \frac{\cos(11x)}{11} - \cdots\right]$$

Lösung 1.2 $b_k = 0$ (gerade Funktion),

$$a_0 = \frac{A}{\pi}; \quad a_1 = \frac{A}{2}; \quad a_k = \begin{cases} 0 & \text{für} \quad k = 2n+1 \\ \frac{2A}{\pi} \frac{\sin\left[(1+k)\frac{\pi}{2}\right]}{1-k^2} & \text{für } k = 2n \end{cases} \quad \text{und } n \in \mathbb{N}$$

Lösung 1.3

$$a_0 = \frac{3}{8}, \quad a_1 = -\frac{2}{\pi^2}, \quad a_2 = -\frac{1}{\pi^2}, \quad b_1 = \frac{2}{\pi^2} + \frac{1}{\pi}, \quad b_2 = -\frac{1}{2\pi}$$

Lösung 1.4 $a_0 = 0{,}5$; $a_k = 0$; $b_k = -\frac{1}{\pi k}$; $f(x) = \frac{1}{2} - \frac{1}{\pi}\sum_{k=1}^{\infty} \frac{\sin(kx)}{k}$

Lösung 1.5 $c_k = \frac{1}{2\pi} \frac{1-e^{-2\pi}}{1+jk}$; $a_0 = a_1 = b_1 = \frac{1}{2\pi}(1-e^{-2\pi}) = 0{,}15886$

Lösung 1.6 $a_0 = \frac{3}{8}\pi$ (Mittelwert) $a_1 = \frac{2}{\pi}$ $b_k = 0$ (gerade Funktion)

Lösung 2.1 $F(\omega) = \frac{2j}{\omega}\left[\cos\left(\frac{\omega T}{2}\right) - 1\right]$

Lösung 2.2 $F(\omega) = \frac{2a}{a^2 + \omega^2}$; $\operatorname{Im} F(\omega) = 0$, gerade Zeitfunktion

Lösung 2.3 $F(\omega) = \frac{4U}{\omega^2 T}\left[1 - \cos\left(\frac{\omega T}{2}\right)\right]$; $f(t) = \frac{4U}{\pi T}\int_0^{\infty} \frac{1-\cos\frac{\omega T}{2}}{\omega^2} \cos(\omega t)\, d\omega$

Lösung 2.4 $F(\omega) = j \cdot \left[\frac{2}{\omega} - \frac{2}{\omega^2}\sin(\omega T)\right]$

Lösung 2.5 $f(t) = \frac{1}{\pi} \frac{\sin t - t\cos t}{t^2}$

Lösung 3.1 a) $\oint\limits_W \frac{dz}{z-2} = 2\pi j$ b) $\underset{z=2}{\text{Res}}\left\{\frac{1}{z-2}\right\} = 1$

Lösung 3.2 $\underset{z=-1}{\text{Res}}\{f(z)\} = -\frac{1}{8}$ $\underset{z=1}{\text{Res}}\{f(z)\} = \frac{1}{8}$

Lösung 3.3

a) $f(t) = -\mathrm{e}^{t} + \mathrm{e}^{2t}$ b) $f(t) = \left(2t - \frac{t^2}{2}\right)e^{-t}$

c) $f(t) = \frac{1}{2}(\mathrm{e}^{t} - \mathrm{e}^{-t}) = \sinh(t)$ d) $f(t) = (-4{,}5t^3 + 13{,}5t^2 - 9t + 1)\mathrm{e}^{-3t}$

e) $f(t) = t - 2 + te^{-t} + 2\mathrm{e}^{-t}$ f) $f(t) = 2\mathrm{e}^{-t} - 2\cos(t) + 3\sin(t)$

Lösung 3.4 $\frac{1}{s^n} \;\bullet\!\!-\!\!\circ\; \frac{t^{n-1}}{(n-1)!}$

Lösung 3.5 $\frac{1}{(s^2+1)^2} \;\bullet\!\!-\!\!\circ\; \frac{1}{2}\left[\sin(t) - t\cos(t)\right]$

Lösung 3.6 $\frac{s}{s^4-16} \;\bullet\!\!-\!\!\circ\; \frac{1}{8}\left[\cosh(2t) - \cos(2t)\right]$

Lösung 3.7 a) $F(s) = \frac{24}{s^5} - \frac{6}{s^3} + \frac{5}{s} = \frac{24 - 6s^2 + 5s^4}{s^5}$

b) $F(s) = \frac{3}{s+2} + \frac{5}{s+3} = \frac{8s+19}{(s+2)(s+3)}$

c) $F(s) = \frac{2-3s}{s^2+1}$ d) $F(s) = \frac{4}{s^3} - \frac{1}{s+0{,}5}$

e) $F(s) = \frac{a}{s^2-a^2}$ f) $F(s) = \frac{s}{s^2-a^2}$

Lösung 3.8 a) $f(t) = 1 - 3t + \frac{5}{6}t^3 - \frac{7}{24}t^4$ b) $f(t) = 6e^{-5t} - 8e^{2t}$

c) $f(t) = 0{,}5e^{2{,}5t} + 3t$ d) $f(t) = 5\cos(t) + 3\sin(t)$

e) $f(t) = 0{,}5\cos(1{,}5t) + 2{,}5\sin(1{,}5t)$

Lösung 3.9

a) $F(s) = \frac{2e^{-s}}{s^3}$ b) $F(s) = \frac{1 - e^{-3s}}{s^2}$

c) $F(s) = \frac{1 + e^{-\pi s}}{s^2+1}$ d) $F(s) = \frac{1}{s^2}(1 - e^{-s}) - \frac{1}{s}e^{-2s}$

e) $F(s) = \frac{1}{s}(1 - 2e^{-s}) + \frac{1}{s^2}(e^{-s} - e^{-2s})$

Lösung 3.10 $F(s) = \frac{A}{s}\left(e^{-st_1} - e^{-st_2}\right)$

Lösung 3.11 $f(t) = \frac{A}{2}t - \frac{A}{2}(t-2)\,\varepsilon(t-2) - A\,\varepsilon(t-2) + A\,\mathrm{e}^{-(t-2)}\varepsilon(t-2)$

$$F(s) = \frac{A}{2s^2}(1-e^{-2s}) - \frac{A e^{-2s}}{s} + \frac{A e^{-2s}}{s+1}$$

Lösung 3.12 $F(s) = \frac{\omega(1-e^{-sT})}{s^2+\omega^2}$ •—○ $f(t) = \sin(\omega t) - \sin\left[\omega(t-T)\right]\varepsilon(t-T)$

Lösung 3.13

a) $f(t) = \begin{cases} t-2 & t \geq 2 \\ 0 & t < 2 \end{cases}$

b) $f(t) = \begin{cases} \frac{1}{6}(t-5)^3 & t \geq 5 \\ 0 & t < 5 \end{cases}$

c) $f(t) = \begin{cases} \cos\left[5\left(t-\frac{\pi}{2}\right)\right] & t \geq \frac{\pi}{2} \\ 0 & t < \frac{\pi}{2} \end{cases}$

d) $f(t) = \begin{cases} 0{,}5\,t^2 & t \leq 2 \\ 2(t-1) & t > 2 \end{cases}$

e) $f(t) = (1-e^{-2t})\varepsilon(t) - (1-e^{-2(t-1)})\varepsilon(t-1) = \begin{cases} 1-e^{-2t} & \text{für } 0 \leq t \leq 1 \\ e^{-2(t-1)} - e^{-2t} & \text{für } t > 1 \end{cases}$

f) $f(t) = (t-1)^3 e^{-2(t-1)}\varepsilon(t-1) = \begin{cases} 0 & t < 1 \\ (t-1)^3 e^{-2(t-1)} & t \geq 1 \end{cases}$

g) $f(t) = \begin{cases} 1 & 0 \leq t < 1 \\ -e^{-2(t-1)} & t > 1 \end{cases}$

h) $f(t) = \begin{cases} t & \text{für } 0 \leq t < 1 \\ 1 & \text{für } 1 < t \leq 2 \\ e^{-2(t-2)} & \text{für } t > 2 \end{cases}$

Lösung 3.14

a) $F(s) = \frac{2}{(s+5)^3}$

b) $F(s) = \frac{24}{(s-3)^5}$

c) $F(s) = \frac{s+\delta}{(s+\delta)^2+\omega^2}$

d) $F(s) = \frac{s+2}{(s+2)^2-1} = \frac{s+2}{s^2+4s+3}$

e) $F(s) = \frac{1}{s} + \frac{2}{(s+1)^2} + \frac{2}{(s+2)^3}$

f) $F(s) = \frac{e^{-s}}{s^2+4s+5}$

Lösung 3.15

a) $f(t) = t\,e^{-t}$

b) $f(t) = \frac{1}{2} e^{-2t} \sin(2t)$

c) $f(t) = e^{-t} \cosh(2t)$

d) $f(t) = \frac{1}{2} t^2 e^{-at}$

e) $f(t) = \begin{cases} \frac{(t-2)^2}{2} e^{-(t-2)} & t \geq 2 \\ 0 & t < 2 \end{cases}$

f) $f(t) = \begin{cases} \frac{1}{2} e^{-(t-3)} \sin[2(t-3)] & t \geq 3 \\ 0 & t < 3 \end{cases}$

g) $f(t) = \begin{cases} t\,e^{-2t} & t \leq 3 \\ t\,e^{-2t} - (t-3)e^{-2(t-3)} & t > 3 \end{cases}$

h) $f(t) = 2\sqrt{t}\,e^{-3t}$

Lösung 3.16

a) $f(t) = 2\,e^{-2t} - e^{-3t}$

b) $f(t) = 0{,}05\,e^{2t} - 0{,}25 e^{-2t} + 0{,}2\,e^{-3t}$

c) $f(t) = (-4{,}5\,t^3 + 13{,}5\,t^2 - 9t + 1)\,e^{-3t}$

d) $f(t) = -7\,t\,e^{-t} + 8 e^{-t} + 3\,e^{t} - e^{-2t}$

e) $f(t) = t - 2 + t\,e^{-t} + 2e^{-t}$

f) $f(t) = (t - 0{,}6)e^{-t} + [0{,}6\cos(t) + 0{,}8\sin(t)]e^{-4t}$

g) $f(t) = 2e^{-t} - 2\cos(t) + 3\sin(t)$

h) $f(t) = 5e^{-t} + 2\cos(\sqrt{3}\,t) - \sqrt{3}\sin(\sqrt{3}\,t)$

i) $f(t) = t^2 e^{-2t}$

Zähler konstant, keine Partialbruchzerlegung

k) $F(s) = 1 + \frac{1}{s+1} \quad \bullet\!-\!\circ \quad f(t) = \delta(t) + e^{-t}$

$F(s)$ unecht gebrochen rational

l) $f(t) = \begin{cases} -t & t \leq 1 \\ 1 - 2\,e^{-(t-1)} & t > 1 \end{cases}$

m) $f(t) = \left[\frac{1}{2} t^2 + 2t + 3\right] e^{-t}$

Lösung 3.17 $f(t) = \cos(t) * \cos(t) = \frac{1}{2}[\sin(t) + t\cos(t)]$

Lösung 3.18

a) $F(s) = \frac{A_1}{s-s_1} + \frac{A_2}{s-s_2} \quad \bullet\!-\!\circ \quad f(t) = \frac{e^{s_1 t} - e^{s_2 t}}{s_1 - s_2}$

b) $f(t) = e^{s_1 t} * e^{s_2 t} = \frac{e^{s_1 t} - e^{s_2 t}}{s_1 - s_2}$

c) $f(t) = \operatorname*{Res}_{s=s_1}\left\{\frac{e^{st}}{(s-s_1)(s-s_2)}\right\} + \operatorname*{Res}_{s=s_2}\left\{\frac{e^{st}}{(s-s_1)(s-s_2)}\right\} = \frac{e^{s_1 t} - e^{s_2 t}}{s_1 - s_2}$

Lösung 3.19 $F(s) = \frac{s}{(s^2+1)^2} \cdot \frac{1}{(s^2+1)}, \quad f(t) = \frac{1}{2} t \sin(t) * \sin(t) = \frac{t}{8}\left[\sin(t) - t\cos(t)\right]$

Lösung 3.20

a) $f(t) = t - \frac{t^5}{5!} + \frac{t^9}{9!} - \frac{t^{13}}{13!} + \frac{t^{17}}{17!} - \frac{t^{21}}{21!} + - \cdots = \sum_{k=0}^{\infty} (-1)^k \frac{t^{4k+1}}{(4k+1)!}$

b) $f(t) = \frac{t^2}{2!} - \frac{t^5}{5!} + \frac{t^8}{8!} - \frac{t^{11}}{11!} + \frac{t^{14}}{14!} - \frac{t^{17}}{17!} + - \cdots = \sum_{k=0}^{\infty} (-1)^k \frac{t^{3k+2}}{(3k+2)!}$

c) $f(t) = 1 - t + \frac{t^2}{(2!)^2} - \frac{t^3}{(3!)^2} + \frac{t^4}{(4!)^2} - + \cdots = \sum_{k=0}^{\infty} (-1)^k \frac{t^k}{(k!)^2}$

d) $f(t) = 1 - \frac{t^2}{(2!)^2} + \frac{t^4}{(4!)^2} - \frac{t^6}{(6!)^2} + - \cdots = \sum_{k=0}^{\infty} (-1)^k \frac{t^{2k}}{(2k!)^2}$

Lösung 3.21

$$\frac{1}{s(s+a)} \quad \bullet\!-\!\circ \quad \frac{1}{a}(1 - e^{-at})$$

$$\frac{1}{s^2(s+a)} \quad \bullet\!-\!\circ \quad \frac{1}{a^2}(e^{-at} + at - 1)$$

Lösung 3.22 a) $F(s) = \frac{1}{s} \arctan\left(\frac{1}{s}\right)$ b) $F(s) = \frac{2s+8}{s(s+3)^3}$

Lösung 3.23 a) $F(s) = \frac{U_0}{\tau s^2}(1 - e^{-s\tau})$

b) $F(s) = \frac{U_0}{\tau s^2}(1 - e^{-s\tau} - e^{-s2\tau} + e^{-s3\tau})$

Lösung 3.24

a) $\lim_{t\to 0} f(t) = 0$ $\lim_{t\to\infty} f(t) = 0$

b) $\lim_{t\to 0} f(t) = 0$ Endwertsatz nicht anwendbar, Polstelle bei $s = +1$.

c) $\lim_{t\to 0} f(t) = 2$ $\lim_{t\to\infty} f(t) = 1$

d) $\lim_{t\to 0} f(t) = 0$ $\lim_{t\to\infty} f(t) = \frac{\pi}{2}$

e) $\lim_{t\to 0} f(t) = 0$ $\lim_{t\to\infty} f(t) = 1$

f) $\lim_{t\to 0} f(t) = \infty$ $\lim_{t\to\infty} f(t) = 0$

Lösung 3.25

a) $F(s) = \dfrac{2s}{(s^2-1)^2}$ b) $F(s) = \dfrac{6s^2-2}{(s^2+1)^3}$

c) $F(s) = \dfrac{6s^4-36s^2+6}{(s^2+1)^4}$ d) $F(s) = \dfrac{s^2+12s-4}{(s^2+4)^2}$

e) $F(s) = \dfrac{1}{(s^2+1)^2}$ (siehe Aufgabe 3.5)

Lösung 3.26 $\dfrac{dF(s)}{ds} = -\dfrac{1}{1+s} \bullet\!-\!\circ\; -e^{-t} = -tf(t) \Rightarrow f(t) = \dfrac{e^{-t}}{t}$

Lösung 3.27

a) $F(s) = \ln\sqrt{\dfrac{s+1}{s-1}}$ b) $F(s) = \ln\left(\dfrac{s+1}{s}\right)$ c) $F(s) = \ln\sqrt{\dfrac{s^2+a_2^2}{s^2+a_1^2}}$

Lösung 3.28 a) ln 0,25 = – 1,38629... b) ln 3 = 1,09861...

Lösung 4.1 a) $f(t) = \dfrac{1}{2}t - \dfrac{3}{4} + e^{-t} - \dfrac{1}{4}e^{-2t}$

b) $f(t) = 15t\,e^{-t} + 4\,e^{-t} - 4\cos(2t) - 3\sin(2t)$

c) $f(t) = t\,e^{-3t} + 3e^{-3t} - 2\,e^{-2t} + e^{3t}$

d) $f(t) = 2\,e^{-t} + e^{0,5t}\left[\dfrac{11\sqrt{3}}{3}\sin\left(\dfrac{\sqrt{3}}{2}t\right) - \cos\left(\dfrac{\sqrt{3}}{2}t\right)\right]$

Lösung 4.1 (Fortsetzung)

e) $$f(t)=\begin{cases} \dfrac{1}{4}-\left(\dfrac{t}{2}+\dfrac{1}{4}\right)\mathrm{e}^{-2t} & 0\le t\le 2 \\ -\left(\dfrac{t}{2}+\dfrac{1}{4}\right)\mathrm{e}^{-2t}-\left(\dfrac{t-2}{2}+\dfrac{1}{4}\right)\mathrm{e}^{-2(t-2)} & t>2 \end{cases}$$

Lösung 4.2 $$f(t) = 2\mathrm{e}^{-5t}+\mathrm{e}^{-t}\left[A\cos(\sqrt{3}t)+B\sin(\sqrt{3}t)\right]$$

Lösung 4.3

a) $$u_a(t)=\begin{cases} U_0\left[1-e^{-\frac{1}{RC}t}\right] & \text{für}\quad 0\le t\le\tau \\ U_0\left[-e^{-\frac{1}{RC}t}+e^{-\frac{1}{RC}(t-\tau)}\right] & \text{für}\quad t>\tau \end{cases}$$

b) $$u_a(t) = kt-kRC\left(1-e^{-\frac{t}{RC}}\right)$$

Lösung 4.4 $x(t) = 8t + 2 - 2\cos(t) - 3\sin(t)$; $y(t) = -4t + 1 + 2\sin(t)$

Lösung 4.5

$$x(t)=\frac{1}{3}+\frac{2}{3}\cosh(3t) =\frac{1}{3}(1+e^{3t}+e^{-3t})$$

$$y(t)=6\cosh(3t)=3(e^{3t}+e^{-3t})$$

Lösung 4.6 $x(t) = 5\mathrm{e}^{-t}+3\mathrm{e}^{4t}$, $y(t) = 5\mathrm{e}^{-t}-2\mathrm{e}^{4t}$

Lösung 4.7

$$i_C(t) = \frac{U_0}{R}\,\mathrm{e}^{-\delta t}\left[\cos(\omega t)-\frac{\delta}{\omega}\sin(\omega t)\right]$$

$$\delta=\frac{1}{2RC},\quad \omega_0^2=\frac{1}{LC},\quad \omega=\sqrt{\omega_0^2-\delta^2}$$

Lösung 4.8 $$i(t)=\frac{U_0}{R}\left[1-\tfrac{1}{2}e^{-\frac{R}{2L}t}\right]$$

Lösung 4.9 $$u_R(t)=kRC\left(1-e^{-\frac{t}{RC}}\right)$$

Lösung 4.10

$$i_2(t)=\begin{cases}\dfrac{0{,}447\,U_0}{R}\left[\mathrm{e}^{-\frac{0{,}382}{RC}t}-\mathrm{e}^{-\frac{2{,}618}{RC}t}\right] & 0\le t\le\tau\\[2ex] \dfrac{0{,}447\,U_0}{R}\left[\mathrm{e}^{-\frac{0{,}382}{RC}t}-\mathrm{e}^{-\frac{2{,}618}{RC}t}-\mathrm{e}^{-\frac{0{,}382}{RC}(t-\tau)}-\mathrm{e}^{-\frac{2{,}618}{RC}(t-\tau)}\right] & t>\tau\end{cases}$$

Lösung 4.11 Es sei $\omega_0^2=\dfrac{1}{LC}$ und $\delta=\dfrac{R}{2L}$.

a) aperiodischer Fall: $i(t)=\dfrac{U_0}{L}\dfrac{\mathrm{e}^{-\delta t}}{\sqrt{\delta^2-\omega_0^2}}\sinh\left(\sqrt{\delta^2-\omega_0^2}\;t\right)$

b) aperiodischer Grenzfall: $i(t)=\dfrac{U_0}{L}t\;\mathrm{e}^{-\delta t}$

c) periodischer Fall: $i(t)=\dfrac{U_0}{L}\dfrac{\mathrm{e}^{-\delta t}}{\sqrt{\omega_0^2-\delta^2}}\sin\left(\sqrt{\omega_0^2-\delta^2}\;t\right)$

Lösung 4.12

a) $$i(t)=\begin{cases}\dfrac{U_0C}{4\tau}\left[\dfrac{2t}{RC}+1-\mathrm{e}^{-\frac{2t}{RC}}\right] & 0\le t\le\tau\\[2ex] \dfrac{U_0C}{4\tau}\left[\dfrac{2\tau}{RC}-\mathrm{e}^{-\frac{2t}{RC}}+\mathrm{e}^{-\frac{2(t-\tau)}{RC}}\right] & t>\tau\end{cases}$$

$$\lim_{t\to\infty} i(t)=\frac{U_0}{2R}$$

b) $$i(t))=\begin{cases}\dfrac{U_0C}{4\tau}\left[\dfrac{2t}{RC}+1-\mathrm{e}^{-\frac{2t}{RC}}\right] & 0\le t\le\tau\\[2ex] \dfrac{U_0C}{4\tau}\left[-\mathrm{e}^{-\frac{2t}{RC}}+\mathrm{e}^{-\frac{2(t-\tau)}{RC}}\right]-\dfrac{U_0}{2R}\mathrm{e}^{-\frac{2(t-\tau)}{RC}} & t>\tau\end{cases}$$

$$\lim_{t\to\infty} i(t)=0$$

Lösung 4.13

a) $i(t)=\dfrac{U_0}{R}\mathrm{e}^{-\frac{2}{RC}t}$ $\qquad u_\mathrm{a}(t)=\dfrac{U_0}{2}\left(1+\mathrm{e}^{-\frac{2}{RC}t}\right)$

Lösung 4.13 (Fortsetzung)

b) $$I_2(s)=\frac{Ls+2R}{2RLs+5R^2}U_e(s) \Rightarrow U_a(s)=RI_2(s)=\frac{U_e(s)}{2}\frac{s+\frac{2R}{L}}{s+\frac{5R}{2L}}$$

1) $$U_e(s)=1 \Rightarrow U_a(s)=\frac{1}{2}\left[1-\frac{R}{2L}\frac{1}{s+\frac{5R}{2L}}\right]$$ (Polynomdivision)

$$\Rightarrow u_a(t)=\frac{1}{2}\delta(t)-\frac{R}{4L}\mathrm{e}^{-\frac{5R}{2L}t}$$

2) $$U_e(s)=\frac{U_0}{s} \Rightarrow U_a(s)=U_0\left[\frac{0{,}4}{s}+\frac{0{,}1}{s+\frac{5R}{2L}}\right]$$ (Partialbruchzerlegung)

$$\Rightarrow u_a(t)=U_0\left[0{,}4+0{,}1\,\mathrm{e}^{-\frac{5R}{2L}t}\right]$$

Lösung 4.14 a) $h(t)=\frac{1}{2}\left(1+\mathrm{e}^{-\frac{2t}{RC}}\right)$ b) $g(t)=\delta(t)-\frac{1}{RC}e^{-\frac{2t}{RC}}$

Hinweis zu b): Polynomdivision von $G(s)$ oder verallgemeinerte Ableitung von $h(t)$

Lösung 4.15 a) $h(t)=\frac{1}{2}\left(1-\mathrm{e}^{-\frac{2t}{RC}}\right)$ b) $g(t)=\frac{\mathrm{e}^{-\frac{2t}{RC}}}{RC}$

Lösung 4.16 a) $$G(s)=\frac{R_2Cs+1}{(R_1+R_2)Cs+1}$$

b) $$G(s)=\frac{1}{LCs^2+\frac{R}{L}s+1}=\frac{1}{LC\left(s^2+\frac{1}{RC}s+\frac{1}{LC}\right)}$$

c) $$G(s)=\frac{RCs}{R^2C^2s^2+3RCs+1}=\frac{\frac{s}{RC}}{s^2+\frac{3s}{RC}+\frac{1}{R^2C^2}}$$

Lösung 4.17 a) $$G(s)=\frac{1}{(RC)^2s^2+3RCs+1}$$

Lösung 4.17 (Fortsetzung)

b) $$g(t) = \frac{0{,}447}{RC}\left[\mathrm{e}^{-\frac{0{,}382}{RC}t} - \mathrm{e}^{-\frac{2{,}618}{RC}t}\right]$$

c) $$h(t) = 1 - 1{,}171\,\mathrm{e}^{-\frac{0{,}382}{RC}t} + 0{,}171\,\mathrm{e}^{-\frac{2{,}618}{RC}t}$$

Lösung 4.18

a) $$g(t) = \frac{1}{RC}\mathrm{e}^{-\frac{3t}{RC}}; \quad h(t) = \frac{1}{3}\left[1 - \mathrm{e}^{-\frac{3t}{RC}}\right]$$

b) $$u_\mathrm{a}(t) = \begin{cases} \frac{U_0}{3}\left[1 - \mathrm{e}^{-\frac{3t}{RC}}\right] & t \le \tau \\ \frac{U_0}{3}\left[-\mathrm{e}^{-\frac{3t}{RC}} + \mathrm{e}^{-\frac{3(t-\tau)}{RC}}\right] & t > \tau \end{cases}$$

Lösung 4.19

a) $$G_\mathrm{I}(s) = \frac{1}{L}\frac{s}{(s+\delta)^2} \quad \text{mit } \delta = \frac{R}{2L}$$

b) $$i(t) = \begin{cases} \frac{U_0}{L}(t\,\mathrm{e}^{-\delta t}) & \text{für } t \le \tau \\ \frac{U_0}{L}\left[t\,\mathrm{e}^{-\delta t} - (t-\tau)\mathrm{e}^{-\delta(t-\tau)}\right] & \text{für } t > \tau \end{cases}$$

c) $$i(t) = \begin{cases} \frac{U_o}{L\tau}\left[\frac{1}{\delta^2} - \frac{\mathrm{e}^{-\delta t}}{\delta^2} - \frac{1}{\delta}t\,\mathrm{e}^{-\delta t}\right] & \text{für } t \le \tau \\ \frac{U_0}{L\tau}\left[-\frac{\mathrm{e}^{-\delta t}}{\delta^2} - \frac{1}{\delta}t\,\mathrm{e}^{-\delta t} + \frac{\mathrm{e}^{-\delta(t-\tau)}}{\delta^2} + \frac{t-\tau}{\delta}\mathrm{e}^{-\delta(t-\tau)}\right] - \\ \quad -\frac{U_o}{L}(t-\tau)\mathrm{e}^{-\delta(t-\tau)} & \text{für } t > \tau \end{cases}$$

Lösung 4.20

a) $$G(s) = \frac{U_\mathrm{a}(s)}{U_\mathrm{e}(s)} = \frac{RCs}{2RCs+1} = \frac{s}{2\left[s + \frac{1}{2RC}\right]}$$

b) $$u_\mathrm{a}(t) = \frac{U_0}{2}\left[\mathrm{e}^{-\frac{1}{2RC}t} - \mathrm{e}^{-\frac{1}{2RC}(t-1)}\varepsilon(t-1)\right]$$

c) $$g(t) = \frac{1}{2}\delta(t) - \frac{1}{4RC}\mathrm{e}^{-\frac{1}{2RC}t}$$

Lösung 4.21 a) $G(s)=\dfrac{Ls+R}{2Ls+3R}=\dfrac{s+\dfrac{R}{L}}{2\left(s+1{,}5\dfrac{R}{L}\right)}$

b) $g(t)=0{,}5\,\delta(t)-0{,}25\dfrac{R}{L}\mathrm{e}^{-1{,}5\frac{R}{L}t}$

c) $h(t)=\dfrac{1}{3}+\dfrac{1}{6}\mathrm{e}^{-\frac{3R}{2L}t}$ $\quad u_\mathrm{a}(0)=\dfrac{1}{2};\quad u_\mathrm{a}(\infty)=\dfrac{1}{3}$

Lösung 4.22 a) $G(s)=\dfrac{1}{2RCs+3}=\dfrac{1}{2RC}\dfrac{1}{s+\dfrac{3}{RC}}$

b) $g(t)=\dfrac{1}{2RC}\mathrm{e}^{-\frac{3}{2RC}t}$

c) $h(t)=\dfrac{1}{3}\left[1-\mathrm{e}^{-\frac{3}{2RC}t}\right],\quad h(0)=0,\quad h(\infty)=\dfrac{1}{3}$

Lösung 4.23

a) $G(s)=\dfrac{s+\dfrac{1}{RC}}{s+\dfrac{2}{RC}}$

b) $F(\omega)=\dfrac{j\omega RC+1}{j\omega RC+2}$

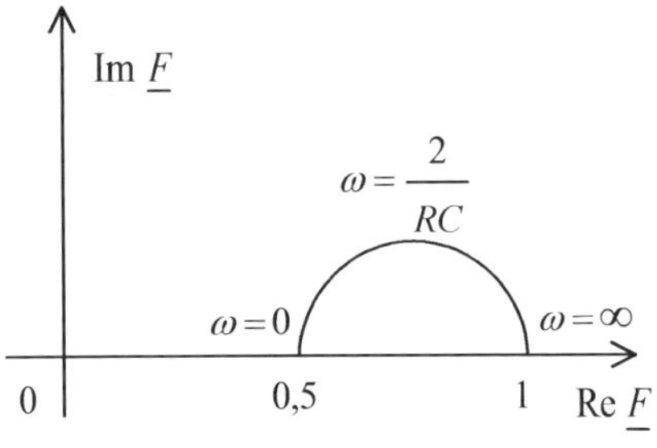

Bild 4.84 Ortskurve des Frequenzgangs

Lösung 5.1

Korrespondenz: $x(t)=U_0\sin\omega t$ ○—● $X(s)=U_0\dfrac{\omega}{x^2+\omega^2}$

Ausgangssignal $Y(s)=G_I(s)X(s)=\dfrac{k_I}{s}U_0\dfrac{\omega}{s^2+\omega^2}$

Rücktransformation in den Zeitbereich

$$y(t)=\frac{k_I U_0}{\omega}(1-\cos\omega t)$$

Das Ausgangssignal $y(t)$ beschreibt den Verlauf der Integration einer sin-Funktion von $t=0$, bis zu einem beliebigen Zeitpunkt t.

Lösung 5.2

Aus Bild 5.2 liest man folgende Systemgleichungen ab:

$$Y_c(s) = X(s) - Y_a(s) - Y_b(s) \quad (1)$$

$$Y_b(s) = Y_c(s)\frac{1}{sT_1} = [X(s) - Y_a(s) - Y_b(s)]\frac{1}{sT_1} \quad (2)$$

$$Y_a(s) = Y_b(s)\frac{1}{sT_2} \quad (3)$$

Einsetzen von Gl. (3) in Gl. (2) ergibt:

$$Y_b(s) = [X(s) - Y_b(s)\frac{1}{sT_2} - Y_b(s)]\frac{1}{sT_1}$$

$$Y_b(s)\left[1 + \frac{1}{sT_1} + \frac{1}{s^2T_1T_2}\right] = X(s)\frac{1}{sT_1}$$

$$G_b(s) = \frac{Y_b(s)}{X(s)} = \frac{\frac{1}{sT_1}}{\left[1 + \frac{1}{sT_1} + \frac{1}{s^2T_1T_2}\right]} = \frac{sT_2}{s^2T_1T_2 + sT_2 + 1}$$

Die Übertragungsfunktion $G_b(s)$ zeigt einen Bandpaß 2. Ordnung.

Aus Gl (3) ergibt sich mit $Y_b(s)$:

$$Y_a(s) = Y_b(s)\frac{1}{sT_2} = \frac{1}{s^2T_1T_2 + sT_2 + 1}X(s)$$

$$G_a(s) = \frac{Y_a(s)}{X(s)} = \frac{1}{s^2T_1T_2 + sT_2 + 1}$$

Die Übertragungsfunktion $G_a(s)$ zeigt einen Tiefpaß 2. Ordnung.

Schließlich ergibt sich aus Gl. (1)

$$Y_c(s) = X(s) - \frac{1}{s^2T_1T_2 + sT_2 + 1}X(s) - \frac{sT_2}{s^2T_1T_2 + sT_2 + 1}X(s)$$

$$G_c(s) = \frac{Y_c(s)}{X(s)} = \frac{s^2T_1T_2}{s^2T_1T_2 + sT_2 + 1}$$

Die Übertragungsfunktion $G_c(s)$ zeigt einen Hochpaß 2. Ordnung.

Für $T_1 = T_2 = T$ erhält man im Bode-Diagramm symmetrische Filtercharakteristiken.

Lösung 5.3

a) Das 2. Summierglied führt das Signal $G_1(s)U(s) + Y(s)$ in Gegenkopplung auf das 1. Summierglied zurück.

Damit ergeben sich folgende Systemgleichungen:

(1) $U(s) = X(s) - [G_1(s)U(s) + Y(s)]$

(2) $Y(s) = G_1(s)\,G_2(s)U(s)$

Nach Umformung erhält man

$$[1 + G_1(s) + G_1(s)\,G_2(s)]U(s) = X(s)$$

Einsetzen in (2) ergibt die Übertragungsfunktion:

$$G(s) = \frac{Y(s)}{X(s)} = \frac{G_1(s)\,G_2(s)}{1 + G_1(s) + G_1(s)\,G_2(s)}$$

b) Für die angegebenen Übertragungsglieder $G_1(s)$ und $G_2(s)$ erhält man für

$$G(s) = \frac{1}{s^2 + (a+2)s + 2a + 1}$$

$G(s)$ hat die Polstellen $s_{1/2} = \frac{1}{2}\left[-(a+2) \pm \sqrt{(a+2)^2 - 4(2a+1)}\right]$

Für $a > -\frac{1}{2}$ ist das System stabil. Sämtliche Polstellen liegen in der linken, offenen Halbebene des PN-Plans.

Für $a = -\frac{1}{2}$ ergibt sich eine Polstelle bei $s = 0$, das System ist grenzstabil.

Für $a < -\frac{1}{2}$ ist das System instabil, da für jedes a eine Polstelle in der rechten Halbebene des PN-Plans liegt.

Lösung 5.4

a) Block-Diagramm

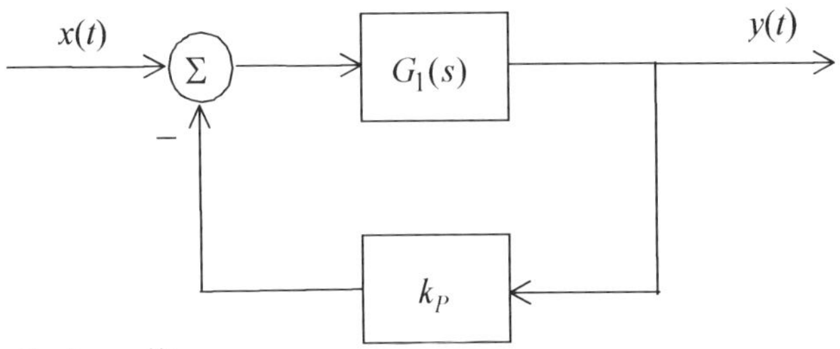

b) Für das rückgekoppelte System gilt

$$G(s) = \frac{G_1(s)}{1 + G_1(s) \cdot G_P(s)} = \frac{\frac{s}{(s-2)^2+1}}{1 + \frac{s}{(s-2)^2+1} \cdot k_P} = \frac{s}{s^2 + (k_P - 4)s + 5}$$

Die Polstellen sind $s_{1/2} = \frac{1}{2}\left[(4-k_P) \pm \sqrt{(k_P-4)^2-20}\right]$

Eine Stabilisierung gelingt für $4 < k_P < \infty$.

Lösung 5.5

a) Eine Signalanalyse von Bild 5.4 ergibt die Systemgleichung

$$\left[X(s)+bY(s)\right]\cdot\frac{sT}{1+sT}+aX(s)=Y(s)$$

$$\left[1-b\frac{sT}{1+sT}\right]Y(s)=\left[a+\frac{sT}{1+sT}\right]X(s) \quad\Rightarrow\quad G(s)=\frac{sT(1+a)+a}{sT(1-b)+1}$$

b) Polstellen von $G(s)$: $sT(1-b)+1=0 \quad\Rightarrow\quad s_1=-\frac{1}{T(1-b)}$.

Das System ist stabil für $b < 1$, a beliebig.

c) Sprungantwort

$$h(t)=\mathcal{L}^{-1}\left\{G(s)\cdot\frac{1}{s}\right\}=\frac{1+a}{1-b}\mathcal{L}^{-1}\left\{\frac{1}{s+\frac{1}{T(1-b)}}\right\}+\frac{a}{T(1-b)}\mathcal{L}^{-1}\left\{\frac{1}{s\left[s+\frac{1}{T(1-b)}\right]}\right\}$$

$$h(t)=a+\left(\frac{1+ab}{1-b}\right)e^{-\frac{t}{T(1-b)}} \qquad \text{für t} \geq 0.$$

Lösung 6.1

$$k\cdot rect_5[k] \;\circ\!-\!\bullet\; -z\frac{d}{dz}\left(\frac{z-z^{-5}}{z-1}\right)=\frac{z-5z^5+4z^6}{(z-1)^2}$$

Lösung 6.2 Die Folge hat die Periodenlänge $p = 6$ mit der expliziten Darstellung

$$x[k]=\left\{\sin\left(\tfrac{\pi}{3}k\right)\right\}=\left\{0,\frac{\sqrt{3}}{2},\frac{\sqrt{3}}{2},\ 0,-\frac{\sqrt{3}}{2},-\frac{\sqrt{3}}{2};\ \ldots\right\}$$

Nach Gleichung (6.10b) erhält man:

$$X(z)=\frac{0\cdot z^6+\frac{\sqrt{3}}{2}\cdot z^5+\frac{\sqrt{3}}{2}\cdot z^4+0\cdot z^3-\frac{\sqrt{3}}{2}\cdot z^2-\frac{\sqrt{3}}{2}\cdot z}{z^6-1}=\frac{\frac{\sqrt{3}}{2}z\left(z^2-1\right)\left(z^2+z+1\right)}{\left(z^2-1\right)\left(z^4+z^2+1\right)}$$

Umformung: $z^4+z^2+1=\left(z^2+z+1\right)\left(z^2-z+1\right)$. Einsetzen und Kürzen ergibt:

$$x[k]=\left\{\sin\left(\tfrac{\pi}{3}k\right)\right\} \;\circ\!-\!\bullet\; X(z)=\frac{\frac{\sqrt{3}}{2}z}{z^2-z+1}$$

Ergänzung: Wesentlich schneller erhält man das gleiche Ergebnis mit Hilfe der Korrespondenz-Tabelle 7.6:

Es gilt $\sin(\omega Tk)\cdot\varepsilon[k] \circ\!-\!\bullet \dfrac{z\cdot\sin(\omega T)}{z^2-2z\cos(\omega T)+1}$.

Setze $\omega T=\frac{\pi}{3}$ dann folgt: $\sin(\frac{\pi}{3}k)\cdot\varepsilon[k] \circ\!-\!\bullet \dfrac{\frac{\sqrt{3}}{2}z}{z^2-z+1}$

Lösung 6.3

Wir schreiben die Folge $x[k]=k^2\varepsilon[k]$ in der Form $x[k]=kx_1[k]$ mit $x_1[k]=k\varepsilon[k]$

Mit der Korrespondenz $x_1[k]=k\varepsilon[k] \circ\!-\!\bullet X_1(z)=\dfrac{z}{(z-1)^2}$

ergibt sich die ZT der Folge $x[k]$ mit dem Multiplikationssatz

$$x[k]=kx_1[k] \circ\!-\!\bullet X(z)=-z\frac{d}{dz}X_1(z)=-z\frac{d}{dz}\left(\frac{z}{(z-1)^2}\right)=\frac{z(z+1)}{(z-1)^3}$$

Lösung 6.4

a) Faltungsprodukt: $x[k]=x_1[k]*x_2[k]=\left(\frac{1}{2}\right)^k\varepsilon[k]*\varepsilon[k]=\sum\limits_{i=0}^{\infty}\left(\frac{1}{2}\right)^i\varepsilon[i]\cdot\varepsilon[k-i]$

$$x[k]=\sum_{i=0}^{k}\left(\frac{1}{2}\right)^i=\left(\frac{1-\left(\frac{1}{2}\right)^{k+1}}{1-\frac{1}{2}}\right)=2-\left(\frac{1}{2}\right)^k$$

$$x[k] \circ\!-\!\bullet X(z)=\sum_{k=0}^{\infty}x[k]z^{-k}=\sum_{k=0}^{\infty}\left(2-\left(\frac{1}{2}\right)^k\right)z^{-k}=\sum_{k=0}^{\infty}2z^{-k}-\sum_{k=0}^{\infty}\left(\frac{1}{2}\right)^k z^{-k}$$

$$X(z)=2\frac{z}{z-1}-\frac{z}{z-\frac{1}{2}}=\frac{z^2}{(z-1)(z-\frac{1}{2})}$$

b) Für beide Folgen gelten die Korrespondenzen (siehe Tabelle 7.6 im Anhang)

$$x_1[k]=\left(\frac{1}{2}\right)^k\varepsilon[k] \circ\!-\!\bullet X_1(z)=\frac{z}{z-\frac{1}{2}} \quad \text{und} \quad x_2[k]=\varepsilon[k] \circ\!-\!\bullet X_2(z)=\frac{z}{z-1}$$

Anwendung des Faltungssatzes

$$x_1[k]*x_2[k] \circ\!-\!\bullet X_1(z)X_2(z)=\frac{z}{(z-\frac{1}{2})}\cdot\frac{z}{(z-1)}=\frac{z^2}{(z-1)(z-\frac{1}{2})}$$

in Übereinstimmung mit dem Ergebnis unter a)

Lösung 6.5

Die ZT der Folge $x[k]=\frac{1}{k}\varepsilon[k-1]$ ergibt

$$X(z)=\sum_{k=0}^{\infty}\frac{1}{k}\varepsilon[k-1]z^{-k}=\sum_{k=1}^{\infty}\frac{1}{k\cdot z^{k}}=\frac{1}{z}+\frac{1}{2z^{2}}+\ .\ .\ .\ +\frac{1}{nz^{n}}+\ .\ .\ .\ .$$

Diese Potenzreihe entspricht der Reihenentwicklung von

$$\ln(x)=\left(\frac{x-1}{x}\right)+\frac{1}{2}\left(\frac{x-1}{x}\right)^{2}+\ .\ .\ .\ +\frac{1}{n}\left(\frac{x-1}{x}\right)^{n}+\ .\ .\ .\ ,\quad \text{gültig für } x>1/2$$

Setzt man $x=\frac{z}{z-1}$ dann gilt

$$\ln\left(\frac{z}{z-1}\right)=\frac{1}{z}+\frac{1}{2z^{2}}+\ .\ .\ .\ +\frac{1}{nz^{n}}+\ .\ .\ .\quad \text{für } |z|>1$$

Wir erhalten die Korrespondenz $\frac{1}{k}\varepsilon[k-1]\ \circ\!-\!\bullet\ \ln\left(\frac{z}{z-1}\right)$

Lösung 6.6

a) $X(z)$ ist eine unecht gebrochen rationale Funktion, da der Zählergrad gleich dem Nennergrad entspricht. Durch Polynomdivision reduzieren wir den Zählergrad um eins:

$$z^{2}:(z^{2}-\tfrac{3}{2}z+\tfrac{1}{2})\ =\ 1+\frac{\frac{3}{2}z-\frac{1}{2}}{z^{2}-\frac{3}{2}z+\frac{1}{2}}\ =\ 1+\ R(z)$$

Bei dem Restglied $R(z)$ handelt es sich um eine echt gebrochen rationale Funktion, die durch Aufsuchen der Nullstellen des Nenners in die Produktform umgewandelt wird. Anschließend führen wir eine Partialbruchzerlegung durch:

$$R(z)=\frac{\frac{3}{2}z-\frac{1}{2}}{(z-1)(z-\frac{1}{2})}\ =\ \frac{2}{(z-1)}-\frac{\frac{1}{2}}{(z-\frac{1}{2})}$$

Die Bildfunktion $X(z)$ hat nun folgende Darstellung: $X(z)=\ 1+\ R(z)=1+\frac{2}{(z-1)}-\frac{\frac{1}{2}}{(z-\frac{1}{2})}$

Gliedweise Rücktransformation nach der ZT-Tabelle ergibt

$$X(z)\ \bullet\!-\!\circ\ \ x[k]\ =\ \delta[k]\ +\ 2\cdot\varepsilon[k-1]\ -\ \frac{1}{2}\left(\frac{1}{2}\right)^{k-1}\varepsilon[k-1]\ =\ \left(2-\left(\frac{1}{2}\right)^{k}\right)\cdot\varepsilon[k]$$

wobei die Identität $\varepsilon[k]=\delta[k]+\varepsilon[k-1]$ verwendet wurde.

b) $X(z)$ kann in eleganter Weise auch durch Anwendung des Faltungssatzes zurück transformiert werden.

Es gilt $X(z)=\dfrac{z^2}{z^2-\frac{3}{2}z+\frac{1}{2}}=\dfrac{z}{(z-1)}\cdot\dfrac{z}{(z-\frac{1}{2})}$.

Mit den Korrespondenzen $\dfrac{z}{z-\frac{1}{2}}\bullet\!-\!\circ\left(\frac{1}{2}\right)^k\cdot\varepsilon[k]$ und $\dfrac{z}{z-1}\bullet\!-\!\circ\,\varepsilon[k]$

lässt sich das Faltungsprodukt berechnen. Es gilt:

$$X(z)=\frac{z}{(z-\frac{1}{2})}\cdot\frac{z}{(z-1)}\quad\bullet\!-\!\circ\quad x[k]=\left(\frac{1}{2}\right)^k\varepsilon[k]*\varepsilon[k]=\sum_{i=0}^{\infty}\left(\frac{1}{2}\right)^i\varepsilon[i]\cdot\varepsilon[k-i]=\sum_{i=0}^{k}\left(\frac{1}{2}\right)^i$$

Die Summe über i ist eine endliche, geometrische Reihe mit q = ½ und dem Ergebnis

$$x[k]=\sum_{i=0}^{k}\left(\frac{1}{2}\right)^i=\frac{1-\left(\frac{1}{2}\right)^{k+1}}{1-\frac{1}{2}}=2-\left(\frac{1}{2}\right)^k\quad\text{für } k\geq 0,$$

oder gleichwertig in anderer Schreibweise $x[k]=\left(2-\left(\frac{1}{2}\right)^k\right)\varepsilon[k]$

Lösung 6.7 Für das Übertragungsverhalten gilt die Korrespondenz

$$Y(z)\quad\bullet\!-\!\circ\quad y[k]=c^k x[k]$$

Überprüfung der Linearität: Sei $x[k]=ax_1[k]+bx_2[k]$

$y[k]=c^k x[k]=c^k\left(ax_1[k]+bx_2[k]\right)=ac^k x_1[k]+bc^k x_2[k]=ay_1[k]+by_2[k]$

Die Linearität ist erfüllt.

Überprüfung der Zeitinvarianz: Sei $\tilde{x}[k]=x[k-i]$

$\tilde{y}[k]=c^k\tilde{x}[k]=c^k x[k-i]\;\neq\; y[k-i]$

Die Zeitinvarianz ist nicht erfüllt, es müsste sein $\tilde{y}[k]=c^{k-i}x[k-i]=y[k-i]$

Das System ist kein diskretes LTI-System.

Lösung 6.8 Die Impulsantwort $g[k]\;=\;a^k\varepsilon[k]$ hat die Übertragungsfunktion $G(z)=\dfrac{z}{z-a}$.

Umformung $G(z)=\dfrac{z}{z-a}=\dfrac{1}{1-az^{-1}}$.

Wir erhalten ein rückgekoppeltes System aus $G_1(z)=1$ und $G_R(z)=az^{-1}$, d. h. ein Verzögerungsglied mit dem Verstärkungsfaktor a in Mitkopplung.

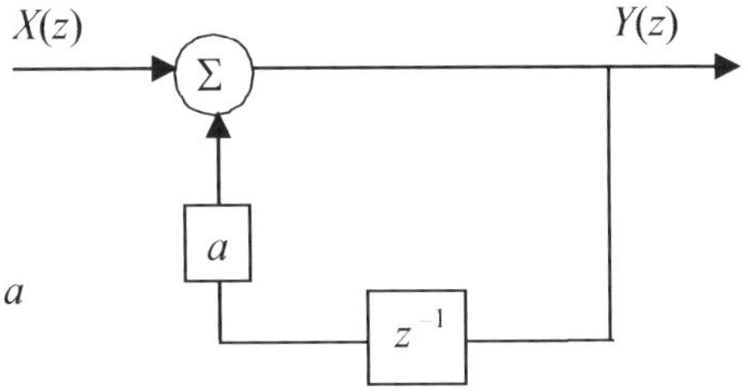

Blockdiagramm für $G(z)$

Lösung 6.9

a) Das Gesamtsystem besteht aus einem rückgekoppelten System G_1(z) und G_2(z), das mit G_3(z) parallel geschaltet ist.

Für das rückgekoppelte System aus G_1(z) und G_2(z) gilt: $G_{12}(z)=\dfrac{G_1(z)}{1+G_1(z)G_2(z)}$

Die Parallelschaltung mit G_3(z) ergibt

$$G(z)=G_R(z)+G_3(z)=\frac{G_1(z)}{1+G_1(z)G_2(z)}+G_3(z)$$

Mit den angegebenen Funktionen der Teilsysteme erhält man

$$G(z)\;=\;\frac{\dfrac{z}{(z-a/2)}}{1+\dfrac{z}{(z-a/2)}\cdot\dfrac{3(a/2)^2}{z(z-a/2)}}+\frac{z}{z-e^{-a}}\;=\;\frac{z(z-a/2)}{z^2-za+a^2}+\frac{z}{z-e^{-a}}$$

b) Die Impulsantwort ergibt sich aus $g[k]=\mathcal{Z}^{-1}\{G(z)\}$

Eine geeignete Korrespondenz für den 1. Term von $G(z)$ ist

$$a^k\cos(\omega kT)\varepsilon[k]\;\circ\!-\!\bullet\;\frac{z\big(z-a\cos(\omega T)\big)}{z^2-2za\cos(\omega T)+a^2}$$

Setze $\omega T=\pi/3$ dann gilt: $\dfrac{z(z-a/2)}{z^2-za+a^2}\;\bullet\!-\!\circ\;a^k\cos(\frac{\pi}{3}k)\varepsilon[k]$

Für den 2. Term gilt die Korrespondenz $\dfrac{z}{z-e^{-a}}\;\bullet\!-\!\circ\;e^{-ak}\varepsilon[k]$

Damit erhält man für die Impulsantwort $g[k]=\left(a^k\cos(\frac{\pi}{3}k)+e^{-ak}\right)\varepsilon[k]$

c) Für den PN-Plan suchen wir die Pol- und Nullstellen von $G(z)$.

Für $a=1$ gilt: $G(z)\;=\;\dfrac{z(z-1/2)}{z^2-z+1}+\dfrac{z}{z-e^{-1}}$

Die Nullstellen des Zählers sind:

$z_{N1}=0$ und $z_{N2}=1/2$

Die Nullstellen des Nenners sind die Pole von $G(z)$:

$z^2-z+1=0\;\Rightarrow\;z_{P1}=\frac{1}{2}+j\frac{1}{2}\sqrt{3},\;z_{P2}=\frac{1}{2}-j\frac{1}{2}\sqrt{3}$

$z-e^{-1}=0\;\Rightarrow\;z_{P3}=e^{-1}=0{,}368$

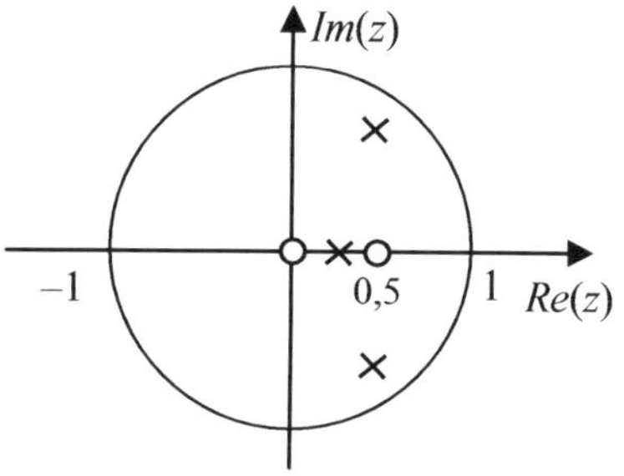

PN-Plan

d) Sämtliche Polstellen des Systems liegen für $a=1$ im Inneren des Einheitskreises. Das System ist stabil.

7.2 Eigenschaften der Deltafunktion

1.	$\delta(t) = \lim\limits_{\tau \to 0} \frac{1}{\tau}\left[\varepsilon(t) - \varepsilon(t-\tau)\right]$	Definition
2.	$\int\limits_{-\infty}^{\infty} \delta(t)dt = 1$	Normierung
3.	$\mathscr{L}\left\{\delta(t-t_0)\right\} = e^{-st_0}, \quad t_0 \geq 0$	Laplace-Transformierte
4a.	$f(t)\delta(t-t_0) = f(t_0)\delta(t-t_0)$	Ausblendeigenschaft
4b.	$\int\limits_{0}^{\infty} f(t)\delta(t-t_0)dt = f(t_0)$	Ausblendeigenschaft
5.	$\varepsilon(t-t_0) = \int\limits_{-\infty}^{t} \delta(t-t_0)dt$	Sprungfunktion
6.	$D\varepsilon(t) = \delta(t)$	verallgemeinerte Ableitung der Sprungfunktion
7.	$\delta(t-t_0) = \delta(t_0-t)$	Symmetrie
8.	$\delta(at) = \frac{1}{\lvert a \rvert}\delta(t)$	Skalierung
9.	$f(t) * \delta(t) = f(t)$	Neutralelement der Faltung
10.	$f(t) * \delta(t-t_0) = f(t-t_0)$	Zeitverschiebung

7.3 Sätze zur Laplace-Transformation

Bei den folgenden Sätzen ist die Gültigkeit der Korrespondenzen

$$f(t) \circ\!-\!\bullet\ F(s) \quad \text{bzw.} \quad f_i(t) \circ\!-\!\bullet\ F_i(s)$$

vorausgesetzt.

Additionssatz:	$\sum_{i=1}^{n} a_i f_i(t) \circ\!-\!\bullet \sum_{i=1}^{n} a_i F_i(s)$
Verschiebungssatz:	$f(t-t_0)\varepsilon(t-t_0) \circ\!-\!\bullet\ F(s)\, e^{-st_0}$
Dämpfungssatz:	$f(t)\, e^{-at} \circ\!-\!\bullet\ F(s+a)$
Faltungssatz:	$f_1(t) * f_2(t) = \int_0^t f_1(\tau) f_2(t-\tau) d\tau \circ\!-\!\bullet\ F_1(s) F_2(s)$
Integrationssatz für die Originalfunktion:	$\int_0^t f(\tau) d\tau \circ\!-\!\bullet\ \frac{1}{s} F(s)$
Differentiationssatz für die Originalfunktion:	$f'(t) \circ\!-\!\bullet\ sF(s) - f(+0)$ $f''(t) \circ\!-\!\bullet\ s^2 F(s) - s f(+0) - f'(+0)$ $\vdots$ $f^{(n)}(t) \circ\!-\!\bullet\ s^n F(s) - s^{n-1} f(+0) - s^{n-2} f'(+0) \ldots. - f^{n-1}(+0)$
Differentiationssatz für die Bildfunktion	$\frac{d^n F(s)}{ds^n} = (-1)^n \mathscr{L}\left\{ t^n f(t) \right\}$
Integrationsssatz für die Bildfunktion	$\int_s^{\infty} F(s) ds = \mathscr{L}\left\{ \frac{f(t)}{t} \right\}$

7.4 Korrespondenzen der Laplace-Transformation

A) Einige Bildfunktionen $F(s)$ und ihre zugehörigen Zeitfunktionen $f(t)$

Nr.	$F(s)$	$f(t)$
1	1	$\delta(t)$
2	$\frac{1}{s}$	$\varepsilon(t)$
3	$\frac{1}{s^n}, \quad n = 1, 2, 3, \ldots$	$\frac{t^{n-1}}{(n-1)!}$
4	$\frac{1}{s^\nu}, \quad \nu > 0$, reell	$\frac{t^{\nu-1}}{\Gamma(\nu)}$
5	$\frac{1}{\sqrt{s}}$	$\frac{1}{\sqrt{\pi t}}$
6	$\frac{1}{s\sqrt{s}}$	$2\sqrt{\frac{t}{\pi}}$
7	$\frac{1}{s^n\sqrt{s}}, \quad n = 0, 1, 2, \ldots$	$\frac{4^n\, n!}{(2n)!\sqrt{\pi}} t^{n-\frac{1}{2}}$
8	$\frac{1}{s+a}$	e^{-at}
9	$\frac{\omega}{s^2+\omega^2}$	$\sin(\omega t)$
10	$\frac{s}{s^2+\omega^2}$	$\cos(\omega t)$
11	$\frac{as+b}{s^2+\omega^2}$	$a\cos(\omega t) + \frac{b}{\omega}\sin(\omega t)$

Nr.	**F(s)**	**f(t)**
12	$\frac{\omega}{s^2-\omega^2}$	$\sinh(\omega t)$
13	$\frac{s}{s^2-\omega^2}$	$\cosh(\omega t)$
14	$\frac{1}{s(s+a)}$	$\frac{1}{a}\left(1-e^{-at}\right)$
15	$\frac{1}{(s-s_1)(s-s_2)}$	$\frac{e^{s_1 t}-e^{s_2 t}}{s_1-s_2}$
16	$\frac{s}{(s-s_1)(s-s_2)}$	$\frac{s_1 e^{s_1 t}-s_2 e^{s_2 t}}{s_1-s_2}$
17	$\frac{1}{s^2+2\delta s+\omega_0^2}$ $\omega_0^2-\delta^2>0$	$\frac{1}{\omega_e}e^{-\delta t}\sin(\omega_e t)$ $\omega_e=\sqrt{\omega_0^2-\delta^2}$
18	$\frac{1}{s^2+2\delta s+\omega_0^2}$ $\omega_0^2-\delta^2<0$	$\frac{1}{\omega_e}e^{-\delta t}\sinh(\omega_e t)$ $\omega_e=\sqrt{\delta^2-\omega_0^2}$
19	$\frac{1}{(s+a)^2}$	te^{-at}
20	$\frac{s}{(s+a)^2}$	$(1-at)e^{-at}$
21	$\frac{1}{s(s^2+2\delta s+\omega_0^2)}$ $\omega_0^2-\delta^2>0$	$\frac{1}{\omega_0^2}\left\{1-\frac{e^{-\delta t}}{\omega}[\delta\sin(t)+\omega\cos(\omega t)]\right\}$ $\omega=\sqrt{\omega_0^2-\delta^2}$
22	$\frac{1}{s(s^2+2\delta s+\omega_0^2)}$ $\omega_0^2-\delta^2<0$	$\frac{1}{\omega_0^2}\left\{1-\frac{e^{-\delta t}}{\omega}[\delta\sinh(\omega t)\ +\cosh(\omega t)]\right\}$ $\omega=\sqrt{\delta^2-\omega_0^2}$

Nr.	F(s)	f(t)
23	$\frac{1}{(s-a)(s-b)(s-c)}$ $a \neq b \neq c$	$\frac{e^{at}}{(a-b)(a-c)}+\frac{e^{bt}}{(b-a)(b-c)}+\frac{e^{ct}}{(c-a)(c-b)}$
24	$\frac{s}{(s-a)(s-b)(s-c)}$ $a \neq b \neq c$	$\frac{ae^{at}}{(a-b)(a-c)}+\frac{be^{bt}}{(b-a)(b-c)}+\frac{ce^{ct}}{(c-a)(c-b)}$
25	$\frac{s^2}{(s-a)(s-b)(s-c)}$ $a \neq b \neq c$	$\frac{a^2e^{at}}{(a-b)(a-c)}+\frac{b^2e^{bt}}{(b-a)(b-c)}+\frac{c^2e^{ct}}{(c-a)(c-b)}$
26	$\frac{1}{(s+a)(s^2+\omega^2)}$	$\frac{1}{a^2+\omega^2}\left[e^{-at}+\frac{a}{\omega}\sin(\omega t)-\cos(\omega t)\right]$
27	$\frac{s}{(s+a)(s^2+\omega^2)}$	$\frac{1}{a^2+\omega^2}\left[-ae^{-at}+\omega\sin(\omega t)+a\cos(\omega t)\right]$
28	$\frac{2\omega^2}{s(s^2+4\omega^2)}$	$\sin^2(\omega t)$
29	$\frac{s^2+2\omega^2}{s(s^2+4\omega^2)}$	$\cos^2(\omega t)$
30	$\frac{\omega^3}{(s^2+\omega^2)^2}$	$\frac{1}{2}[\sin(\omega t)-\omega t\cos(\omega t)]$
31	$\frac{\omega^3}{(s^2-\omega^2)^2}$	$\frac{1}{2}[\omega t\cos(\omega t)-\sinh(\omega t)]$
32	$\frac{\omega s}{(s^2+\omega^2)^2}$	$\frac{t}{2}\sin(\omega t)$
33	$\frac{\omega s}{(s^2-\omega^2)^2}$	$\frac{t}{2}\sinh(\omega t)$
34	$\frac{\omega s^2}{(s^2+\omega^2)^2}$	$\frac{1}{2}[\sin(\omega t)+\omega t\cos(\omega t)]$

Nr.	$F(s)$	$f(t)$
35	$\dfrac{\omega s^2}{(s^2-\omega^2)^2}$	$\dfrac{1}{2}\left[\sinh(\omega t)+\omega t\cosh(\omega t)\right]$
36	$\dfrac{s^3}{(s^2+\omega^2)^2}$	$\cos(\omega t)-\dfrac{\omega t}{2}\sin(\omega t)$
37	$\dfrac{s^3}{(s^2-\omega^2)^2}$	$\cosh(\omega t)-\dfrac{\omega t}{2}\sinh(\omega t)$
38	$\dfrac{s^2+\omega^2}{(s^2-\omega^2)^2}$	$t\cosh(\omega t)$
39	$\arctan\left(\dfrac{\omega}{s}\right)$	$\dfrac{\sin(\omega t)}{t}$
40	$\dfrac{\omega^2}{s^2(s^2+\omega^2)}$	$t-\dfrac{1}{\omega}\sin(\omega t)$
41	$\ln\left(\dfrac{s+\omega}{s-\omega}\right)$	$2\cdot\dfrac{\sinh(\omega t)}{t}$
42	$\ln\left(\dfrac{s+a}{s+b}\right)$	$\dfrac{e^{-bt}-e^{-at}}{t}$
43	$\ln\left(\dfrac{s^2+a^2}{s^2+b^2}\right)$	$2\cdot\dfrac{\cos(bt)-\cos(at)}{t}$
44	$e^{-a\sqrt{s}}$	$\dfrac{a}{2\sqrt{\pi t^3}}e^{-\frac{a^2}{4t}}$
45	$\dfrac{e^{-a\sqrt{s}}}{\sqrt{s}}$	$\dfrac{1}{\sqrt{\pi t}}e^{-\frac{a^2}{4t}}$
46	$\dfrac{1}{\sqrt{s}}e^{-\frac{a}{s}}$	$\dfrac{\cos(2\sqrt{at})}{\sqrt{\pi t}}$

Nr.	$F(s)$	$f(t)$
47	$\frac{1}{s\sqrt{s}} e^{-\frac{a}{s}}$	$\frac{\sin(2\sqrt{at})}{\sqrt{\pi a}}$
48	$\frac{1}{s\sqrt{s+a}}$	$\frac{1}{\sqrt{a}} erf\left(\sqrt{at}\right)$ *)
49	$\frac{1-e^{-a\sqrt{s}}}{s}$	$erf\left(\frac{a}{2\sqrt{t}}\right)$ *)
50	$\frac{e^{-a\sqrt{s}}}{s}$	$1-erf\left(\frac{a}{2\sqrt{t}}\right) = erfc\left(\frac{a}{2\sqrt{t}}\right)$ *)
51	$\frac{e^{-\sqrt{\frac{s}{a}}x}}{s}$	$1-erf\left(\frac{x}{2\sqrt{at}}\right)$ *)
52	$e^{\left(\frac{s}{2}\right)^2} erfc\left(\frac{s}{2}\right)$ *)	$\frac{2}{\sqrt{\pi}} e^{-t^2}$

*) $erf(\chi)$ hat die Bezeichnung **err**or **f**unction, es handelt sich dabei um das Gaußsche Fehlerintegral

$$erf(\chi) = \frac{2}{\sqrt{\pi}} \int_0^{\chi} e^{-u^2} du, \quad \text{mit} \quad \lim_{x \to \infty} erf(\chi) = 1$$

Die complementary error function ist gegeben durch:

$$erfc(\chi) = \frac{2}{\sqrt{\pi}} \int_{\chi}^{\infty} e^{-u^2} du = 1 - erf(\chi)$$

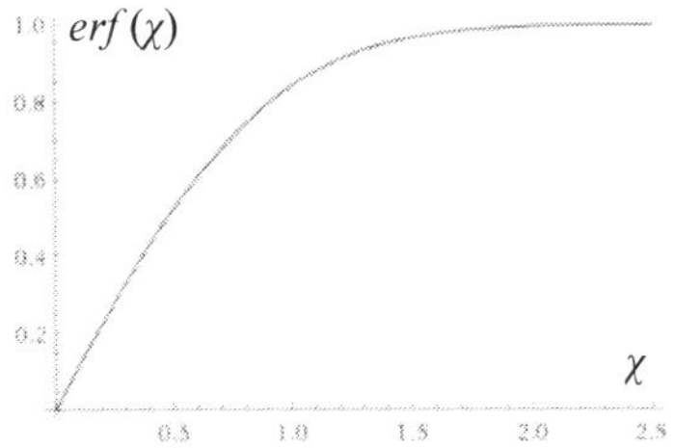

Bemerkung: Die Korrespondenz Nr. 51 folgt aus Nr. 50, wenn man a durch $\frac{x}{\sqrt{a}}$ ersetzt.

B) Einige Einzelimpulse, bzw. periodische Zeitfunktionen und ihre Laplace-Transformierten

Nr.	$f(t)$	$F(s)$
1	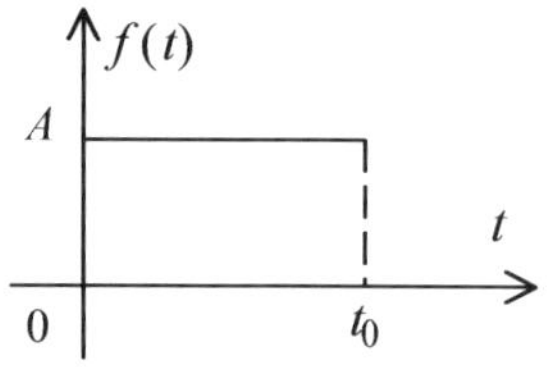	$\frac{A}{s}\left[1-\mathrm{e}^{-st_0}\right]$
2	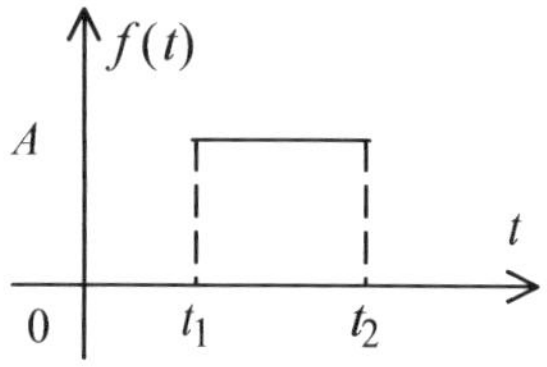	$\frac{A}{s}\left[\mathrm{e}^{-st_1}-\mathrm{e}^{-st_2}\right]$
3	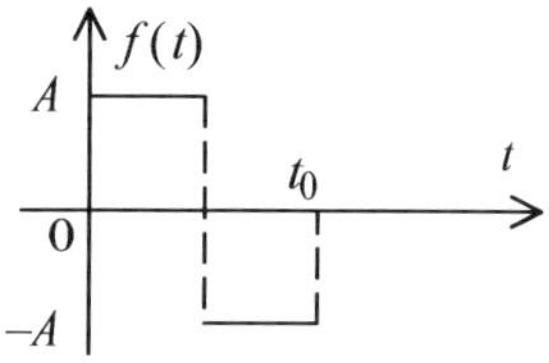	$\frac{A}{s}\left[1-\mathrm{e}^{-\frac{st_0}{2}}\right]^2$
4	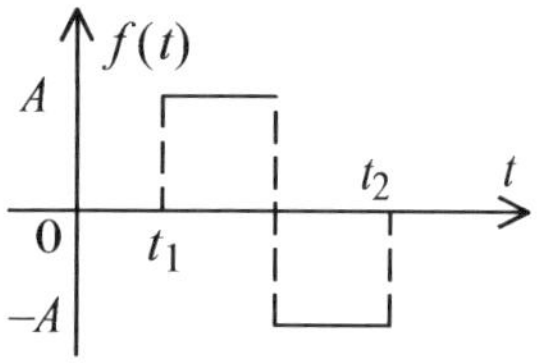	$\frac{A}{s}\left[\mathrm{e}^{-\frac{st_1}{2}}-\mathrm{e}^{-\frac{st_2}{2}}\right]^2$
5	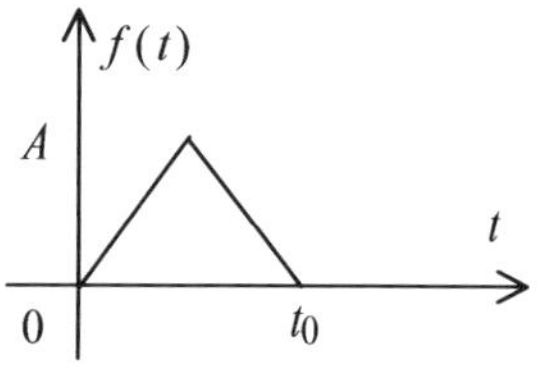	$\frac{2A}{t_0}\frac{1}{s^2}\left[1-\mathrm{e}^{-\frac{st_0}{2}}\right]^2$
6	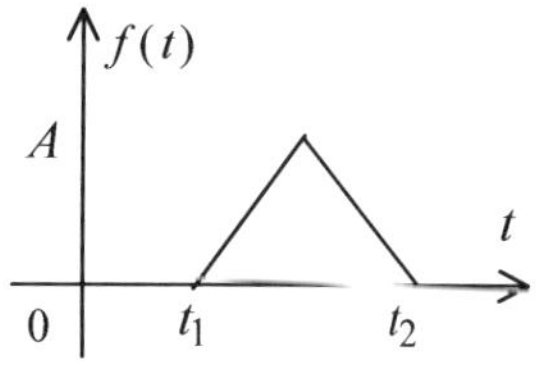	$\frac{2A}{t_2-t_1}\frac{1}{s^2}\left[\mathrm{e}^{-\frac{st_1}{2}}-\mathrm{e}^{-\frac{st_2}{2}}\right]^2$

Nr.	$f(t)$	$F(s)$
7	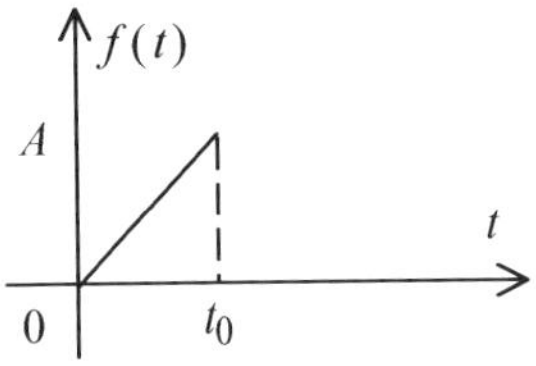	$\frac{A}{t_0}\frac{1}{s^2}\left[1-e^{-st_0}\right]-\frac{A}{s}e^{-st_0}$
8	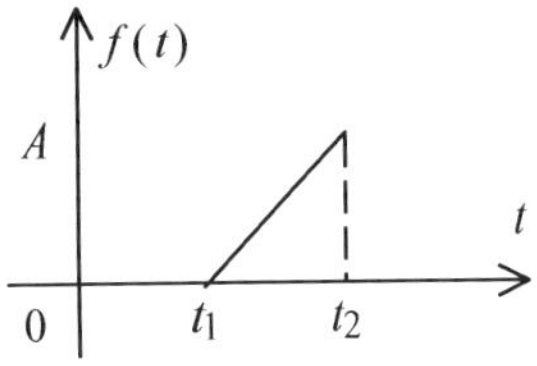	$\frac{A}{t_2-t_1}\frac{1}{s^2}\left[e^{-st_1}-e^{-st_2}\right]-\frac{A}{s}e^{-st_2}$
9	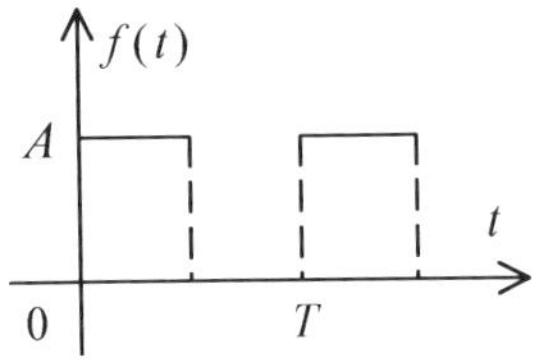 Periodische Funktion	$\frac{A}{s}\frac{1}{1+e^{-\frac{sT}{2}}}$
10	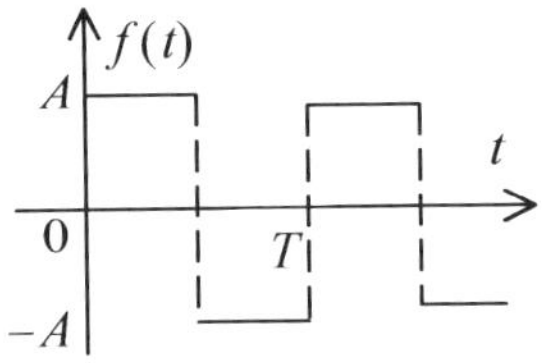 Periodische Funktion	$\frac{A}{s}\frac{1-e^{-\frac{sT}{2}}}{1+e^{-\frac{sT}{2}}}$
11	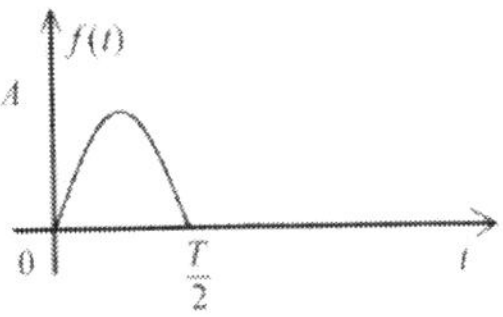 Einmalige Sinushalbwelle	$\frac{A\omega}{s^2+\omega^2}\left[1+e^{-\frac{sT}{2}}\right]$
12	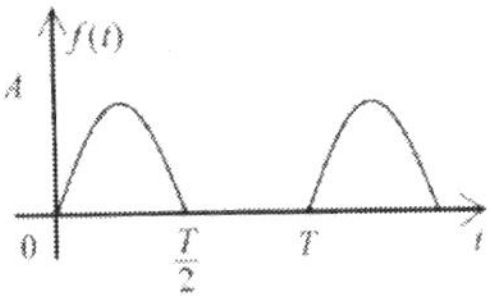 „Einweggleichrichtung“	$\frac{A\omega}{s^2+\omega^2}\frac{1}{1-e^{-\frac{sT}{2}}}$

<table>
<tr><th>Nr.</th><th>$f(t)$</th><th>$F(s)$</th></tr>
<tr><td>13</td><td>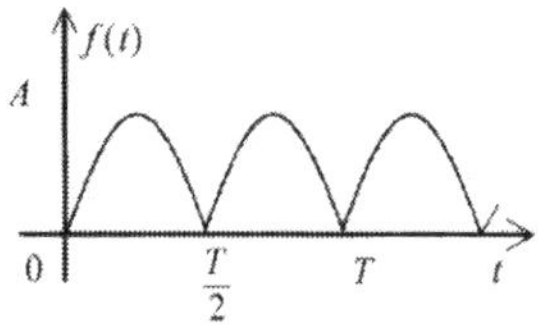

„Doppelweggleichrichtung“</td><td>$\frac{A\omega}{s^2+\omega^2}\frac{1+\mathrm{e}^{-\frac{sT}{2}}}{1-\mathrm{e}^{-\frac{sT}{2}}}$</td></tr>
<tr><td>14</td><td>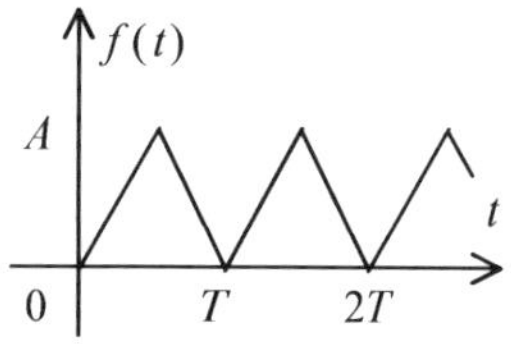
</td><td>$\frac{2A}{T}\frac{1}{s^2}\frac{1-\mathrm{e}^{-\frac{sT}{2}}}{1+\mathrm{e}^{-\frac{sT}{2}}}$</td></tr>
<tr><td>15</td><td>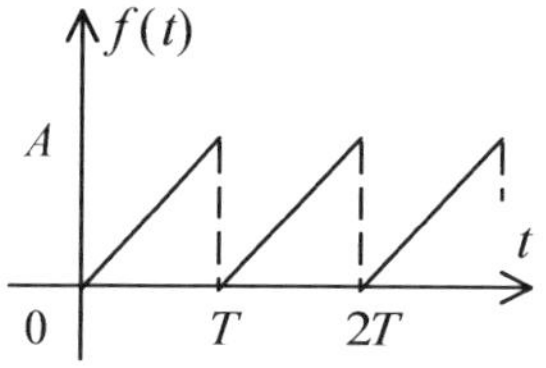

„Sägezahnkurve“</td><td>$\frac{A}{Ts^2}\frac{1-[1+sT]\mathrm{e}^{-sT}}{1-\mathrm{e}^{-sT}}$</td></tr>
<tr><td>16</td><td>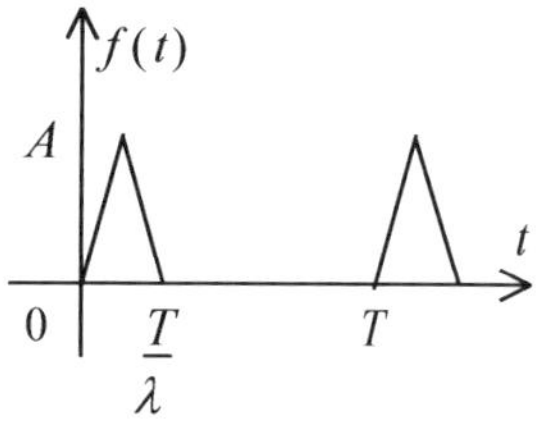
</td><td>$\frac{2A\lambda}{Ts^2}\frac{\left[1-\mathrm{e}^{-\frac{sT}{2\lambda}}\right]^2}{1-\mathrm{e}^{-sT}}$</td></tr>
<tr><td>17</td><td>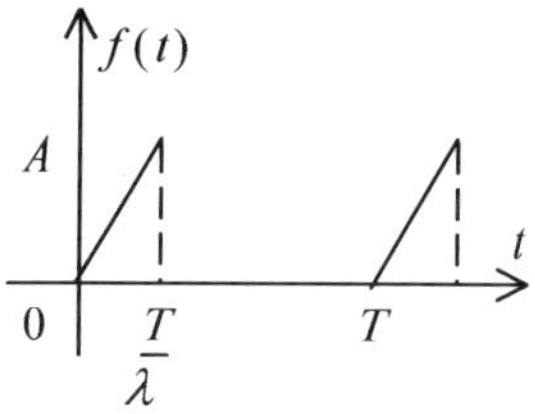
</td><td>$\frac{A}{Ts^2}\frac{\lambda-[\lambda+sT]\mathrm{e}^{-\frac{sT}{\lambda}}}{1-\mathrm{e}^{-sT}}$</td></tr>
</table>

7.5 Sätze zur z-Transformation

Voraussetzung: $x[k]$ ist eine kausale, diskrete Zeitfolge und $Z\{x[k]\} = X(z)$ existiert.

Additionssatz (Linearität):	$ax_1[k] + bx_2[k] \quad \circ\!-\!\bullet \quad aX_1(z) + bx_2(z)$
Verschiebungssatz:	$x[k-i] \quad \circ\!-\!\bullet \quad z^{-i}X(z)$
Dämpfungssatz:	$a^k x[k] \quad \circ\!-\!\bullet \quad X\left(\frac{z}{a}\right)$
Multiplikationssatz	$k \cdot x[k] \quad \circ\!-\!\bullet \quad -z\frac{d}{dz}X(z)$
Faltungssatz	$x_1[k] * x_2[k] \quad \circ\!-\!\bullet \quad X_1(z) \cdot X_2(z)$
Differenzenbildung	$x[k] - x[k-1] \quad \circ\!-\!\bullet \quad \frac{z-1}{z}X(z)$
Summenbildung	$\sum_{i=0}^{k} x[i] \quad \circ\!-\!\bullet \quad \frac{z}{z-1}X(z)$

7.6 Korrespondenzen der z-Transformation

Sämtliche Formeln sind nur für die zulässigen Definitionsmengen zu verstehen.

Nr.	x[k]	X(z)
1	$\delta[k]$	1
2	$\delta[k-i]$	z^{-i}
3	$\varepsilon[k]$	$\frac{z}{z-1}$
4	$\varepsilon[k-i]$	$\frac{z}{z-1} \cdot z^{-i}$
5	$k \cdot \varepsilon[k]$	$\frac{z}{(z-1)^2}$
6	$k^2 \cdot \varepsilon[k]$	$\frac{z(z+1)}{(z-1)^3}$

Nr.	x[k]	X(z)
7	$e^{-ak} \cdot \varepsilon[k]$	$\frac{z}{z-e^{-a}}$
8	$ke^{-ak} \cdot \varepsilon[k]$	$\frac{ze^{-a}}{(z-e^{-a})^2}$
9	$a^k \cdot \varepsilon[k]$	$\frac{z}{z-a}$
10	$a^{k-1} \cdot \varepsilon[k-1]$	$\frac{1}{z-a}$
11	$ka^k \cdot \varepsilon[k]$	$\frac{za}{(z-a)^2}$
12	$ka^{k-1} \cdot \varepsilon[k]$	$\frac{z}{(z-a)^2}$
13	$(k-1)a^{k-1} \cdot \varepsilon[k-1]$	$\frac{1}{(z-a)^2}$
14	$k^2 a^k \varepsilon[k]$	$\frac{az(z+a)}{(z-a)^3}$
15	$\binom{k}{i} a^{k-i} \varepsilon[k-i]$	$\frac{z}{(z-a)^{i+1}}$
16	$\frac{\left(a^{k+1}-b^{k+1}\right)}{a-b}\varepsilon[k] \quad a \neq b$	$\frac{z^2}{(z-a)(z-b)}$
17	$\frac{1}{k}\varepsilon\left[k-1\right]\cdot\varepsilon\left[k\right]$	$\ln\left(\frac{z}{z-1}\right)$
18	$\sin(\omega kT)\cdot\varepsilon[k]$	$\frac{z\sin(\omega T)}{z^2-2z\cos(\omega T)+1}$
19	$\cos(\omega kT)\cdot\varepsilon[k]$	$\frac{z[z-\cos(\omega T)]}{z^2-2z\cos(\omega T)+1}$
20	$a^k\sin(\omega kT)\cdot\varepsilon[k]$	$\frac{za\sin(\omega T)}{z^2-2za\cos(\omega T)+a^2}$
21	$a^k\cos(\omega kT)\cdot\varepsilon[k]$	$\frac{z[z-a\cos(\omega T)]}{z^2-2za\cos(\omega T)+a^2}$
22	$rect_N[k]$	$\frac{z-z^{-N}}{z-1}$

Literatur

[1] Ameling, W.: Laplace-Transformation

[2] Brauch, W./Dreyer, H.-J./Haacke, W.: Mathematik für Ingenieure des Maschinenbaus und der Elektrotechnik

[3] Braun, A.: Grundlagen der Regelungstechnik

[4] Doetsch, G.: Einführung Theorie und Anwendung der Laplace-Transformation

[5] Doetsch, G.: Anleitung zum praktischen Gebrauch der Laplace-Transformation und der Z-Transformation

[6] Föllinger, O./Kluwe, M.: Laplace-, Fourier- und z-Transformation

[7] Frey, Th./Bossert, M.: Signal- und Systemtheorie

[8] Girod, B./Rabenstein, R./Stenger, A.: Einführung in die Systemtheorie

[9] Mildenberger, O.: Übertragungstechnik

[10] Müller-Wichards, D.: Transformationen und Signale

[11] Papula, L.: Mathematik für Ingenieure und Naturwissenschaftler

[12] Scheithauer, R.: Signale und Systeme

[13] Schumny, H.: Signalübertragung

[14] Stöcker, H.: Taschenbuch mathem. Formeln und moderner Verfahren

[15] Unger, J.: Einführung in die Regelungstechnik

[16] Weißgerber, W.: Elektrotechnik für Ingenieure, Bd. 3

[17] Werner, M.: Signale und Systeme

Sachwortverzeichnis

Printed in Poland
by Amazon Fulfillment
Poland Sp. z o.o., Wrocław

54937895R00143